"十三五"国家重点图书出版规划项目

地球观测与导航技术丛书

线阵传感器几何定标
定位技术及应用

王　涛　孟伟灿　张　艳　著

科学出版社

北　京

内 容 简 介

本书主要介绍机载、星载线阵（CCD/CMOS）传感器几何定标定位处理的理论、方法与应用技术。重点围绕线阵传感器几何成像模型构建、成像误差分析、几何定标技术与方法、定标实验场建设、线阵影像几何定位、传感器几何定标模型与方法进行系统论述。

本书可供遥感科学与技术、航空航天遥感测绘、地球空间信息科学、地理信息系统、遥感对地观测、传感器设计与制造、信息资源开发、3S系统集成、资源与环境、国土资源调查、卫星应用技术等学科领域的研究开发者、管理者阅读参考，也可作为高等院校高年级学生和研究生的教材或教学参考书。

审图号：GS（2019）4192 号

图书在版编目（CIP）数据

线阵传感器几何定标定位技术及应用 / 王涛，孟伟灿，张艳著 . —北京：科学出版社，2020.3
（地球观测与导航技术丛书）
ISBN 978-7-03-064508-1

Ⅰ. ①线… Ⅱ. ①王… ②孟… ③张… Ⅲ. ①传感器-定位法 Ⅳ. ① TP212

中国版本图书馆 CIP 数据核字（2020）第 031230 号

责任编辑：朱　丽　李秋艳　吴春花 / 责任校对：王萌萌
责任印制：吴兆东 / 封面设计：图阅社

科 学 出 版 社 出版
北京东黄城根北街 16 号
邮政编码：100717
http://www.sciencep.com

北京建宏印刷有限公司 印刷
科学出版社发行　各地新华书店经销

*

2020 年 3 月第 一 版　　开本：787×1092　1/16
2020 年 8 月第二次印刷　印张：15 1/2
字数：360 000

定价：149.00 元
（如有印装质量问题，我社负责调换）

"地球观测与导航技术丛书"编委会

"地球观测与导航技术丛书"编写说明

地球空间信息科学、生物科学和纳米技术三者被认为是当今世界上最重要、发展最快的三大领域。地球观测与导航技术是获得地球空间信息的重要手段，而与之相关的理论与技术是地球空间信息科学的基础。

随着遥感、地理信息、导航定位等空间技术的快速发展和航天、通信和信息科学的有力支撑，地球观测与导航技术相关领域的研究在国家科研中的地位不断提高。我国科技发展中长期规划将高分辨率对地观测系统与新一代卫星导航定位系统列入国家重大专项；国家有关部门高度重视这一领域的发展，国家发展和改革委员会设立产业化专项支持卫星导航产业的发展；工业和信息化部、科学技术部也启动了多个项目支持技术标准化和产业示范；国家高技术研究发展计划（863 计划）将早期的信息获取与处理技术（308、103）主题，首次设立为"地球观测与导航技术"领域。

目前，"十一五"规划正在积极向前推进，"地球观测与导航技术领域"作为 863 计划领域的第一个五年规划也将进入科研成果的收获期。在这种情况下，把地球观测与导航技术领域相关的创新成果编著成书，集中发布，以整体面貌推出，当具有重要意义。它既能展示 973 计划和 863 计划主题的丰硕成果，又能促进领域内相关成果传播和交流，并指导未来学科的发展，同时也对地球观测与导航技术领域在我国科学界中地位的提升具有重要的促进作用。

为了适应中国地球观测与导航技术领域的发展，科学出版社依托有关的知名专家支持，凭借科学出版社在学术出版界的品牌启动了"地球观测与导航技术丛书"。

丛书中每一本书的选择标准要求作者具有深厚的科学研究功底、实践经验，主持或参加 863 计划地球观测与导航技术领域的项目、973 计划相关项目以及其他国家重大相关项目，或者所著图书为其在已有科研或教学成果的基础上高水平的原创性总结，或者是相关领域国外经典专著的翻译。

我们相信，通过丛书编委会和全国地球观测与导航技术领域专家、科学出版社的通力合作，将会有一大批反映我国地球观测与导航技术领域最新研究成果和实践水平的著作面世，成为我国地球空间信息科学中的一个亮点，以推动我国地球空间信息科学的健康和快速发展！

李德仁

2009年10月

前　言

在遥感技术领域，目前采用电荷耦合器件（charge-coupled device，CCD）或互补金属氧化物半导体（complementary metal oxide semiconductor，CMOS）的线阵传感器是高效获取海量遥感数据的主流传感器。随着对地观测技术的不断发展，线阵传感器在构成上逐步趋于多样化和复杂化，其成像特性也各不相同，在成像过程中影响影像定位精度和可靠性的因素随之增多，对影像几何性能和精确定位产生重要影响。遥感影像的高精度定位是影像几何处理的基础、信息量化的依据以及数据复合分析的关键，而传感器在轨几何定标是评定和优化传感器几何性能、保证遥感影像定位精度和可靠性的必要工作。随着硬件水平的提高和系统设计的优化，我国在影像空间分辨率等性能指标上已经跨入国际先进行列，但面向应用的线阵传感器高精度几何定标技术与方法不配套所导致的影像定位精度较低、几何质量不高的问题仍是制约国产遥感卫星、线阵航测相机系统发展与应用的瓶颈。

2000 年以来，线阵传感器几何定标定位项目组针对机载线阵航测相机、线阵推扫式光学卫星传感器几何定标定位技术开展了系统研究，同时，在相关课题的支持下，在线阵推扫式影像精确定位、传感器几何定标等方面取得了一些成果。为了加强学术交流与合作，更好地开展后续研究工作，将项目组多年来在机载、星载线阵传感器几何定标定位方向的研究成果进行总结归纳，请业内各位同行斧正，是本书撰写的初衷。在此之前，该领域已经出版的几本相关资料，对线阵推扫式光学遥感卫星影像的几何处理与应用关注较多，对线阵传感器在航空遥感中的研究与应用没有涉及，在系统性和完整性上有所欠缺。希望本书能丰富线阵传感器几何定标定位处理技术体系，进一步促进国产线阵传感器设计与应用、航空航天摄影定位理论与方法的发展。

全书共 12 章，主要介绍机载、星载线阵传感器几何定标定位处理的理论、方法与应用技术，包括线阵传感器的发展与应用、线阵传感器几何成像模型构建、线阵传感器成像误差分析、传感器几何定标技术与方法、用于传感器几何定标的实验场设计与建设、机载线阵传感器几何定位处理与飞行定标、星载线阵传感器几何定位与在轨几何定标，以及拼接型 TDI CCD 传感器在轨几何定标、拼接产品生成算法及其几何模型等内容。本书吸收了刘军、刘楚斌、王冬红博士学位论文中的部分内容，张艳博士、孟伟灿博士为本书内容整理和撰写做出了很大的贡献，刘楚斌、于英、莫德林、薛武、王康康、王瑞瑞、张正豪、窦利军等为本书内容整理及相关试验做出了努力，王涛对全书进行了最终的修改和定稿。

随着遥感对地观测需求的不断提高，线阵传感器几何定标定位处理技术发展非常迅速，由于作者水平有限，疏漏和不当之处难以避免，敬请各位同仁批评指正，深表感谢！

作　者

2019 年 9 月

目　　录

第1章 绪　论

1.1　引　言

早在 20 世纪 20 年代，摄影测量学者已对缝隙连续胶片摄影（当时称为航线影像摄影测量）做过一些研究。1986 年法国成功发射了 SPOT-1 卫星，其高分辨率可见光（high resolution visible，HRV）传感器采用 CCD 作为感光器件，首次获取了分辨率为 10m（全色）和 20m（多光谱）的单线阵推扫式卫星影像，有力地推动了线阵传感器的广泛应用。目前，绝大多数商业高分辨率遥感卫星采用线阵推扫式传感器，在航空遥感领域，以 ADS40/80/100 为代表的机载三线阵传感器占据主流地位。

随着对地观测技术的不断发展，线阵传感器在构成上逐步趋于多样化和复杂化，具体表现如下：①感光器件除了采用 CCD 以外，CMOS 也得到了应用。②不仅有单线阵和多线阵（2 条以上）之分，而且多线阵中又有单镜头和多镜头等不同情况。③就线阵传感器本身而言，一方面为提高探测像元的信噪比，常采用时间延迟积分（time delay integration，TDI）CCD 传感器来代替单一线阵 CCD；另一方面为满足视场覆盖宽度的要求，单条长线阵传感器一般由多片短线阵拼接而成，如日本 ALOS 卫星所载三线阵全色相机全色遥感立体测绘仪（panchromatic remote-sensing instrument for stereo mapping，PRISM）的前、后视相机线阵 CCD 由 8 片分 CCD 组成，下视相机由 6 片分 CCD 组成（图 1.1），其他如 IKONOS、QuickBird、SPOT1～4，以及我国 CBERS-02B 卫星 HR 相机、资源三号卫星全色相机等也都采用了这种多片拼接技术。

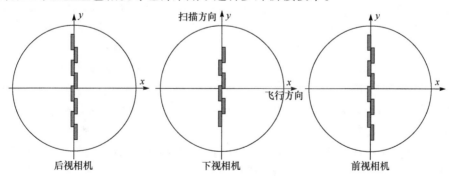

图 1.1　ALOS-PRISM 传感器线阵 CCD 组成示意图

长期以来，借助直接测量方法求出成像时刻传感器的空间位置和姿态，直接获取投影光束（像片）的外方位元素，实现从"空"到"地"的遥感影像直接定位（李德仁，1996），一直是摄影测量界孜孜以求的目标。随着传感器器件及相关技术的发展，该目标正逐渐成为现实。机载线阵传感器的一个重要特征是采用传感器集成技术，通过集成全球定位系统（global positioning system，GPS）和惯性测量单元（inertial measurement unit，

IMU），构成了可直接获取外方位元素的定位定向系统（positioning and orientation system，POS）（Sandau et al.，2000）。基于 POS 数据可实现遥感影像的直接地理定位（direct georeferencing，DG），而无需地面控制；或利用 POS 数据辅以少量的地面控制点，通过区域网联合平差进一步精化外方位元素，形成集成传感器定向模式，具有更好的容错能力和更为精确的定向结果（王树根，2009）。

POS 已成为线阵数字航摄仪和机载 LiDAR 系统的必备装置。而当前的高分辨率遥感卫星系统，均载有高性能的定轨测姿传感器，一般采用星载 GPS、恒星敏感器加激光陀螺的组合，来获取高精度的卫星轨道星历和传感器姿态参数，如 SPOT-5 的星载多普勒无线电定位系统（Doppler orbitography and radio-positioning integrated by satellite，DORIS）定轨精度可达到分米级，ALOS 卫星的姿态确定精度达到在轨处理 1.08″，地面事后处理为 0.5″的水平（Iwata，2005）。这些姿轨数据一般以辅助文件形式随影像发布，如 QuickBird 的 ISD 文件、SPOT-5 的 Dimap 文件等，经处理转换后即可得到影像的外方位元素。随着卫星定轨测姿技术的发展，高分辨率遥感卫星影像的直接定位能力亦突飞猛进。例如，IKONOS Standard Ortho 级影像定位精度为 25m（Dial and Grodecki，2002），QuickBird Basic 级影像定位精度为 14m。

1.2　传感器几何定标的地位与作用

遥感影像的高精度定位是影像几何处理的基础、信息量化的依据以及数据复合分析的关键。在摄影测量数据处理过程中，为实现遥感影像的高精度定位，就必须精确获知传感器的各项成像参数，并以之为基础建立遥感影像与地面目标的严密几何关系。在实际应用中，传感器系统在投入使用前要在实验室进行严格的几何定标工作，以向用户提供测定的成像参数，其优势是使用专业设备，如多投影准直仪和精密测角仪等，操作过程规范化、标准化，标定精度高；但实验室定标是在理想状况下进行的静态标定，与传感器动态成像的实际状况差别较大，难以考虑如温度、气压、湿度及平台震颤等诸多因素的影响。例如，航空摄影中会受到航摄飞机引起的大气震动影响，以及发动机排出的气流恰好通过摄影窗口的抖动影响；卫星发射过程中及在太空运行时，会受到冲力及各种扰动力的影响，温度、干燥性和微重力等空间环境会发生变化；另外，传感器长期使用也会导致器件损耗和老化。以上因素导致传感器部分成像参数发生改变，如果此时仍以实验室初始定标参数进行摄影测量解算，将不可避免地引入系统性误差，降低影像定位精度。随着遥感影像空间分辨率的不断提高，影像高精度定位对传感器成像参数的改变极为敏感，对实验室提供参数的精准度依赖性更强。另外，由于新型传感器结构复杂、类型多样，成像参数和潜在的误差影响因素相应增多。例如，在卫星发射过程及在轨运行环境下，部分 CCD/CMOS 像元可能发生大小、形状等畸变；拼接成长线阵的各分片 CCD/CMOS 的几何位置及相互关系也可能发生变化，表现为焦平面内分片 CCD/CMOS 的旋转和平移，以及逆向焦平面的离焦偏移（图 1.2）。

多线阵传感器则更为复杂，不但 CCD/CMOS 探元及各单条 CCD/CMOS 会出现如前所述的情况，CCD/CMOS 阵列在焦平面内也可能发生整体性的平移和旋转，从而偏离初始安置状态（图1.3）。

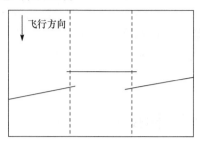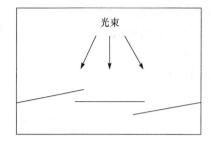

图1.2 分片CCD/CMOS在焦平面内位置偏移与逆向焦平面离焦偏移示意图

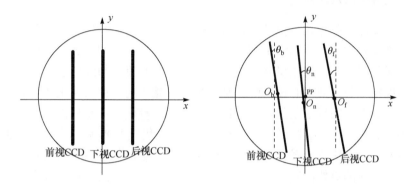

图1.3 单镜头三线阵CCD在焦平面内的平移与旋转示意图

采用集成传感器系统也会带来一些误差影响因素。例如，在机载POS中，存在GPS偏心矢量、IMU视轴偏心角以及GPS、IMU系统漂移误差；在卫星定轨测姿传感器中，存在星敏感器光轴指向误差、星地相机光轴夹角测定误差、姿态角内插误差等。这些误差参量有些因条件限制无法在实验室进行检定，而实验室能测定的部分参数在传感器运行状态下也可能会发生变化，直接影响定位精度。因此，如何及时准确地获取传感器成像参数是实现高分辨率遥感影像精确定位的关键。

大量研究及应用实践表明，航空传感器在长期使用过程中、卫星传感器在发射后及在轨运行期间都需要适时或定期进行几何定标工作，对影响定位精度及测图应用的有效载荷的各项技术参数进行系统分析和精确检定，是确定传感器系统几何性能，保证数据精度和可靠性的必要工作。影响影像定位精度和可靠性的因素多种多样，既有成像传感器光学系统、CCD/CMOS器件变形和畸变，也有遥感平台搭载的机载/星载GPS、IMU、恒星敏感器等实时测量的位置和姿态参数的质量精度水平，以及其他一些与传感器特性有关的误差影响因素等。这些因素往往相互交织在一起，它们对定位精度的影响需要借助高精度的地面控制网以及数字表面模型（digital surface model，DSM）、数字高程模型（digital elevation model，DEM）和数字正射影像图（digital orthophoto map，DOM）等辅助数据，进行多形式、多组合、多频度的定位和测图实践，定量评估定位精度，分析误差分布规律，探测系统误差并判断可能的影响因素，进而设定传感器误差模型，并采用区域网平差等技术手段精确求解成像参数。以上工作对影像获取、覆盖区的地形、地物、地面控制点的数量、分布和精度，地面控制网的长期维护，以及辅助数据的完备性等都提出了很高的要求。根据国内外遥感测绘的长期经验，以及遥感应用工程的科学研究规律，建立相对稳定的遥感实验场，是确保遥感应用工程连续、有效、高质量实施的必要步骤。因此，以持续运行的遥感实验场为依托，以高精度地面控制基准为参照，以传感器成像参数和性能指标精确标定为主线，对影响定位精度各种可能的要素进行整体性、定量化的验证、分析与评估，实现天地协同精确定位和优化，显然是一种合理、有效、可信、可行的方式（张永生，2012）。

1.3 线阵传感器几何定标技术的发展

1.3.1 机载线阵传感器几何定标

国内外曾就传统胶片式模拟航摄相机几何定标进行过大量研究和实践，形成了较为成熟的定标理论和方法，并制定了相应的标准和规范。但新型机载数字传感器的设计、系统构成及成像特性与传统相机有较大区别，如面中心投影与线中心投影的区别，严格中心投影与虚拟影像近似中心投影的区别，单镜头相机与多镜头相机的区别，摄影胶片与 CCD/CMOS 芯片对反射信号响应的区别，以及大幅面与中小幅面的区别等，新型机载数字传感器类型多样，结构复杂，误差来源多；在集成 POS 后，定标对象也从单纯的航测相机转变为整个集成传感器系统，POS 定标以及集成传感器相对安置关系定标成为整个几何定标工作的重要内容。因此，新型机载数字传感器的几何定标在定标内容和解算难度上都较以前大为增加，目前以框幅式模拟相机为主体形成的技术和方法难以完全适用。

1. 国外研究现状

新型机载数字传感器的出现和使用在业界引起了广泛关注，国外多家遥感测绘部门、学术组织、科研机构及厂商、用户等纷纷进行相关技术与方法的研究和实验，开展机载 POS 及摄影机的几何定标是其中的一项重要工作。

欧洲摄影测量实验研究组织[①]（European Organization for Experimental Photogrammetric Research，OEEPE）在 1999 年开展了集成传感器定向（integrated sensor orientation，ISO）"的实验（Heipke et al.，2000，2002），采用 Applanix 和 IGI 公司的 POS 与 Leica 和 Zeiss 公司的胶片式相机集成，选择位于挪威南部的 Fredrikstad 实验场进行了航摄飞行，包括汉诺威大学、斯图加特大学等在内的 12 家单位参与了此次实验。实验分为直接传感器定向和集成传感器定向两个阶段，对集成传感器系统检定、POS 辅助空中三角测量等问题进行了全面研究和分析。试验于 2000～2001 年完成，OEEPE 于 2002 年完成实验结果的分析并公布了相关研究成果，一些学者也发表了与之相关的研究论文。此次实验对 POS 及集成传感器的应用起到了巨大的推动作用。

针对机载集成传感器几何定标问题，欧洲空间数字研究中心在 2003～2007 年专门开展了数字相机检校（digital camera calibration）的综合性试验研究。几十名专家分别来自

---

① 欧洲摄影测量实验研究组织于 2003 年改名为欧洲空间数字研究中心（European Spatial Data Research，Euro SDR）

测绘专业部门、院校、研究机构，以及 Leica 公司、Z/I Imaging 公司等各大相机厂商。项目包含两项任务，分两阶段完成：一是收集整理数字航摄相机几何定标的有关资料并进行分析研究，形成有关当前航摄相机几何定标技术与方法的总结报告；二是基于实验场进行数字航测相机的定标飞行实验，并由各参与单位采用不同的方法、策略和软件分别进行数据处理，结果交由项目数据分析中心斯图加特大学进行汇总，形成最终的试验报告。在第一阶段，传感器几何定标定位项目组将航空数码相机分为三类并分别选取典型机型阐述相机几何定标的基本方法和流程；同时，对航空数码相机几何定标的发展现状和趋势进行了概括和总结，强调了进行整体几何定标的必要性和重要性，并认为实验室配合实验场联合定标的模式将会是行之有效并被普遍认可的方法。在第二阶段，分别在德国斯图加特市瓦兴根区（Vaihingen/En）和挪威弗雷德斯塔德（Fredrikstad）实验场利用 ADS40、DMC、UCD 航摄相机进行了检校飞行，德国斯图加特大学、汉诺威大学、瑞士苏黎世大学等 13 家单位参与了数据的后处理工作，采用不同方法、不同模型及地面控制的多种组合方案，分析、验证了机载数字传感器的几何定标方法和策略，得到了一些有指导意义的结论（Cramer，2004，2008，2009；Cramer and Mostafa，2004）；此后，欧洲空间数字研究中心又启动了欧洲数字航空相机认证（European Digital Airborne Camera Certification，Euro DAC）计划，旨在推动数字航摄相机几何定标的标准化和规范化。

美国地质调查局（United States Geological Surrey，USGS）早在 20 世纪 70 年代即开始为测绘部门提供胶片式模拟相机的定标服务。随着数字航摄相机技术的发展和普及，美国地质调查局联合美国摄影测量与遥感协会（American Society for Photogrammetry and Remote Sensing，ASPRS），共同致力于研究新型数字传感器的定标工作。1999 年，美国地质调查局组织了由业界、学术界和测绘部门成员组成的专家组，对航空数字传感器定标和评测等问题进行了分析和探讨，制订了相关的研究计划；2006 年，美国地质调查局启动了航空影像质量保证计划，其中包括航空数字传感器的定标和成像质量评估工作；其下属的地球资源观测与科技中心（Earth Resources Observation and Science center，EROS）建立了数字相机检校实验室和用于航摄飞行检校的野外实验场，已先后对多种型号的数字航摄相机进行了实验室定标和实验场检校飞行实验。

国际摄影测量与遥感协会（International Society for Photogrammetry and Remote Sensing，ISPRS）也开展了相关工作，其第一委员会和对地观测卫星委员会（Committee on Earth Observation Satellites，CEOS）在 2002 年成立了传感器参数定义、量测及标准化工作组，该工作组在 2003 年 12 月组织了传感器辐射和几何校正专项工作，其结果报告提交给对地观测卫星委员会和 ISPRS2004 年会委员会讨论，并以此为基础，形成了"传感器检校与验证"国际标准，收录在 ISO/TC 211 中。

机载数字传感器生产商也利用实验场进行实际航摄飞行来验证传感器各项性能指标，改善测量精度。POS 的生产厂家——IGI 公司和 Applanix 公司均提出了对 POS 进行标定的航摄飞行计划和检校场布设方案（Jacobsen，2006），并开展了大量试验；Z/I Imaging 公司对自己研发的航空数字测图相机 DMC 进行多次几何定标工作，最终给出相机技术参数和相机各镜头之间的成像关系，并完成对传感器平台姿态等参数的评价，为影像的几何处理提供了参考。2004 年，Leica 公司联合德国斯图加特大学摄影测量研究所在 Vaihingen/Enz 实验场对 ADS40 相机进行了航摄实验，采用飞行高度和地面控制的多种组合方案，同时在处理过程中考虑了 IMU 视轴偏心角误差和 GPS 位置和漂移误差，对 ADS 相机最终的测量精度、GPS/IMU 系统输出数据精度及各误差源对最终测量结果的影响进行了分析和评估。

此外，Jacobsen、Honkavaara、Kochma、Kröpfl、Doerstel 等多位学者近年来也对机载数字传感器几何定标相关技术与方法进行了深入分析和研究，并发表了许多重要论著（Jacobsen et al., 2010; Honkavarra et al., 2006; Kocaman et al., 2006; Kröpfl et al., 2003; Doerstel and Zeitler, 2002）。

2. 国内研究现状

由于受 CCD 芯片加工水平的限制以及缺少高精度的 POS，我国在机载数字传感器的研发方面相对滞后。从"九五"开始，在国家高技术研究发展计划（863 计划）支持下开展了对 GPS、惯性导航系统（inertial navigation system，INS）的研究，相继将 GPS、INS 集成到机载激光三维成像仪，机载高空间分辨率、高光谱分辨率多维遥感系统，以及大面阵彩色 CCD 数字航摄相机等机载数字传感器，但都未能实现产业化推广。此前，国内有关航空相机几何检定的研究有不少论述，也形成了相应的规范和标准，还在山西太原建立了航空几何定标场，但多数实验仅针对胶片式模拟相机。在 GPS 动态定位技术被引入航空摄影测量领域以后，袁修孝等对 GPS 辅助的相机内方位元素检定进行了研究，通过引入 GPS 观测值来削弱外方位元素答解过程中内、外方位元素之间相关性的影响，在摄影测量平差中一并解求内、外方位元素，可以实现在实验场动态检定航摄仪内方位元素（袁修孝，2001）。

2001 年以来，国内多家单位开始引进主流的商业 POS 和 ADS40、DMC 和 UCD 等数字航摄相机，为我国学者开展相关研究提供了良好的试验条件。李学友等结合 IMU/DGPS[惯性测量单元（inertial measurement unit，IMU）/差分全球定位系统（differential global position system，DGPS）]辅助航空摄影测量生产实践，采用检校场飞行对 IMU 偏心角和线元素分量偏移值进行了检定，介绍了检校场布设方案，并通过多次生产实践对检校场的飞行频度、检校飞行高度及 IMU/DGPS 辅助空三平差计算时是否每个架次都需要飞行检校场等问题进行系统分析和精度验证，最终总结出常用的检校场飞行和测量方案（李学友，2005；李学友和倪忠礼，2005）。袁修孝提出了利用常规光束法区域网平差结果比对 POS 直接测定的外方位角元素，从而检校机载 POS 视准轴误差的方法，后又提出了通过 POS 辅助自检校光束法区域网平差来消除定位测姿系统误差的方法（袁修孝等，2006；袁修孝，2008）。李德仁、赵双明、刘军等利用 ADS40 影像对机载三线阵影像的光束法平差技术进行了研究，为机载三线阵相机检校奠定了技术基础（李德仁等，2007；赵双明和李德仁，2006；刘军，2007；刘军等，2009）。

2009 年以来，武汉大学测绘遥感信息工程国家重点实验室与信息工程大学测绘学院（现更名为地理空间信息学院）在河南登封开始联合建立长期运行的嵩山摄影测量与遥感定标综合实验场（中国资源卫星应用中心 2011 年加入），包括机载传感器定标场、摄影测量与遥感综合实验场和星载传感器定标场三个部分，其中机载传感器定标场面积近 100km^2，分层布设了 214 个永久性高精度地面控制点，主要用于各种航空传感器的测试与定标。目前，已利用 ADS40 相机获取了多架次的航空影像及 POS 数据，以此为平台，涂辛茹等（2011）对 ADS40 系统几何检校的原理与方法进行了系统研究，并利用 ORIMA 软件对 ADS40 相机进行几何检定，取得了比较理想的效果；王涛、王冬红也对 ADS40 相机进行了自检校光束法平差实验，自检校光束法平差对定位精度的改善极为明显（王涛等，2011，2012a，2012b，2013；王冬红，2011）；王涛等对 ADS40 传感器的自检校定标技术进行了深入研究，设计了相适应的相机误差模型和自检校联合平差模型，实验结果表明定标效果非常理想（王涛等，2012c）。

对比国内外发展现状不难发现，目前我国在机载数字传感器几何定标领域仍比较滞后，不但缺乏进行实验室定标的专业设备和环境，在实验场建设方面也远远不足。同时，在实验场定标技术与方法理论研究方面，我国因起步较晚，缺少相关的研究与成果积累，尚没有形成比较完善的技术方法体系。

1.3.2 星载线阵传感器几何定标

1. 国外研究现状

纵观国外成功的高分辨率遥感卫星系统，无不系统开展了依托实验场的卫星在轨几何定标工作。法国 SPOT 卫星是最早成功应用该技术的典型代表，从 SPOT-1 上天开始，一直到 SPOT-5，积累了 30 多年的在轨几何定标经验，并在全球建设了 20 余个定标实验场；SPOT-5 发射后，法国国家空间研究中心（Centre National d'Etudes Spatiales，CNES）成立专门的部门，采用分步定标的方法，利用地面实验场对 SPOT-5 卫星影像[高分辨率几何成像装置（high resolution geometric，HRG）、高分辨率立体成像装置（high resolution stereo，HRS）]进行几何定标处理，包括外检校、内检校等静态参数定标，以及轨道和姿态等动态参数定标等，最终单片无控制点平面定位精度达到 50m（root mean square，RMS），无控制点多立体像对高程定位精度达到 15m（RMS），实现了 SPOT-5 高精度的几何定标（Valorge，2003；Breton et al.，2002；Westin，1992）。1999 年 9 月 IKONOS 卫星发射升空之后，美国空间成像公司（Space Imaging）将在轨几何定标作为实现相机几何技术参数精化的关键环节，采用分步定标的方法，于 2001～2004 年进行一系列几何定标工作，内容包括相机内方位的视场角映射、光学畸变参数、焦平面阵列的布置，相机外方位元素的互锁定标，以及立体测图能力的几何定标等，并利用 Lunar Lake、Railroad Valley 等多个实验场（Grodecki and Lutes，2005）。

日本 ALOS 卫星的 PRISM 传感器，配置前、后、正视 3 个线阵 CCD 相机，和国产立体测绘卫星天绘一号和资源三号比较相似。ALOS 卫星几何定标组在卫星发射之前，就制订了整套定标计划和工作流程，开发了 SAT-PP（Satellite Image Precision Processing）软件系统，采用附加参数的自检校区域网平差方法进行整体定标，通过分析系统构像特点，针对 3 相机结构设置了 30 个附加参数（additional parameters，APs），并利用分布于日本、意大利、瑞士、南非等地的多个实验场进行了定标实验（Tadono et al.，2004；Gruen et al.，2007）。美国轨道成像公司（Orbimage）的 OrbView-3 卫星经过了系统的在轨几何定标工作，包括卫星试运行阶段的初始定标和在轨运行后的周期性定标。初始定标又划分为定姿系统测试、相机视轴检校、相机焦距标定、定轨模型调整与验证、定姿系统精确校正和相机内方位几何元素定标等几个步骤依序进行。其定标所用实验场位于美国得克萨斯州拉伯克（Lubbock）地区，长宽均为 50km。定标软件系统主要由联合卡尔曼滤波、卫星定轨、影像匹配、多传感器空中三角测量等功能模块组成（Mulawa，2000，2004）。Srivastava 和 Alurkar（1997）对印度 IRC-1 卫星进行了在轨几何定标研究，采用附加参数的自检校区域网平差方法，结合相机特点共设置附加参数 15 个，利用在汉诺威地区获取的 IRC-1 影像，采用多种组合方式验证各个附加参数（1~15 个）对影像定位的影响，实验表明选择合适的附加参数，可大大提高影像定位精度。美国 GeoEye-1 卫星在 2008年 9 月 6 日发射成功，是迄今空间分辨率最高、成像技术最先进的商业卫星，卫星平台上装有 0.41m 空间分辨率的空间相机和 1.65m 空间分辨率的多光谱相机。利用区域网平差技术对相机进行在轨几何定标，无控制点定位精度可达 3m（Crespi et al.，2010）。其他一些高分辨率遥感卫星，如印度 IRS-P5 和 IRS-P6、韩国 KOMPSAT-2 等都在发射入轨后依据传感器自身构造特性、运行平台特点等情况，有针对性地开展了在轨定标及参数优化工作（Radhadevi and Solanki，2008；Srinivasan et al.，2008；Leea et al.，2008）。

实践表明，通过在轨几何定标可以有效消除卫星平台和传感器系统的主要系统性误差，大大改善由于 CCD 阵列变形和移位、镜头畸变等因素引起的卫星影像几何畸变程度，从而为实现卫星影像的精确定位，充分发挥高分辨率卫星影像的应用效力提供保证。以SPOT、IKONOS 为代表的高分辨率遥感卫星系统均经过了严格且系统的在轨几何定标工作，积累了较为丰富的实践经验，可为我国航天遥感传感器几何定标工作的开展提供良好的参考和借鉴。

2. 国内研究现状

依托实验场的高分辨率遥感卫星在轨几何定标是一项前端且综合性的工作，而我国在该技术领域起步相对较晚。一方面，发达国家宇航级的高分辨率相机长期对我国禁运并对相关技术实施封锁，购入的国外卫星数据大多是经过加工处理的后端产品，很少涉及传感器成像参数，有的产品仅提供有理多项式模型（rational polynomial coefficient，RPC）参数以进行信息隐藏（如 IKONOS），因此我国难以获取开展研究所必需的第一手资料；另一方面，我国拥有自主产权的高分辨率遥感卫星系统时间不长，系统开展在轨几何定标工作较晚，缺乏相关研究和积累。

王任享在 20 世纪 70 年代就注意到在轨几何定标对高分辨率卫星应用的重要性，并采用卫星模拟影像进行定标实验，分析传感器成像参数在轨变化情况及其可能对定位精度产生的影响（王任享，2006）；杨峻峰、王建荣等同样利用卫星模拟影像进行线阵 CCD相机在轨动态检定的分析与实验（杨峻峰，1998；王建荣等，2002）；梁洪有针对CBERS-02B 卫星的高分辨率相机，采用空间后方交会进行了在轨几何定标的初步研究（梁洪有，2008）；余翔等针对 CBERS-02B 卫星，通过建立系统误差检校模型研究了内、外方位元素和 CCD 变形移位对目标定位精度的影响（余翔和袁修孝，2011）；苏文博参考 SPOT-5 HRS 成像方式模拟了卫星影像数据，并采用空间后方交会和光束法平差对航天线阵 CCD 传感器进行了模拟定标实验（苏文博，2010）；陈利奇对 SPOT-5 在轨 CCD指向角修正进行了初步的研究和实验（陈利奇，2009）；雷蓉分析和建立了星载线阵 CCD的内方位元素自检校参数模型，并以之为基础建立了自检校光束法区域网平差模型，同时利用资源三号卫星模拟数据和 ALOS PRISM 数据进行了自检校定标实验（雷蓉，2011）；

刘楚斌又在雷蓉研究的基础上进一步利用资源三号真实数据进行了定标实验，并尝试了整体定标和分布定标的不同方案（刘楚斌，2012）。

在可以获取卫星星历和姿态数据的情况下（如购买的 SPOT-5 及国产资源卫星等），国内学者较早就注意到卫星直接获取的姿轨观测数据存在的误差及其产生的影响，并采取了有效措施进行检校和补偿。袁修孝以传感器严格几何模型为基础，建立了影像姿态角常差检校模型，并利用 SPOT-5、QuickBird 影像进行了姿态角常差解算与补偿实验，显著提高了影像定位精度，后又在此基础上提出了更为严密的姿态角系统误差检校模型，定位精度提高效果更为明显（袁修孝和余俊鹏，2008；袁修孝和余翔，2012）；徐建艳将卫星成像过程中传感器系统安装误差、姿态和星历数据误差等综合作用导致的成像偏差，统归为一个偏移矩阵，并利用 CBERS-01 影像进行了实验，取得了很好的效果（徐建艳等，2004）；张过分析了偏置矩阵 3 个角元素对目标定位精度的影响，研究了利用偏置矩阵补偿卫星影像系统误差的问题，并用于 CBERS-02 卫星影像的几何纠正（张过等，2007）；祝小勇对 CBERS-02B 影像进行了几何定标，并利用多景影像求解出总体偏置矩阵进而完成影像的几何纠正（祝小勇等，2009）；刘楚斌等根据 ALOS PRISM 传感器的成像原理，建立了影像的姿态角常差检校模型，通过少量控制点改正姿态角误差后，显著提高了影像直接定位精度（刘楚斌等，2011）。

2003 年 CBERS1-02 卫星发射后，中国资源卫星应用中心组织了国内近 20 家单位对 CBERS1-02 卫星进行了全面的辐射定标和几何定标工作，平面精度达到 7km（RMS）；2004 年 CBERS2-03 卫星发射后，北京遥感信息研究所组织了包括武汉大学等在内的近 10 家单位对 CBERS2-03 卫星进行了全面的辐射定标和几何定标工作，平面精度达到 200m（RMS）。

天绘一号和资源三号测绘卫星入轨后，面对卫星在轨定标的迫切需求，国内学者积极开展了相关研究及测试。李晶等对天绘一号卫星三线阵立体测绘相机的主点、主距、相机夹角、相机安置矩阵等参数进行了在轨标定，实验结果表明可有效消除系统误差（李晶等，2012）。张艳对天绘一号卫星三线阵 CCD 影像采用带附加参数的自检校技术进行区域网平差处理，显著提升了影像定位精度（张艳等，2015）。孟伟灿等基于偏置矩阵和探元指向角构建了线阵推扫式相机的在轨几何定标模型，并给出了相应的参数求解方法，分析了线阵推扫式相机物理内参数模型和指向角内参数模型的区别与联系，对物理内参数模型到指向角内参数模型的演化过程进行了推导（孟伟灿等，2015）。李德仁等将资源三号卫星的检校参数分为内部参数和外部参数两类进行标定，内部参数即每个探元在相机坐标系的指向角，外部参数通过一个正交旋转矩阵对相机外部系统误差进行统一表示，使得资源三号卫星无控制点定位精度优于 15m，在少量控制点的情况下，可以达到平面 4m、高程 3m 的精度（李德仁和王密，2012；李德仁，2012）。张过等利用偏置矩阵描述资源三号卫星三线阵影像的外定向误差，并对比了多个内部畸变模型，基于检校后的定位精度选择最优模型，同时利用河北安平、黑龙江肇东以及太行山地区的控制点对资源三号卫星三线阵影像检校结果进行了验证，实验结果表明安平和肇东的验证精度达到了理论值（Zhang et al.，2014）。王涛等将几何定标参数归纳为内定向误差参数和外定向误差参数两大类，首先进行姿态角系统误差检校消除外方位元素中绝大部分的系统误差，然后将姿态角残余误差、定轨误差以及相机内部误差共同纳入自检校区域网平差的整体解算中，标定后资源三号卫星三线阵影像的定位精度得到显著提升（王涛，2012；王涛等，2014）。

蒋永华等利用嵩山、天津检校场的数字正射影像和数字高程模型，采用多检校场联合检校方案对资源三号卫星三线阵影像进行了高精度几何检校，并利用高精度控制点对检校结果进行了验证（蒋永华等，2013）。张永军等提出了一种新的采用多轨数据联合平差进行几何检校的方法，即先对相机相对于卫星本体的 3 个旋转角进行检校，后对 CCD 在焦平面内的安置误差进行检校，明显提高了资源三号卫星直接定位能力（张永军等，2012）。王密等以资源三号卫星三线阵相机和资源一号 02C 卫星全色相机为例，针对具体相机设计提出了相应的在轨几何定标方案，定标后影像的无控和有控几何定位精度得到显著提升（Wang et al.，2014）。杨博和王密对资源一号 02C 卫星全色相机进行了在轨几何定标实验，并将其定标参数分为内参数和外参数，采用分步迭代求解策略对待定标参数进行解算，实验结果表明其定标模型和求解方法可显著提高资源一号 02C 卫星全色影像的定位精度（杨博和王密，2013）。谌一夫等将单片 CCD 阵列上的各种畸变因素归结为一个二次多项式，在进行外部定向时，提出一种逐点带权多项式的方法，采用模拟数据进行在轨几何定标实验，结果表明该方法能够有效降低参数间的相关性（谌一夫等，2013a，2013b）。曹金山等对资源三号卫星成像在轨几何定标的探元指向角法进行了研究，利用嵩山和洛阳两个实验区的影像进行了实际验证，在利用 5 个地面控制点进行在轨几何定标后，下视影像定位精度优于±2.7m，前后视立体定位的平面精度和高程精度分别优于±4.8m 和±3.2m（曹金山等，2014）。贾博、余岸竹分别对集成传感器定向涉及的关键技术和摄影测量参数的动态检测技术，结合不同卫星影像数据展开深入研究，取得了较好的实验效果（贾博，2013；余岸竹，2013）；刘建辉针对光学遥感卫星影像高精度对地定位中涉及的成像模型的系统误差改正、外方位元素的建模、摄影测量参数的在轨几何定标、星历姿态数据辅助的光束法平差等关键技术问题进行了系统研究，利用 SPOT-5 HRS 数据、天绘一号卫星三线阵数据、资源三号卫星三线阵数据进行了实验验证（刘建辉，2015）。

在高分辨率遥感卫星在轨几何定标的实验场建设方面，我国还存在较大的需求缺口。建立能够长期运行的地面实验场是国外高分辨率遥感卫星在轨几何定标的成功经验，其中涉及选址、需求分析、方案设计、建设与维护等一系列技术和实际问题。长期以来，国内没有专门用于星载传感器定标和数据验证的地面实验场，仅在山西太原等地建立了航空摄影几何检校场，但航天遥感与航空遥感相比，具有覆盖范围大、视场小、按固定周期绕地飞行等特点，因此航空检校场并不适用于卫星几何定标。嵩山高精度遥感测绘综合实验场是我国最早投入运行的能满足高分辨率遥感卫星传感器在轨定标要求的实验场。整个区域覆盖面积约 8000km²，已多次用于资源三号、天绘一号、高分二号等航天传感器的测试与定标，成效显著。张永生（2012）阐述了嵩山高精度遥感测绘综合实验场的设计思路与实现情况，并对遥感定位精度与可靠性实验场验证的基地化方法进行了探讨与分析，建立了遥感测绘卫星全球广域定标定位框架体系。目前有关部门正在推进云南腾冲、宁夏中卫定标实验场的建设工作，相信随着我国高分辨率遥感卫星的陆续发射及应用，将会更多地开展卫星几何定标场的论证与建设工作。

参 考 文 献

曹金山，袁修孝，龚健雅，等. 2014. 资源三号卫星成像在轨几何定标的探元指向角法. 测绘学报，43（10）：1039-1045.

陈利奇. 2009. 高分辨率遥感卫星几何定标技术. 焦作：河南理工大学硕士学位论文.

贾博. 2013. 星载集成传感器定向关键技术研究. 郑州：解放军信息工程大学博士学位论文.

蒋永华，张过，唐新明，等. 2013. 资源三号测绘卫星三线阵影像高精度几何检校. 测绘学报，42（4）：523-529.

雷蓉. 2011. 星载线阵传感器在轨几何定标的理论与算法研究. 郑州：解放军信息工程大学博士学位论文.

李德仁. 1996. GPS用于摄影测量与遥感. 北京：测绘出版社.

李德仁. 2012. 我国第一颗民用三线阵立体测图卫星——资源三号测绘卫星. 测绘学报，41（3）：317-322.

李德仁，王密. 2012. "资源三号卫星"在轨几何定标及精度评估. 航天返回与遥感，33（3）：1-6.

李德仁，赵双明，陆宇红，等. 2007. 机载三线阵传感器影像区域网联合平差. 测绘学报，36（3）：245-250.

李晶，王蓉，朱雷鸣，等. 2012. "天绘一号"卫星测绘相机在轨几何定标. 遥感学报，16（z1）：35-39.

李学友. 2005. IMU/DGPS辅助航空摄影测量原理、方法与实践. 郑州：解放军信息工程大学博士学位论文.

李学友，倪忠礼. 2005. IMU/DGPS辅助航空摄影测量中检校场布设方案研究. 测绘工程，14（4）：14-18.

梁洪有. 2008. CBER-02B星HR相机影像定位与在轨几何定标研究. 北京：中国科学院遥感应用研究所博士学位论文.

刘楚斌. 2012. 高分辨率遥感卫星在轨几何定标关键技术研究. 郑州：解放军信息工程大学硕士学位论文.

刘楚斌，范大昭，王涛，等. 2011. ALOS PRISM影像的姿态角常差检校. 测绘科学技术学报，28（4）：278-282.

刘建辉. 2015. 光学遥感卫星影像高精度对地定位技术研究. 郑州：解放军信息工程大学博士学位论文.

刘军. 2007. GPS/IMU辅助机载线阵CCD影像定位技术研究. 郑州：解放军信息工程大学博士学位论文.

刘军，王冬红，刘敬贤，等. 2009. IMU/DGPS辅助ADS40三线阵影像的区域网平差. 测绘学报，38（1）：55-60.

孟伟灿，朱述龙，曹闻，等. 2015. 线阵推扫式相机高精度在轨几何标定. 武汉大学学报（信息科学版），40（10）：1392-1399.

谌一夫，刘璐，张春玲，等. 2013a. ZY-3卫星在轨几何定标方法. 武汉大学学报（信息科学版），38（5）：557-560.

谌一夫，张春玲，张慧，等. 2013b. ZY-3卫星的姿态和轨道模型研究. 华中师范大学学报（自然科学版），47（3）：421-425.

苏文博. 2010. 航天线阵CCD传感器在轨几何定标技术研究. 郑州：解放军信息工程大学硕士学位论文.

涂辛茹，许妙忠，刘丽. 2011. 机载三线阵传感器ADS40的几何检校. 测绘学报，40（1）：78-83.

王冬红. 2011. 机载数字传感器几何标定的模型与算法研究. 郑州：解放军信息工程大学博士学位论文.

王建荣，杨俊峰，胡莘，等. 2002. 空间后方交会在航天相机检定中的应用. 测绘学院学报，19（2）：119-121，127.

王任享. 2006. 三线阵CCD影像卫星摄影测量原理. 北京：测绘出版社.

王树根. 2009. 摄影测量原理与应用. 武汉：武汉大学出版社.

王涛. 2012. 线阵CCD传感器实验场几何定标的理论与方法研究. 郑州：解放军信息工程大学博士学位论文.

王涛，谢华，张艳，等. 2011. GPS/IMU 辅助 ADS40 影像自检校区域网平差. 西安：第一届全国高分辨率遥感数据处理与应用研讨会论文集.

王涛，张艳，潘申林，等. 2012a. 机载三线阵 CCD 传感器影像自检校区域网平差. 武汉大学学报（信息科学版），37（9）：1073-1077.

王涛，张永生，张艳，等. 2012b. POS 辅助机载三线阵影像自检校区域网平差，测绘通报，专刊：288-291.

王涛，张永生，张艳. 2012c. 基于自检校的机载线阵 CCD 传感器几何标定. 测绘学报，41（3）：393-400.

王涛，张艳，芮杰，等. 2013. 基于等效误差方程的机载三线阵 CCD 影像自检校区域网平差. 测绘科学，38（4）：107-111.

王涛，张艳，张永生，等. 2014. 资源三号卫星三线阵 CCD 影像自检校光束法平差. 测绘科学技术学报，（1）：44-48.

徐建艳，侯明辉，于晋. 2004. 利用偏移矩阵提高 CBERS 图像预处理几何定位精度的方法研究. 航天返回与遥感，25（4）：25-31.

杨博，王密. 2013. 资源一号 02C 全色相机在轨几何定标方法. 遥感学报，17（5）：1183-1190.

杨峻峰. 1998. 三线阵 CCD 相机的动态检定的研究. 郑州：解放军测绘学院.

余岸竹. 2013. 遥感卫星摄影测量参数动态检测关键技术研究. 郑州：解放军信息工程大学博士学位论文.

余翔，袁修孝. 2011. CBERS-02B 影像的系统误差检校方法. 西安：第一届全国高分辨率遥感数据处理与应用研讨会论文集.

袁修孝. 2001. GPS 辅助空中三角测量原理及应用. 北京：测绘出版社.

袁修孝. 2008. 一种补偿 POS 定位测姿系统误差的新方法. 自然科学进展，18（8）：925-934.

袁修孝，杨芬，赵青，等. 2006. 机载 POS 系统视准轴误差检校. 武汉大学学报（信息科学版），31（2）：1039-1043.

袁修孝，余俊鹏. 2008. 高分辨率卫星遥感影像的姿态角常差检校. 测绘学报，37（1）：36-41.

袁修孝，余翔. 2012. 高分辨率卫星遥感影像姿态角系统误差检校. 测绘学报，41（3）：385-392.

张过，袁修孝，李德仁. 2007. 基于偏置矩阵的卫星遥感影像系统误差补偿. 辽宁工程技术大学学报，26（4）：517-519.

张艳，王涛，冯伍法，等. 2015. "天绘一号"卫星三线阵 CCD 影像自检校区域网平差. 遥感学报，19（2）：219-227.

张永军，郑茂腾，于晋，等. 2012. 资源三号卫星三线阵传感器在轨几何检校及精度分析. 北京：第一届高分辨率对地观测学术年会.

张永生. 2012. 高分辨率遥感测绘嵩山实验场的设计与实现. 测绘科学技术学报，29（2）：79-82.

赵双明，李德仁. 2006. ADS40 机载数字传感器平差数学模型及其试验. 测绘学报，35（4）：342-346.

祝小勇，张过，唐新民. 2009. 资源一号 02B 卫星影像几何外检校研究及应用. 地理与地理信息科学，（5）：16-18.

Breton E. 2002. Pre-flight and in-flight geometric calibration of SPOT5 HRG and HRS images. ISPRS Comm. I, Denver, CO.

Cramer M. 2004. A European network on camera calibration. Photogrammetric Engineering & Remote Sensing, 70（12）：1328-1334.

Cramer M, Mostafa M.2004. A European network on digital camera calibration. Photogrammetric Engineering & Remote Sensing.

Cramer M.2008. The EuroSDR approach on digital airborne camera calibration and certification. International Archives of the Photogrammetry, Remote Sensing and Spatial Information Sciences，37（Part B4）.

Cramer M. 2009. Digital Camera Calibration. Frankfurt：Bundesamt für Kartographie und Geodäsie.

Crespi M, Colosimo G, De Vendictis L, et al. 2010. GeoEye-1：Analysis of radiometric and geometric capability. Lecture Notes of the Institute for Computer Sciences, Social Informatics and Telecommunications

Engineering，43（7）：354-369.

Dial G，Grodecki J. 2002. IKONOS Accuracy without Ground Control. Denver，CO：Proceedings of ISPRS Comission I Mid-Term Symposium.

Doerstel C，Zeitler W. 2002. Geometric Calibration of the DMC：Method and Results. IAPRS，XXXIV（B1）：324-333.

Grodecki J，Lutes J. 2005. IKONOS Geometric Calibrations. Baltimore，Maryland：Presented at ASPRS 2005.

Gruen A， Kocaman S， Wolff K. 2007. Calibration and validation of early ALOS/PRISM images. The Journal of the Japan Society of Photogrammetry and Remote Sensing，46（1）：24-38.

Heipke C， Jacobsenk， Wegmann H， et al.2000. Integrated sensor orientation-an OEEPE Test. International Archives of Photogrammetry and Remote Sensing 33.B3/1；PART 3：373-380.

Heipke C，Jacobsen K，Wegmann H. 2002. Test Goals and Test Setup for the OEEPE Test "Integrated Sensor Orientation". Frankfurt：OEEPE Official Publication No. 43.

Honkavarra E， Ahokas E， Hyyppa J， et al. 2006. Geometric test field calibration of digital photogrammetric sensors. ISPRS Journal of Photogrammetry and Remote Sensing，60（6）：387-399.

Iwata T.2005. Precision attitude and position determination for the Advanced Land Observing Satellite （ALOS）//Enabling Sensor and Platform Technologies for Spaceborne Remote Sensing. International Society for Optics and Photonics，5659：34-50.

Jacobsen K.2006. Calibration of optical satellite sensors. Proceedings of the International Calibration and Orientation Workshop EuroCOW.

Jacobsen K，Cramer M，Ladstatter R，et al. 2010. DGPF-project:evaluation of digital photogrammetric camera systems – geometric performance. Photogrammetrie–Fernerkundung–Geoinformation（PFG），（2）：85-98.

Kocaman S，Zhang L，Gruen A. 2006. Self Calibration Triangulation of Airborne Linear Array CCD Cameras. Castelldefels：EuroCOW 2006 International Calibration and Orientation Workshop.

Kröpfl M，Kruck E，Gruber M.2004. Geometric calibration of the digital large format aerial camera UltraCamD. International Archives of Photogrammetry and Remote Sensing，35（1）：42-44.

Leea D H，Seo D C，Song J H，et al. 2008. Summary Of Calibration And Validation for Kompsat-2. Beijing：The International Archives of the Photogrammetry，Remote Sensing and Spatial Information Sciences，Vol. XXXVII. Part B1.

Mulawa D. 2000. Preparations for the On-Orbit Geometric Calibration of the Orbview 3 and 4 Satellites. Amsterdam：International Archives of Photogrammetry and Remote Sensing，Vol. XXXIII，Part B1.

Mulawa D. 2004. On-orbit geometric calibration of the OrbView-3 high resolution imaging satellite. International Archives of the Photogrammetry，Remote Sensing and Spatial Information Sciences，35（B1）：1-6.

Radhadevi P V，Solanki S S. 2008. In-flight geometric calibration of different cameras of IRS-P6 using a physical sensor model. The Photogrammetric Record，23（121）：69-89.

Sandau R，Braunecker B，Driescher H，et al.2000. Design principles of the LH Systems ADS40 airborne digital sensor. International Archives of Photogrammetry and Remote Sensing，33（B1；PART 1）：258-265.

Srinivasan T P，Islam B，Singh S K，et al. 2008.In-flight geometric calibration-an experience with Cartosat-1 and Cartosat-2. The International Archives of the Photogrammetry，Remote Sensing and Spatial Information Sciences，37（Part B1）：83-88.

Srivastava P K，Alurkar M S. 1997. Inflight calibration of IRS-1C imaging geometry for data products. ISPRS Journal of Photogrammetry & Remote Sensing，52：215-221.

Tadono T，Shimada M，Watanabe M，et al . 2004. Calibration and Validation of PRISM Onboard ALOS. International Archives of Photogrammetry，Remote Sensing and Spatial Information Sciences，Vol.XXXV，Part B1：13-18.

Valorge C. 2003. 40 Years of Experience with SPOT In-Flight Calibration. Gulfport: ISPRS International Workshop on Radiometric and Geometric Calibration.

Wang M, Yang B, Hu F, et al. 2014. On-orbit geometric calibration model and its applications for high-resolution optical satellite imagery. Remote Sensing, 6: 4391-4408.

Westin T. 1992. Inflight calibration of SPOT CCD detector geometry. Photogrammetric Engineering & Remote Sensing, 58 (9): 1313-1319.

Zhang G, Jiang Y H, Li D R, et al. 2014. In-orbit geometric calibration and validation of ZY-3 linear array sensors. The Photogrammetric Record, 29 (145): 68-88.

第2章　线阵传感器及集成系统

20世纪80年代出现以来，线阵传感器凭借其良好的影像质量和优异的几何性能受到了广泛关注，得到了迅猛发展，功能日益强大和完善，目前已成为对地球观测最有效的传感器之一。本章对线阵传感器的构成与分类进行了分析和总结，阐述了机载GPS/IMU定位定姿系统和星载定轨测姿系统的基本原理，并详细介绍了典型机载、星载线阵传感器成像系统的组成及特点。

2.1　线阵传感器的构成及分类

一般的单线阵传感器由若干个感光探元在焦平面上线形排列组成。以线阵CCD传感器为例，其影像获取方式如图2.1所示：在某个成像瞬间，每个CCD像元均可对一定的地面范围成像（将此地面范围称为地面像元分辨率），而整个CCD阵列可以同时获取与飞行方向相垂直的一条扫描影像线；而当传感器平台向前推进时，即可逐行以时序方式获取二维影像。显然，在同一瞬间成像的每一条扫描线为一维中心投影，而整个影像为多中心投影。

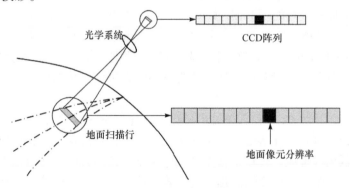

图 2.1　线阵 CCD 传感器影像获取示意图

2.1.1　线阵传感器的构成

为满足日益增长的对地观测需求，线阵传感器在构成上呈现多样化趋势，不同组合、不同特性的线阵传感器相继出现。例如，从单线阵传感器发展到多线阵传感器，而多线阵传感器中又有单镜头多线阵和多镜头多线阵等不同情况。就单条线阵列来说，出于提高视场覆盖宽度或影像空间分辨率的目的，多采用多片拼接、超分辨率采样及TDI CCD等不同技术手段。

从提高作业效率角度来说，客观上要求传感器具有较宽的视场覆盖，若采用线阵推扫式传感器，就意味着需要增加更多的像元数量，但由于受制造工艺等的限制，要把成千上万个像元在焦平面上进行严格直线排列并非易事，数量过多会导致排列误差不断累积、定位精度指标下降。当前，解决以上问题的常用方法是采用多片拼接技术，即当单条线阵的像元数不能满足相机成像视场覆盖的宽度要求时，需要将多条短线阵连接成一个宽视场探测器，此技术称为多线阵拼接。

不同于传统框幅式传感器，线阵传感器在一个采样周期内只能获取垂直飞行方向的一条影像线，为了连续稳定地获取二维影像，传感器平台运行速度 v、卫星轨道高度 H、镜头焦距 f、像元尺寸 P、传感器行采样时间 Δt_s 应满足 $\Delta t_s = (P \cdot H)/(v \cdot f)$ 的约束关系。在卫星轨道高度 H 确定的情况下，要提高像元的地面分辨率，需要减少像元尺寸 P 或增大镜头焦距 f，也就意味着行采样时间 Δt_s 的相应减少。由于 CCD 对应固定的某灵敏度，在同等输入光照度条件下，CCD 能量取决于光敏元件的面积（CCD 尺寸）和积分时间，像元尺寸及采样时间的压缩将导致探测像元能量下降，信噪比降低，进而使影像输出质量严重下降。为在提高影像空间分辨率的同时保持影像质量，采用 TDI CCD 是一种行之有效的解决方案，而 SPOT-5 HRG 传感器所采用的超分辨率采样技术也被证明是提高影像空间分辨率的一种可行方式。

1. 多片线阵拼接技术

多片线阵拼接是线阵传感器研制的一项专用技术，主要有光学拼接、机械拼接和视场拼接等几种方式。光学拼接是利用拼接棱镜时的分光效应，将像平面分割成空间分离的两个像面，用以安置多片线阵传感器，并使每相邻两片 CCD 首尾像元精密重叠，从而在像方空间内形成宽视场的探测器。如图 2.2 所示，拼接的棱镜由两块 45º 的棱镜胶合而成，胶合面中心区域镀有反射膜，三片 CCD 分别粘贴在拼接棱镜的两个面上，从入射光方向看，三片 CCD 形成一个等效的长线阵 CCD 探测器。光学拼接法的精度较高，但拼接棱镜时会产生色差，一般多用于透射式光学系统，可使拼接的棱镜与透镜组合进行色差校正。

机械拼接是将几片 CCD 在首尾处用机械方式连接在一起，结构紧凑，但需要对 CCD 进行特殊加工，而且每个连接处会损失几个像元，并存在拼接缝；在成像时，接缝处会出现空白，降低局部像质。视场拼接是利用电子学对接的方法，在有足够电子延迟的条件下，将 CCD 装配成双列交错式焦面的形式，即第二列填充由第一列形成的间隙，首尾像元分别对齐，但在影像的运动方向上两列错开一定位置（图 2.3）。其优点是由于没有棱镜，所以不会引入附加的色差。

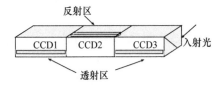

图 2.2　光学拼接示意图

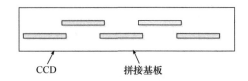

图 2.3　视场拼接示意图

航天摄影成像对相机视场覆盖范围有着更为直接和现实的要求，因此多片线阵拼接技术在星载线阵传感器中应用非常普遍。除日本 ALOS 卫星外，如 IKONOS、QuickBird、

SPOT1～4等也都采用了这种多片拼接技术。如图2.4所示，IKONOS卫星搭载的全色和多光谱线阵CCD传感器均由3片CCD组成，由上及下分别为前视全色CCD、下视全色CCD和多光谱CCD。图2.5为QuickBird卫星搭载的全色和多光谱线阵CCD传感器，上面为全色CCD、下面为多光谱CCD，均由6片CCD组成。

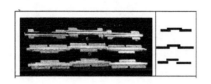
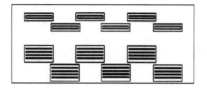

图2.4　IKONOS卫星CCD组成示意图　　　　图2.5　QuickBird卫星CCD组成示意图

　　我国遥感卫星也很多采用了CCD拼接技术，如CBERS-02B卫星HR相机、天绘一号卫星高分辨率相机、资源三号卫星全色相机。图2.6是CBERS-02B卫星HR相机CCD组成示意图，3个CCD阵列依次排列在焦平面上，分别由4096个探元组成，相邻CCD之间设计重叠度为21个探元，在沿卫星飞行方向上3条CCD阵列依次对地表扫描成像，考虑到重叠区域，3条CCD可获取12246个探元所对应的扫描影像带。

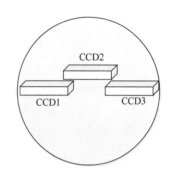

2. 超分辨率采样技术

　　超分辨率采样可在不对线阵传感器硬件系统进行大的改动情况下，通过软件后处理方法提升影像的空间分辨率。该技术最早由法国国家空间研究中心提出并成功应用于 SPOT-5 HRG 传感器，此外机载线阵传感器

图2.6　CBERS-02B卫星HR相机CCD组成示意图

ADS40也采用了该技术。SPOT-5 HRG传感器基本结构如图2.7所示，两条CCD线阵列在焦平面上平行放置，均有12000个像元，像元尺寸大小相同，但在水平和垂直方向上分别错开0.5个像元；两条CCD各自独立成像，可获取两幅空间分辨率为5m的影像，在此基础上采用超分辨率重建技术处理后，理论上可得到一幅空间分辨率为2.5m的高分辨率影像（实际应用分辨率在2.5～3m）。

图2.7　SPOT-5 HRG传感器构成示意图

3. TDI技术

　　TDI CCD是一种特殊的线阵CCD器件，它利用TDI技术，通过多级时间积分来延长积分曝光时间，可以实现对同一景物多次曝光，在提高相机灵敏度和信噪比的同时，降低光能量对相机相对孔径的要求，适合于高速、高分辨率、低光强成像应用需求，可有效缩减高分辨相机系统的体积、重量和成本（Chamberlain and Washkurak，1990）。传

统线阵传感器推扫成像具有几何成像关系稳定、观测模式灵活多变等优势。然而随着用户需求的提升,传统线阵传感器逐渐不能满足高/甚高空间分辨率成像的需求。卫星影像空间分辨率(ground sampling distance, GSD)的计算公式如式(2.1)所示。其中,H 表示卫星轨道高度,f 表示相机焦距,p 表示像元尺寸。

$$GSD = p \cdot \frac{H}{f} \qquad (2.1)$$

由式(2.1)可看出,降低卫星轨道高度、增长星载相机焦距以及减小像元尺寸是提高卫星影像空间分辨率的3种有效技术措施,但上述3种措施均会减小像元积分时间 T_I,进而使得像元曝光量不足、卫星影像质量差、信噪比低。

在此种情况下,为保证足够曝光量,只能增大相机光学系统的相对孔径,但此举必然会增加相机系统的体积和重量。早期,相关学者曾采用多种方法从其他角度来解决曝光量不足与相机轻小型化两者的矛盾,如采用运动部件的方法降低像移速度,推扫成像时给相机一个俯仰角运动来增加行积分时间,但上述措施会使几何成像模型变得十分复杂且不能连续摄影。

TDI CCD 从硬件出发,能较好地解决上述问题,其采用多重曝光技术在不增加相机相对孔径的条件下,可为相机成像提供足够的曝光量,从而保证影像质量。如图 2.8 所示,TDI CCD 由编号为 1~M 的多行线阵 CCD 平行排列而成,M 为积分级数,一般为 1、4、8、16、32、64、96 等。N 为每条线阵 CCD 的像元个数。

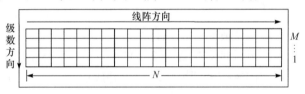

图 2.8　TDI CCD 物理构造

TDI CCD 的基本工作原理是将同一目标的 M 级光电感应信号叠加输出,使输出幅度扩大 M 倍,理论上可以使信噪比提高 $\sqrt{M}$ 倍。在一般情况下,可将 TDI CCD 多级叠加输出的信号视为某一级 CCD 线阵的成像,因此 TDI CCD 仅在辐射上起增强作用,在几何上其等同为传统线阵 CCD,如图 2.9 所示。

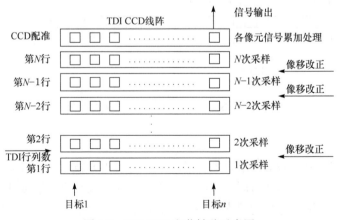

图 2.9　TDI CCD 电荷转移示意图

4. 多线阵传感器技术

随着对地观测要求的提高，线阵传感器也逐渐分化为单线阵传感器和多线阵传感器，其中多线阵传感器又可分为双线阵传感器和三线阵传感器（如果将获取多光谱影像通道的传感器一并考虑，还有超过 3 条线阵的传感器）。其中，双线阵传感器、三线阵传感器、多线阵传感器可以更好地获取地表三维信息，其成像机理和摄影测量原理与单线阵传感器基本相同。在多线阵传感器中，又可分为单镜头多线阵传感器（图 2.10）和多镜头多线阵传感器（图 2.11），前者各个线阵在同一焦平面上，一般平行排列，对应同一个摄影物镜，共用一套光学成像系统；后者各个线阵不在同一焦平面上，分别对应一个摄影物镜和一套光学成像系统。

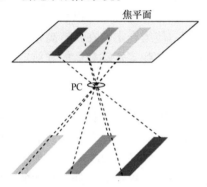 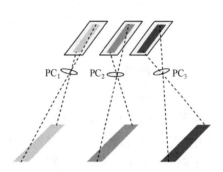

图 2.10　单镜头多线阵传感器示意图　　　　图 2.11　多镜头多线阵传感器示意图
PC₁、PC₂、PC₃分别为各个线阵对应的镜头中心

2.1.2　线阵传感器的分类

考虑到光学系统和摄影成像特征，表 2.1 从光学系统、线阵构成等方面描述了现有航空、航天线阵传感器的分类。

表 2.1　光学线阵传感器的分类

传感器特征		机载传感器	星载传感器
光学系统	单个光学镜头	单线阵传感器、三线阵传感器	单线阵传感器
	多个光学镜头	单线阵传感器	单线阵传感器
线阵构成	单线阵构成	单线阵构成影像行	单线阵构成影像行、多片线阵视场拼接
	超分辨率采样	可选择	可选择
	TDI CCD	不使用	可选择
	影像空间分辨率	取决于飞行高度	低分辨率、中分辨率、高分辨率
	立体影像获取方式	同轨	同轨、异轨
	外方位元素定向观测	机载 GPS IMU	星载 GPS 星敏感器、陀螺组合

2.2　机载 GPS/IMU 定位定姿系统

2.2.1　机载 GPS/IMU 系统原理

相比传统胶片式模拟相机，机载线阵传感器具有许多优势，特别是通过集成 GPS 和 IMU，构成了可在航空摄影的同时记录外方位元素的 POS，对无控制或稀疏控制条件下实现影像直接地理定位具有重大意义。GPS 与 IMU 的组合充分发挥了两者的特性和优势：GPS 能实现全天候、全球高精度定位，但频率低、卫星信号容易发生失锁和周跳，不能测定运动载体的姿态；IMU 可自主导航，能独立给出载体的位置、速度和姿态信息，具有较强的抗干扰能力，但误差随着时间不断累积；GPS/IMU 系统则可以利用较低频率的高精度的 GPS 定位结果来有效控制 IMU 的系统漂移，使组合定位在具有高精度的同时保持高采样率。目前，POS 被广泛应用于飞机、轮船、导弹等运动载体的导航定位。

1. 动态 GPS 定位

实现高精度动态 GPS 定位主要采用动态差分 GPS 定位技术（difference global positioning system，DGPS）和精密单点定位（precise point positioning，PPP）技术。DGPS 是利用安置在运动载体及地面基准站上的至少两台 GPS 信号接收机来联合测定运动载体的三维空间位置，从而精确得到其运行轨迹的测量方法，根据数据处理时间的不同可分为实时差分和后处理差分，根据观测值类型的不同又可分为伪距差分和载波相位差分。研究表明，在已知整周模糊度的情况下，载波相位差分可获得厘米级精度的动态定位结果，因此正确求解整周相位模糊度十分关键。

PPP 是指利用载波相位观测值以及由国际 GNSS 服务（International GNSS Service，IGS）等组织提供的 GPS 卫星的精密星历、精密钟差和大气测量参数，利用单台 GPS 接收机的观测值，在全球范围内实现实时或事后、静态或动态的高精度定位方法。IGS 提供的精密星历的精度优于 5cm，卫星钟改正数的精度可达 0.1～0.2ns（李征航和吴秀娟，2002）。随着 GPS 接收机载波相位测量精度的不断提高，以及大气延迟改正模型、改正方法有关研究的不断深入，GPS 定位的各种误差有望得到更为有效的控制，进而为 PPP 精度提供了可靠保证。利用 PPP 技术根据 24h 观测值所求得的点位精度，平面精度可达 2～3cm，高程精度可达 3～4cm，实时定位精度可达分米级（李征航和黄劲松，2005）。

2. IMU 惯性导航原理

IMU 利用陀螺仪、加速度计等惯性元件来感测载体运动的加速度和角速度，其基本原理是根据牛顿相对惯性空间力学定理，利用加速度计、陀螺仪等惯性元件测量运动载体的加速度，通过积分求出载体的三维位置和方位角。

目前，应用的惯性导航系统主要分为机械平台式与捷联式系统（gimballed and strapdown systems）。机械平台式系统的陀螺仪和加速度计被安装在一个物理平台上，利用陀螺仪通过伺服电机驱动稳定平台，平台的三根稳定轴模拟一种空间直角坐标系（即定义的导航坐标系），加速度计固定在平台上，其敏感轴与平台稳定轴平行，利用三个加速度计即可测定三轴方向上的运动加速度值。捷联式系统不需要实体物理平台，其陀螺仪和加速度计直接安装在运动载体上，惯性元件的敏感轴安置在载体坐标系的三轴方向上。在运动过程中，陀螺仪测定载体相对于惯性参照系的运动角速度，并由此计算载体坐标系至导航坐标系的坐标变换矩阵及载体的姿态角。通过此矩阵，可把加速度观测量变换到导航坐标系，然后进行导航参数的计算。相比而言，捷联式系统的体积小、重量轻、成本低，系统的可靠性高、初始对准快，更适合于航空遥感使用。

3. GPS/IMU 位置姿态测量系统

GPS/IMU 组合的方式有多种。最早期的组合方式是将 GPS 和 IMU 独立使用，这也是最简单的方式。最理想的组合方式是从硬件层进行组合，利用 GPS 为 IMU 校正系统误差，而 IMU 可辅助 GPS 机进行载波环路跟踪，减少跟踪带宽，缩短卫星捕获时间，增加抗干扰能力，剔除多路径等粗差影响。该组合有利于减小整个组合系统的体积、重量和功耗。若保持 GPS 和 IMU 各自硬件的独立，仅从软件层次进行组合，只需要相应的接口将 GPS 和 IMU 数据传输到中心计算机上，并利用相应的算法进行两套数据的时空同步和最优组合即可，是目前主要的组合方式（董绪荣等，1998；郭杭和刘经南，2002）。

GPS 与 IMU 的组合一般采用卡尔曼滤波，其原理如下：首先建立起以 IMU 系统误差方程为基础的组合导航系统状态方程，并以 GPS 测量结果为基础建立组合系统观测方程。采用线性卡尔曼滤波器为 IMU 系统误差提供最小方差估计，然后利用这些误差的估计值修正 IMU 系统，以减少导航误差。此外，经过校正后的 IMU 系统又可提供导航信息，以辅助 GPS 提高其性能和可靠性。利用卡尔曼滤波进行 GPS 与捷联 IMU 系统的组合时通常认为有两种组合方式，即松散组合（位置与速率的组合）和紧密组合（伪距与伪距率的组合）。在松散组合方式下，组合系统利用 GPS 数据来调整 IMU 的输出，即用 GPS 输出的位置和速度信息直接调整 IMU 的漂移误差，得到精确的位置、速度和姿态参数。在紧密组合方式下，组合系统利用 IMU 输出的位置和速度信息估计 GPS 的伪距和伪距率，同时与 GPS 输出的伪距和伪距率进行比较，用差值构建系统的观测方程，经卡尔曼滤波，可得到精确的 GPS 和 IMU 输出信息。

2.2.2 商业 GPS/IMU 系统

目前，商业 GPS/IMU 系统主要有加拿大 Applanix 公司的 POS AV 系列、德国 IGI 公司开发的 AEROControl 系列以及 Leica 公司的 IPAS 系统等（图 2.12）。

POS/AV 是加拿大 Applanix 公司开发的基于 DGPS/IMU 的定位定向系统，具有体积小、重量轻、数据输出频率高等特点，因此比较适用于航空传感器。POS/AV 主要由 IMU、

(a) POS AV 510 (b) AEROControl IIb (c) IPAS 10

图 2.12 商业 GPS/IMU 系统

GPS 接收机、计算机系统以及数据后处理软件 POSPac 组成。IMU 含 3 组陀螺仪和加速度计、数字化电路以及 1 个执行信号调节及温度补偿功能的中央处理器；POS/AV 采用嵌入式低噪声双频 GPS 接收机来为处理软件提供相位和距离数据；计算机系统包含 GPS 接收机、大规模存储系统以及运行组合导航软件的计算机；POSPac 通过对飞行期间 POS/AV 采集的原始 GPS、IMU 数据与基准站接收机的 GPS 观测信息进行联合处理，得到最优组合导航解（Applanix Corporation，2005）。

AEROControl 是德国 IGI 公司推出的高精度机载定位定向系统，其主要包括导航和管理系统 CCNS4、GPS/IMU 系统 AEROControl 以及后处理软件 AEROoffice。其中，CCNS4 主要用于航空飞行任务的导航、定位和管理，可以控制和管理 AEROControl，同时能监测 GPS 接收机运行情况和组合导航定位计算的结果；AEROControl 包括惯性测量装置 IMU-IId、GPS 接收机以及计算机装置；AEROoffice 除提供 DGPS/IMU 的组合卡尔曼滤波外，还包含将外定向参数转化到绘图坐标系的工具。

2.3 星载定轨测姿系统

2.3.1 卫星定轨技术

在 GPS 出现之前，卫星轨道的测量主要通过卫星激光测距（satellite laser range measurement, SLR）、多普勒地球无线电定位（Doppler orbitography and radio positioning integrated by satellite，DORIS）、精密测距测速（precise range and range-rate equipment，PRARE）等手段来实现，但以上技术都存在明显的局限性。随着 GPS 技术的开发应用，利用星载 GPS 接收机进行卫星自主定位成为卫星精密定轨的一条重要途径。

星载 GPS 定轨是在低轨卫星上安装高动态 GPS 接收机，利用星载 GPS 接收机获取来自高轨 GPS 卫星的信号，理论上可以直接解算低轨卫星的瞬时三维坐标，即"一步法"定轨；还可利用地面跟踪数据精密确定 GPS 卫星的精密轨道和钟差，然后将它们作为已知值，再利用星载 GPS 跟踪数据对低轨卫星进行精密定轨，即"两步法"定轨，该方法是目前星载 GPS 定轨普遍采用的定轨方案（匡翠林等，2009）。

2.3.2 卫星定姿技术

卫星姿态参数的获取依靠精密定姿技术，而航天飞行器姿控系统所采用的姿态测量仪器有多种，包括磁强计、陀螺仪、地平敏感器、太阳敏感器、星敏感器等。目前，高分辨率遥感卫星多采用星敏感器和陀螺仪的组合进行精密定姿。

1. 陀螺仪技术

陀螺仪是现代航空、航天、航海和国防工业中广泛使用的一种惯性导航仪器。早期的陀螺仪为机械式惯性陀螺仪，结构较复杂，对工艺要求很高，精度提高受到多方制约。现代陀螺仪有了大幅改进，出现了激光陀螺仪、光纤陀螺仪、微机械陀螺仪等一些新型陀螺仪。其中，激光陀螺仪采用激光作为方位测向器，利用光程差测量旋转角速度，具有很高的精度。星上装载的陀螺仪能连续输出卫星相对惯性空间的角速度信息，但由于存在漂移，测量误差随时间积累，所以难以单独长时间使用。

2. 星敏感器技术

星敏感器是一种以恒星作为观测基准的高精度飞行器姿态测量敏感器，能提供角秒级甚至更高精度的姿态信息，被认为是目前精度最高的姿态敏感器。无论是地球轨道卫星还是深空探测器，大型空间结构还是小卫星，高精度的姿态确定几乎都采用了星敏感器。

如图2.13所示，恒星相对于天球坐标系的运动非常缓慢，因此可以认为在天球坐标系中恒星是不动的。星敏感器在拍摄星空时，恒星所发出的星光通过光学系统成像在CCD光敏面阵上，然后将恒星在天球坐标系上的真实位置与恒星星像点在像平面坐标系上的位置进行坐标变换，计算其旋转角度，当同时观测3颗或3颗以上的导航星后，就可以采用多矢量姿态确定方法求解精确的载体姿态信息。恒星的张角很小，可看作点光源目标，具有极高的位置稳定性，同时其影像是在真空中摄取的，因此测算得到的姿态角精度很高。

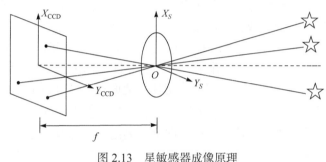

图2.13　星敏感器成像原理

3. 星敏感器/陀螺仪组合定姿技术

在姿态确定系统中，陀螺仪是惯性基准，可高频测量姿态变化，经积分后得到连续的姿态输出，短期内有很高的精度，但是由于其本身的缺陷，它存在的漂移误差、测量噪声等因素将直接影响量测精度，而且漂移误差还会随时间累积；星敏感器可使卫星获得很高的三轴姿态精度，但采样频率低，不能连续输出，而且易受环境影响。为了高精度地确定卫星姿态，将二者进行组合可以扬长避短。高可靠性的星敏感器量测可对高速率有漂移的陀螺数据进行校正。通过卡尔曼滤波等技术将两种敏感器数据进行有效互补和融合，可以实现准确、连续、可靠的定姿，可完全自主地提供成像期间卫星高精度的姿态信息，具有很高的实用价值。

2.4　机载线阵传感器成像系统

2.4.1　三线阵传感器成像原理

如图2.14所示，单镜头三线阵相机的探测器由光学系统成像焦面上的线阵F（前视）、线阵N（下视）、线阵B（后视）三个线阵组成，在摄影过程中，线阵N垂直对地成像，线阵 F 和线阵 B 分别向前和向后倾斜成像。在每个曝光瞬间，相机可同时获取地面的三条线状影像，随着飞机向前飞行运动，相机以一定的扫描频率连续对地面成像，从而获得三个相互重叠的影像条带。除航带首尾区域外，几乎所有地面点均可三次成像，航向重叠度几乎为 100%。

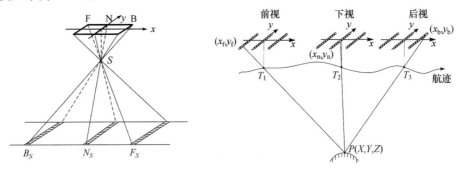

图 2.14　单镜头三线阵相机成像原理

如图 2.14 所示，三线阵相机成像可理解为三个线阵同一时刻对不同地面成像，也可理解为不同时刻对同一地面成像。因此，三线阵影像可提供前视/下视（F/N）、前视/后视（F/B）、下视/后视（N/B）三种立体影像组合方式，无遮挡时几乎所有点都是三线交会，从而提高了目标定位和影像匹配的精度与可靠性。如果已知相机曝光时的外方位元素 $(X_S, Y_S, Z_S, \omega, \varphi, \kappa)$ 和相机参数，即可确定任意地面点 $P(X, Y, Z)$ 在前视、下视和后视影像上的像点坐标 (x_f, y_f)、(x_n, y_n) 和 (x_b, y_b)。反之，如果已确定出地面点 P 在前视、下视和后视影像上的至少两个像点坐标，即可交会出 P 的地面坐标 (X, Y, Z)，这就是三线阵相机进行立体测绘的基本原理。

2.4.2　ADS40/80/100 机载三线阵相机

ADS40 是由 Leica 公司于 2000 年推出的一款多线阵 CCD 数字航测相机。它采用三线阵推扫方式成像，一次可以从前视、下视和后视 3 个不同角度对地面目标拍摄成像。ADS40 相机的主要部件包括传感器探头 SH40、控制单元 CU40、大容量存储器 MM40、操作显示系统 OI40、导航显示系统 PI40、陀螺稳定平台 PAV30。其中，SH40 是主要的光学成像部件，集成镜头系统和惯性测量装置 IMU；CU40 主要用来记录飞行期间同步获取的相机摄影位置与姿态数据，主要集成 GPS 接收机与 Applanix 公司的 POS/AV 设备；MM40 主要用来存储所获得的影像与 GPS/IMU 数据，由 6 个高速小型计算机系统接口（small computer system interface，SCSI）磁盘构成，能记录 4h 的航摄数据，传输率高达 40～50MB/s；OI40 与 PI40 主要用来提供人机交互操作的界面。为控制、协调、监视各个独立部件的运行，ADS40 还提供了图形化的飞行控制管理系统（fight control management system，FCMS），大大减轻了用户正确操作传感器的压力。

SH40 中集成的高性能光学镜头焦平面上安置了 3 个工作在全色波段、4 个工作在多光谱波段的 CCD 阵列探测器，像元大小为 6.5μm，可同时提供 3 个视角的全色影像与 4 个波段（红、绿、蓝、近红外）的多光谱影像。每个全色波段阵列由两个 12000 单元的 CCD 阵列交错半个像元排列构成，多光谱波段同样由 12000 像元构成，均各自分别对应一个 CCD 线阵。ADS40 采用单一镜头，利用三色分光器将不同光谱波段颜色分开，全色波段和所有波段的线阵 CCD 探测器安置在同一焦平面板上。全部线阵 CCD 探测器的排列情况如图 2.15 所示，ADS40 的主要技术参数见表 2.2。

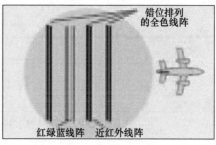

图 2.15　ADS40 焦平面板与 CCD 线阵排列示意图

表 2.2　ADS40 的主要技术参数

技术参数	指标值
相机焦距	62.7mm
（左右）视场角（field of view，FOV）	64°
立体成像角度（后视/前视/前、后视）	16°/26°/42°
CCD 像元大小	6.25μm
CCD 阵列	全色 2×12000 个像元，交错 3.25μm 排列；多光谱 12000 个像元
线阵列采样频率	200～800Hz
辐射分辨率	8bit，CCD 动态范围 12 bit
波段范围	PAN（全色）：465～680nm R（红）：608～662nm G（绿）：533～587nm B（蓝）：428～492nm NIR（近红外）：703～757nm
在线存储容量	200～500GB

2008 年 7 月，Leica 公司在中国北京举行的第 21 届国际摄影测量与遥感大会（International Society for Photogrammetry and Remote Sensing，ISPRS）上推出了 ADS 系列的新款产品 ADS80。仍采用 12000 像元的线阵 CCD，共有 12 条，按照前视（27°）、下视（0°）、后视（14°）分为 3 组排列：前视组为一条单独的全色 CCD；下视组包括一对相错 0.5 个像元的全色 CCD 和红、绿、蓝、近红外的各一条 CCD；后视组包括条单独的全色 CCD 和红、绿、蓝、近红外的各一条 CCD。ADS100 是 Leica 公司 2013 年推出的最新一代数字航摄仪。不同于 ADS40 和 ADS80，ADS100 三线阵 CCD 的像幅宽度增加到 20000 像元，像元大小为 5.0μm，按照前视（25.6°）、下视（0°）、后视（17.7°）分为 3 组排列，共 13 条 CCD，其中前视组和后视组都是由红、绿、蓝和近红外波段 CCD 组成，下视组由红、蓝、近红外和一对相错 0.5 个像元的绿色波段 CCD 组成。

2.4.3 国产机载三线阵 CMOS 相机

图 2.16 GFXJ 相机与陀螺稳定平台固定安置

GFXJ 是由中国科学院长春光学精密机械与物理研究所研制的国产机载三线阵相机，目前已完成技术校飞。与 ADS40 相机相似，GFXJ 采用三线阵 CMOS 阵列推扫方式成像，同样是单镜头多线阵成像模式，在航摄过程中，可提供 3 个视角的全色影像与 4 个波段（红、绿、蓝、近红外）的多光谱影像。但 GFXJ 线阵列更宽，达到 32768 个 CMOS 探测像元，这是目前已知的线阵列宽度最大的机载线阵相机，且每条 CMOS 都是完整非拼接的线阵列。

GFXJ 相机系统除传感器镜头外，还包括 POS（GPS/IMU）、控制中心操作系统、数据存储磁盘阵列、陀螺稳定平台 PAV80 等。如图 2.16 所示，惯性测量装置 IMU 模块与相机镜头刚性连接，固定安置在陀螺稳定平台上。表 2.3 是 ADS40 相机与 GFXJ 的主要技术参数的对比。

表 2.3 ADS40 和 GFXJ 相机主要技术参数对比

技术参数	ADS40	GFXJ
相机焦距	62.7mm	130mm
（左右）视场角（FOV）	64°	64°
立体成像角度（后视/前视/前、后视）	16°/26°/42°	27°/14°/41°
CCD/CMOS 像元大小	6.5μm	5μm
CCD/CMOS 阵列	全色 2×12000 像元，交错 3.25μm 排列；多光谱 12000 像元	全色 32768 像元；多光谱 16384 像元
线阵列采样频率	200～800Hz	540～1080Hz
波段范围		PAN（全色）：465～680nm R（红）：608～662nm G（绿）：533～587nm B（蓝）：428～492nm NIR（近红外）：703～757nm

2.5 星载线阵传感器成像系统

目前，绝大多数高分辨率遥感卫星采用的是线阵传感器，一种是采用单条全色线阵，如 IKONOS、QuickBird 等，按照线阵推扫式成像，可获取地面条带式高分辨率全色影像；该种星载传感器通过镜头在沿轨方向上的前后摆动，获得前视和后视影像，实现同轨立体成像；在穿轨方向上通过卫星一定角度的左右侧视，获取相邻轨道的星下点影像，缩短回访周期，实现异轨立体成像。另一种是采用多条全色线阵，其中以三线阵为主，以三线阵立体测绘相机为有效载荷的测绘卫星被称为三线阵立体测绘卫星，如日本 ALOS 卫星、我国天绘一号和资源三号卫星。

2.5.1 星载单线阵传感器成像系统

1. IKONOS 卫星

IKONOS 卫星是 Space Imaging 公司为满足高解析度和高精确度空间信息获取而设计制造的。IKONOS-1 于 1999 年 4 月 27 日发射失败，同年 9 月 24 日，IKONOS-2 发射成功，紧接着于 10 月 12 日成功接收第一张影像。IKONOS 卫星传感器系统采用灵活的机械设计，可以任意方位角成像，偏离正底点的摆动角可达 60°，360°的照准能力使其既可侧摆成像以获取异轨立体或缩短重访周期，也可通过沿轨方向的前后摆动同轨立体成像，具有推扫、横扫成像的能力，其成像原理如图 2.17 所示。当卫星接近目标时，传感器光学系统先沿轨道向前倾斜，照准目标区域并采集第一幅影像，接着控制系统操纵传感器向后摆动，大约 100s 后再次照准目标区并采集第二幅影像，因此 IKONOS 卫星同轨立体成像时立体覆盖不连续。IKONOS 卫星载有高性能的 GPS 接收机、恒星跟踪仪和激光陀螺仪。GPS 数据通过后处理可以提供较精确的轨道星历信息；恒星跟踪仪用以高精度确定卫星姿态，其采样频率低，激光陀螺仪可高频地测量成像期间卫星的姿态变化，短期内有很高的精度，恒星跟踪数据与激光陀螺数据通过卡尔曼滤波能提供成像期间卫星较精确的姿态信息。GPS 接收机、恒星跟踪仪和激光陀螺仪提供的较高精度的轨道星历和姿态信息，保证了在没有地面控制的情况下，IKONOS 卫星影像也能达到较高的定位精度。

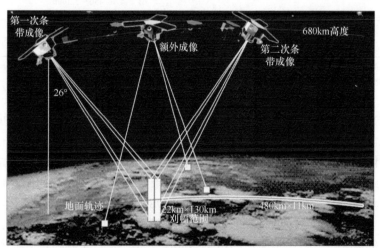

图 2.17　IKONOS 卫星立体成像模式

2. QuickBird 卫星

QuickBird 卫星由美国 Ball 航空航天技术公司（Ball Aerospace & Technologies）、伊士曼柯达公司（Eastman Kodak）和 Fokker 空间公司（Fokker Space）联合研制，由数字地球公司（Digital Globe）运营。早在 1997 年 12 月 24 日，地球观测公司（Earth Watch，

Digital Globe 公司的前身）就用俄罗斯 START-1 运载火箭发射了 EarlyBird 卫星，但卫星在入轨 4 天后失踪；2000 年 11 月 20 日，地球观测公司又发射了 QuickBird-1 卫星，仍采用俄罗斯的运载火箭发射，但卫星未入轨宣告失败；1 年后地球观测公司改名为数字地球公司，并于 2001 年 10 月 18 日改用美国波音公司 Delta II 型运载火箭发射 QuickBird-2 卫星获得成功。目前所称的 QuickBird 卫星即 QuickBird-2 卫星。卫星基本参数如表 2.4 所示。

表 2.4　QuickBird 卫星基本参数

基本参数	指标
发射日期	2001 年 10 月 18 日
发射装置	Delta II 运载火箭
发射地	加利福尼亚范登堡空军基地
轨道高度	450km
轨道倾角	97.2°
飞行速度	7.1km/s
降交点时刻	上午 10:30
轨道周期	93.5min
条带宽度	垂直成像时为 16.5km×16.5km
平面精度	23cm（CE90）
动态范围	11 位
空间分辨率	全色：61cm（星下点）；多光谱：2.44m（星下点）
光谱响应范围	PAN（全色）：450～900nm B（蓝）：450～520nm G（绿）：520～600nm R（红）：630～690nm NIR（近红外）：760～900nm

注：CE90，circular error at 90%，是圆概率误差，是指 90% 及以上的点，其计算或估计的点位置与其在地球上的真实位置之差在 23cm 之内

与 IKONOS 卫星类似，QuickBird 卫星也具有推扫、横扫成像能力，可以获取同轨立体或异轨立体，在一般情况下通过推扫获取同轨立体，立体影像的基高比在 0.6～2.0，但绝大多数情况下在 0.9～1.2，适合三维信息提取。根据纬度的不同，卫星的重访周期在 1～3.5 天。垂直摄影时，QuickBird 卫星影像的条带宽为 16.5km，比 IKONOS 宽 60%，当传感器摆动 30° 时，条带宽约 19km。与 IKONOS 卫星影像的销售策略不同，数字地球公司同时提供严格传感器模型和有理多项式系数模型来处理 QuickBird 卫星影像，以满足不同用户的需要。严格模型所需的传感器成像参数、姿态参数和轨道星历保存在影像支持数据（image support data，ISD）文件中。有理多项式模型是对严格传感器模型的拟合，其直接提供了地面坐标同像点坐标之间的映射关系，在理想情况下也能达到与严格模型相当的定位精度。

2.5.2　星载三线阵传感器成像系统

随着三线阵传感器技术的日益成熟，星载三线阵传感器已经成为当前航天遥感领域

研究与应用的一个热点。以三线阵立体测绘相机为有效载荷的测绘卫星被称为三线阵立体测绘卫星，如天绘一号卫星、资源三号卫星以及日本 ALOS 卫星。

1. 天绘一号卫星

天绘一号是中国第一代传输型立体测绘卫星，主要用于科学研究、国土资源普查、地图测绘等领域的科学试验任务。天绘一号 01 星、02 星、03 星分别于 2010 年 8 月 24 日、2012 年 5 月 6 日、2015 年 10 月 26 日发射成功并组网运行。天绘一号卫星平台集成了 3 台 5m 分辨率全色测绘相机、1 台 2m 分辨率全色高分辨率相机和 1 台 10m 分辨率 4 波段多光谱相机。

图 2.18 天绘一号卫星三线阵相机

如图 2.18 所示，测绘相机由前视、正视和后视 3 台相机组成，摄影测量基高比为 1，是国际同类摄影测量系统中基高比最大的系统之一。为提高目标定位的高程精度，正视相机焦平面上设计集成了 5 片独立的 CCD（1 个线阵和 4 个面阵），彼此之间的几何位置关系要求严格；高分辨率相机采用离轴三反 Cook-TMA 光学系统，成功解决了高地面像元分辨率与宽地面覆盖宽度需求之间的矛盾；在 500km 轨道上，实现了 2m 高地面像元分辨率、单台相机地面覆盖宽度达 60km；天绘一号多光谱相机采用离轴三反、无中心遮拦、无中间像的 Cook-TMA 全反式光学系统。

2. 资源三号卫星

2012 年 1 月，我国成功发射了首颗民用高分辨率立体测绘卫星资源三号，主要用于全国范围 1∶5 万立体测图、1∶2.5 万及更大比例尺地图的修测和更新，以及国土资源调查和监测。如图 2.19 所示，资源三号卫星采用大卫星平台，搭载 4 台光学相机，其中 3 台全色相机构成三线阵立体测图相机，前、后视相机的倾角为±22°，影像空间分辨率为 3.5m，下视为正视相机，空间分辨率为 2.1m，多光谱相机包含红、绿、蓝和近红外 4 个波段，空间分辨率为 5.8m，为保证卫星影像的辐射质量，光学相机影像均按照 10bit 进行辐射量化。相机主要性能指标如表 2.5 所示。

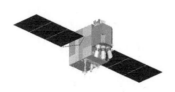

图 2.19 资源三号卫星构形图

表 2.5 资源三号传感器主要性能指标

性能指标	三线阵全色相机		多光谱相机
	前视、后视相机	正视相机	
光谱范围	500～800mm		B（蓝）：450～520mm G（绿）：520～590mm R（红）：630～690mm NIR（近红外）：770～890mm
地面像元分辨率	3.5m	2.1m	5.8m
焦距	1700mm		1750m

性能指标	三线阵全色相机		多光谱相机
	前视、后视相机	正视相机	
量化比特数	10bit		10bit
像元尺寸	10μm	7μm	20μm
CCD 组成	TDI CCD，4 片 16384（4096×4）	TDI CCD，3 片 24576（8192×3）	3 条 TDI CCD，每条 3 片 9216（3072×3）
幅宽	52km		52km
视场角	6°		6°
图像数据压缩比	2：1/4：1（可选）		无损压缩

3. 日本 ALOS 卫星

ALOS 卫星（2006 年 1 月 24 日至 2011 年 4 月 22 日）由日本宇宙航空开发研究机构（Japan Aerospace Exploration Agency，JAXA）研制，星上载有 3 种对地观测传感器，包括全色立体测图传感器 PRISM、新型可见光和近红外辐射计 AVNIR-2 和相阵型 L-波段合成孔径雷达 PALSAR。其中，PRISM 为三线阵传感器，包括下视、前视和后视 3 台 CCD 数字相机，沿轨道方向几乎可同一时间成像，如图 2.20 所示。

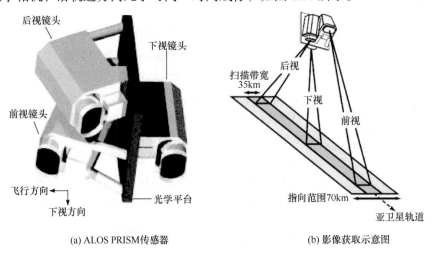

(a) ALOS PRISM传感器 (b) 影像获取示意图

图 2.20 ALOS PRISM 传感器及其影像获取示意图

ALOS PRISM 采用了 TDI CCD 和多片 CCD 拼接技术，下视相机的线阵 CCD 由 6 个分片 TDI CCD 构成，每分片 CCD 含 4992 个 CCD 像元，前视和后视相机均由 8 片 TDI CCD 构成，每片含 4928 个 CCD 像元。相邻分片 CCD 有 32 个像元重叠，理论上重叠的 CCD 对同一区域成像。图 2.21 为 PRISM 下视相机的线阵 CCD 组成示意图，在立体成像模式（幅宽 35km，称为 N 模式）下，下视只有 4 个 CCD 线阵被用到，而在宽幅成像模式下（幅宽 70km，称为 W 模式），下视 6 个 CCD 线阵都会被用到；在理想情况下，6

个 CCD 线阵可被看作一个 CCD 直线线阵，并且 6 个 CCD 线阵共用一个坐标系统，相机主点作为像平面坐标系的原点（Kocaman and Gruen，2007）。

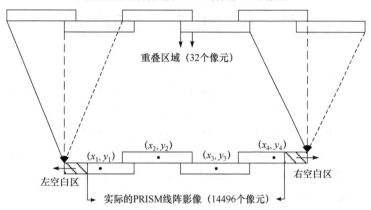

图 2.21　PRISM 下视相机的线阵 CCD 组成示意图

参 考 文 献

董绪荣，张守信，华仲春. 1998. GPS/INS 组合导航定位及其应用. 长沙：国防科技大学出版社.

郭杭，刘经南. 2002. GPS/INS 组合系统数据处理方法. 测绘通报，（2）：21-23.

匡翠林，刘经南，赵齐乐. 2009. 低轨卫星与 GPS 导航卫星联合定轨研究. 大地测量与地球动力学，29（2）：121-125.

李征航，黄劲松. 2005. GPS 测量与数据处理. 武汉：武汉大学出版社.

李征航，吴秀娟. 2002. 全球定位系统（GPS）技术的最新进展第四讲——精密单点定位（上）. 测绘信息与工程，27（5）：34-37.

Chamberlain S G，Washkurak W D. 1990. High speed，low noise，fine reolution TDI CCD images. Proceedings of SPIE，1242：152-163.

Kocaman S，Gruen A. 2007. Orientation and Calibration of ALOS/PRISM Imagery. Hanover：High-Resolution Earth Imaging for Geospatial Information，Proceedings of ISPRS Hannover Workshop 2007.

第3章　线阵传感器几何成像模型

建立传感器几何成像模型是对遥感影像进行几何处理的基础和关键工作，其目的是正确描述地面坐标与像点坐标之间的变换关系。传感器几何成像模型可以分为严格成像模型和通用成像模型。严格成像模型需要考虑成像过程中造成影像变形的各种物理意义，如地表起伏、大气折射、镜头畸变、传感器位置、姿态变化等，一般形式复杂且需要比较完整的传感器信息。其优点是能够描述真实的物理成像关系，理论严密，因而是进行传感器几何定标和影像定位处理的基础；缺点是不同传感器的结构和设计特点各不相同，因此严格成像模型的构建过程一般也不相同，通用性较差，而且出于技术保密的目的，传感器严格成像模型的具体构建过程一般不会详细公布。通用成像模型不考虑成像的具体物理因素，直接采用多项式、直接线性变换、有理多项式函数等形式来描述地面点和相应像点之间的几何关系，其优点是与具体传感器无关，数学模型形式简单、计算速度快，缺点是在理论上不够严密，无法对传感器特性进行严密分析。本章介绍经典的传感器几何成像模型，在此基础上对线阵传感器的严格成像模型和通用成像模型进行分析。

3.1　线阵传感器严格成像模型

如图 3.1 所示，传统的航空航天传感器几何模型是以摄影时刻地面点 A、投影中心 S、相应像点 a 三点共线这一基本假定为基础的，当不考虑摄影机畸变等影响因素，在理想状态下这一假定成立。此时，框幅式中心投影影像几何成像模型可用式（3.1）描述：

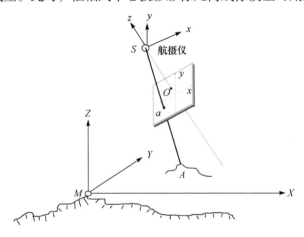

图 3.1　传感器共线成像示意图

$$\begin{bmatrix} x \\ y \\ -f \end{bmatrix} = \frac{1}{\lambda} \boldsymbol{R}^{\mathrm{T}} \begin{bmatrix} X - X_S \\ Y - Y_S \\ Z - Z_S \end{bmatrix} \tag{3.1}$$

经变化可得

$$\begin{cases} x = -f \dfrac{a_1(X - X_S) + b_1(Y - Y_S) + c_1(Z - Z_S)}{a_3(X - X_S) + b_3(Y - Y_S) + c_3(Z - Z_S)} \\ y = -f \dfrac{a_2(X - X_S) + b_2(Y - Y_S) + c_2(Z - Z_S)}{a_3(X - X_S) + b_3(Y - Y_S) + c_3(Z - Z_S)} \end{cases} \tag{3.2}$$

式中，(x, y) 为像点坐标；f 为焦距；λ 为比例因子；(X, Y, Z) 地面点的物方空间坐标；$\boldsymbol{R}$ 是由角元素 $(\omega, \varphi, \kappa)$ 构成的旋转矩阵；a_i、b_i、c_i $(i = 1, 2, 3)$ 是 $\boldsymbol{R}$ 中的各元素。国际上常采用的摄影测量角元素系统有两种：$(\omega, \varphi, \kappa)$ 角度系统[也称 OPK（omega phi kappa）系统] 和 $(\varphi, \omega, \kappa)$ 角度系统，$(X_S, Y_S, Z_S, \omega, \varphi, \kappa)$ 为采样周期的外方位元素。

线阵传感器采用推扫式成像，可获得连续的影像条带。每一扫描行影像与被摄物体之间具有严格的中心投影关系，并且都有各自的外方位元素。以扫描行方向为 x 方向，飞行方向为 y 方向，建立瞬时像平面坐标系，设第 i 扫描行的外方位元素为 $(X_{Si}, Y_{Si}, Z_{Si}, \omega_i, \varphi_i, \kappa_i)$，则瞬时构像方程式为

$$\begin{bmatrix} x_i \\ 0 \\ -f \end{bmatrix} = \frac{1}{\lambda} \boldsymbol{R}_i^{\mathrm{T}} \begin{bmatrix} X - X_{Si} \\ Y - Y_{Si} \\ Z - Z_{Si} \end{bmatrix} \tag{3.3}$$

或

$$\begin{cases} x_i = -f \dfrac{a_1(X - X_{Si}) + b_1(Y - Y_{Si}) + c_1(Z - Z_{Si})}{a_3(X - X_{Si}) + b_3(Y - Y_{Si}) + c_3(Z - Z_{Si})} \\ y_i = 0 = -f \dfrac{a_2(X - X_{Si}) + b_2(Y - Y_{Si}) + c_2(Z - Z_{Si})}{a_3(X - X_{Si}) + b_3(Y - Y_{Si}) + c_3(Z - Z_{Si})} \end{cases} \tag{3.4}$$

式中，(X, Y, Z) 为地面点的物方空间坐标；λ 为比例因子；$\boldsymbol{R}_i$ 是由第 i 扫描行外方位角元素 $(\omega_i, \varphi_i, \kappa_i)$ 构成的旋转矩阵；a_i、b_i、$c_i (i = 1, 2, 3)$ 是 M_i 中的各元素。

$(\omega, \varphi, \kappa)$ 角度系统下，旋转矩阵各元素计算公式如下：

$$\begin{cases} a_1 = \cos\varphi_i \cos\kappa_i \\ a_2 = -\cos\varphi_i \sin\kappa_i \\ a_3 = \sin\varphi_i \\ b_1 = \cos\omega_i \sin\kappa_i + \sin\omega_i \sin\varphi_i \cos\kappa_i \\ b_2 = \cos\omega_i \cos\kappa_i - \sin\omega_i \sin\varphi_i \sin\kappa_i \\ b_3 = -\sin\omega_i \cos\varphi_i \\ c_1 = \sin\omega_i \sin\kappa_i - \cos\omega_i \sin\varphi_i \cos\kappa_i \\ c_2 = \sin\omega_i \cos\kappa_i + \cos\omega_i \sin\varphi_i \sin\kappa_i \\ c_3 = \cos\omega_i \cos\varphi_i \end{cases} \tag{3.5}$$

$(\varphi, \omega, \kappa)$ 角度系统下，旋转矩阵各元素计算公式如下：

$$\begin{cases} a_1 = \cos\varphi_i \cos\kappa_i - \sin\varphi_i \sin\omega_i \sin\kappa_i \\ a_2 = -\cos\varphi_i \sin\kappa_i - \sin\varphi_i \sin\omega_i \cos\kappa_i \\ a_3 = -\sin\varphi_i \cos\omega_i \\ b_1 = \cos\omega_i \sin\kappa_i \\ b_2 = \cos\omega_i \cos\kappa_i \\ b_3 = -\sin\omega_i \\ c_1 = \sin\varphi_i \cos\kappa_i + \cos\varphi_i \sin\omega_i \sin\kappa_i \\ c_2 = -\sin\varphi_i \sin\kappa_i + \cos\varphi_i \sin\omega_i \cos\kappa_i \\ c_3 = \cos\varphi_i \cos\omega_i \end{cases} \tag{3.6}$$

线阵影像各扫描行的外方位元素随时间变化，并且存在很强的相关性，若把每一扫描行的外方位元素都作为独立参数来求解既不可能，也没必要。因此对线阵影像而言，选择合适的描述外方位元素变化的数学模型是个关键问题。例如，对于星载线阵影像，由于传感器受外界阻力小，飞行轨道平稳，姿态变化率小，在某一范围内，可以近似认为外方位元素随时间线性变化。假设每幅影像的像平面坐标原点在中央扫描行的中点，则可认为各扫描行的外方位元素随 y 值线性变化，这样就可将外方位元素表示为

$$\begin{cases} X_{Si} = X_{S0} + \dot{X}_S \cdot y \\ Y_{Si} = Y_{S0} + \dot{Y}_S \cdot y \\ Z_{Si} = Z_{S0} + \dot{Z}_S \cdot y \\ \omega_i = \omega_0 + \dot{\omega} \cdot y \\ \varphi_i = \varphi_0 + \dot{\varphi} \cdot y \\ \kappa_i = \kappa_0 + \dot{\kappa} \cdot y \end{cases} \tag{3.7}$$

式中，$(X_{S0}, Y_{S0}, Z_{S0}, \omega_0, \varphi_0, \kappa_0)$ 为中央扫描行的外方位元素；$\left(\dot{X}_S, \dot{Y}_S, \dot{Z}_S, \dot{\omega}, \dot{\varphi}, \dot{\kappa} \right)$ 为外方位元素的一阶变化率。式（3.7）中，中央扫描行的外方位元素加上外方位元素的一阶变化率，共计 12 个参数，这样就将解算所有扫描行影像的外方位元素转换为求解这 12 个定向参数。

3.2 线阵传感器通用成像模型

3.2.1 直接线性变换模型

直接线性变换（direct linear transformation，DLT）是直接建立像点坐标和空间坐标之间关系的一种成像几何模型，它不需要内方位数据，具有表达形式简单、解算简便、无需初始值等特点，被广泛用于近景摄影测量非量测相机影像的解析定位中。

直接线性变换的基本表达式为

$$\begin{cases} x = \dfrac{L_1 X + L_2 Y + L_3 Z + L_4}{L_9 X + L_{10} Y + L_{11} Z + 1} \\ y = \dfrac{L_5 X + L_6 Y + L_7 Z + L_8}{L_9 X + L_{10} Y + L_{11} Z + 1} \end{cases}$$
（3.8）

式中，(x, y) 为像点坐标；(X, Y, Z) 为地面点的物方空间坐标；$L_1 \sim L_{11}$ 为直接线性变换的 11 个变换参数。

式（3.8）可根据画幅式中心投影关系由共线方程严格推导得出。针对星载 CCD 传感器的投影性质，Okamoto 等对（3.8）式进行改化，提出了扩展型的直接线性变换（Okamoto et al.，1999）：

$$\begin{cases} x = \dfrac{L_1 X + L_2 Y + L_3 Z + L_4}{L_9 X + L_{10} Y + L_{11} Z + 1} + L_{12} x^2 \\ y = \dfrac{L_5 X + L_6 Y + L_7 Z + L_8}{L_9 X + L_{10} Y + L_{11} Z + 1} + L_{13} xy \end{cases}$$
（3.9）

将（3.9）式线性化，得到求解待定系数 $L_0, L_1, \cdots L_{13}$ 的误差方程式为

$$\begin{cases} v_x = -\dfrac{1}{L_9 X + L_{10} Y + L_{11} Z + 1}(L_1 X + L_2 Y + L_3 Z + L_4 - xX L_9 - xY L_{10} - xZ L_{11} + A x^2 L_{12} - x) \\ v_y = -\dfrac{1}{L_9 X + L_{10} Y + L_{11} Z + 1}(L_5 X + L_6 Y + L_7 Z + L_8 - yX L_9 - yY L_{10} - yZ L_{11} + A xy L_{13} - y) \end{cases}$$
（3.10）

式中，待定系数的求解需要迭代进行，首次迭代时令 $A = 1$。

令 $x' = x - L_{12} x^2$，$y' = y - L_{13} xy$，则当分别计算出立体像对左右影像的各待定系数之后，将同名像点坐标 (x_l, y_l)、(x_r, y_r) 代入式（3.9），整理得到解算空间坐标 (X, Y, Z) 的线性方程组为

$$\begin{bmatrix} L_{1l} - x'_l L_{9l} & L_{2l} - x'_l L_{10l} & L_{3l} - x'_l L_{11l} \\ L_{5l} - y'_l L_{9l} & L_{6l} - y'_l L_{10l} & L_{7l} - y'_l L_{11l} \\ L_{1r} - x'_r L_{9r} & L_{2r} - x'_r L_{10r} & L_{3r} - x'_r L_{11r} \\ L_{5r} - y'_r L_{9r} & L_{6r} - y'_r L_{10r} & L_{7r} - y'_r L_{11r} \end{bmatrix} \begin{bmatrix} X \\ Y \\ Z \end{bmatrix} = \begin{bmatrix} x'_l - L_{4l} \\ y'_l - L_{8l} \\ x'_r - L_{4r} \\ y'_r - L_{8r} \end{bmatrix}$$
（3.11）

或记为 $AX = L$，其解为 $X = (A^{\mathrm{T}} A)^{-1} A^{\mathrm{T}} L$。

3.2.2　仿射变换模型

为避免高分辨率卫星影像严格几何模型中定向参数的强相关，Okamoto 等提出了一种利用仿射变换来处理高分辨率卫星线阵影像的方法。该方法以平行投影影像为基础，利用仿射变换建立起平行投影影像和物方空间之间的数学关系，故可称之为平行投影仿射变换模型（parallel projection affine transformation model，PPATM）。Okamoto 等提出了两种形式的仿射变换模型，即一维仿射变换模型和二维仿射变换模型（Okamoto et al.，

1998，1999）。如果以星载线阵传感器的飞行方向为 x 轴，扫描方向为 y 轴，则一维仿射变换模型可以表示为

$$\begin{cases} 0 = X + D_1Y + D_2Z + D_3 \\ y_a = D_4Y + D_5Z + D_6 \end{cases} \tag{3.12}$$

式中，$(0, y_a)$ 为像点；(X, Y, Z) 为地面点的物方空间坐标；$D_1 \sim D_6$ 为仿射变换模型的系数。

式（3.12）中第一个方程建立了物方空间坐标系中的一个成像平面，第二个方程则体现了一维仿射影像与地面在 OYZ 平面垂直投影之间的关系，如图 3.2 所示。图中 O 为行中心投影模式下的主像点，P 为地面点，p 是地面点 P 对应的像点，O' 为平行投影模式下的主像点，P' 为地面点，p' 为地面点 P' 对应的像点。在式（3.12）所示的一维仿射变换模型中，各扫描行的 6 个定向参数随时间线性变化。

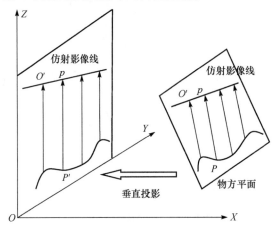

图 3.2 一维仿射影像的投影关系

为克服一维仿射变换模型的不足，Okamoto 进一步提出了二维仿射变换模型，其中各扫描行的定向参数固定不变，具体形式为

$$\begin{cases} x_a = D_1X + D_2Y + D_3Z + D_4 \\ y_a = D_5X + D_6Y + D_7Z + D_8 \end{cases} \tag{3.13}$$

式中，(x_a, y_a) 为像点坐标；(X, Y, Z) 为地面点的物方空间坐标；$D_1 \sim D_8$ 为二维仿射变换模型的系数。

式（3.12）和式（3.13）建立的仿射变换模型都以平行投影影像为基础。虽然高分辨率线阵 CCD 传感器视场角很小，但仍属行中心投影，与平行投影之间存在一定的差异。为了合理地应用平行投影仿射变换模型，首先需要将原始的行中心投影影像转换成平行投影影像，Hattori 等给出了中心投影—平行投影的转换算法（Hattori et al.，2000）。

在影像覆盖区域地势平坦时，设 CCD 传感器绕飞行方向的侧视角为 ω，并进一步假设成像瞬间中心投影扫描行与地面相交于主点 H。用 p 表示中心投影像点，P_g 为光线与地面的交点，从 P_g 作中心投影扫描行的垂线，垂足即为相应的平行投影像点 $p_a(y_a)$，如图 3.3 所示。

设传感器的焦距为 f，则根据图 3.3 中的相似三角形关系，可以得出中心投影像点 p 与相应平行投影像点 p_a 之间的 y 坐标关系为

$$y_a = \frac{y}{1 - y\tan\omega / f} \tag{3.14}$$

式中，y_a 为平行投影像点 p_a 的 y 坐标；y 为中心投影像点 p 的 y 坐标。

根据式（3.14），可将中心投影转换成平行投影，如果地形起伏较大，生成的平行投影影像将含有不可忽视的转换误差。设地面点高差为 ΔZ，传感器视场角为 2α，倾斜角度为 ω，投影中心为 O_a，影像的主像点为 H，地面点为 P_g，地面点 P_g 与投影中心连接的投影光线与成像平面相交的中心投影像点为 p，投影光线与水平地面相交的地面点为 P'_g，P_g 对应的平行投影像点为 p_a，P'_g 对应的平行投影像点为 p'_a。则根据图 3.4 所示的几何关系可知，忽略地形起伏而引起的像点转换误差 Δy，即 $\overline{p_a p'_a}$ 为

$$\Delta y = \Delta Z \left[\tan(\omega + \alpha) - \tan\omega \right] \cos\omega \tag{3.15}$$

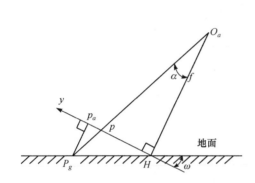 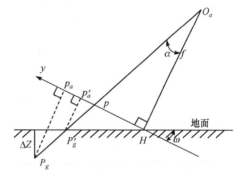

图 3.3 　一维中心投影到仿射投影的转换　　　　图 3.4 　地形起伏引起的转换误差

当传感器的视场角为 4°，侧视角为 30°，影像覆盖区的最大高差为 500m 时，由地形起伏引起的影像转换误差可达 10.3m，因此在平行投影影像的定向解算中必须考虑地形起伏的影响。在式（3.14）中，ΔZ 本身是未知的，因而改正行中心投影到平行投影的转换误差需要迭代进行，Okamoto 提出了如下算法（Okamoto et al., 1998, 1999）（图 3.5）：

（1）首次计算时认为地面平坦，将各中心投影的扫描行转换成相应的平行投影扫描行，并计算出每个地面点的近似高度，于是可以确定该地面点相对于平均地平面的高差 ΔZ。

（2）利用下式修正由地形起伏 ΔZ 引起的影像转换误差：

$$\Delta f = \frac{\Delta Z}{\cos\omega}, \quad f' = f + \Delta f, \quad y' = \frac{yf'}{f}, \quad y'_a = \frac{y'}{1 - y'\tan\omega/f'}$$

（3）利用纠正后的平行投影影像坐标 y'_a 迭代进行定向计算。

3.2.3　有理函数模型

有理函数模型（rational function model，RFM）是一种多项式变换模型的精确表达形式，早期曾被广泛应用于差值理论。近年来，有理函数模型在摄影测量和遥感中，特别是在高分辨率遥感卫星领域得到普遍应用。由于卫星传感器保密等，卫星运营方往往不提供卫星轨道、姿态和传感器参数，而是采用数学意义上的有理函数模型来替代严格成

像模型。美国 IKONOS 卫星的发射及应用推动了对有理函数模型的全面研究，国际摄影测量与遥感协会成立了专门工作组研究有理函数模型的精度、稳定性等问题。

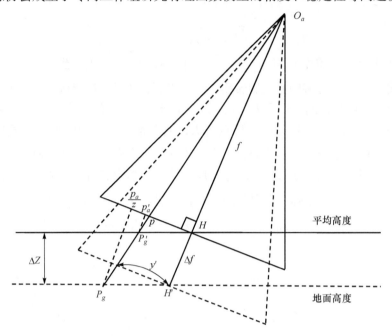

图 3.5　改正地形起伏引起的影像转换误差

1. 有理函数模型的定义

有理函数模型的数学表达式为有理多项式模型，其定义如式（3.16）所示。

$$\begin{cases} l = \dfrac{\mathrm{Num}_L(B,L,H)}{\mathrm{Den}_L(B,L,H)} \\[3mm] s = \dfrac{\mathrm{Num}_S(B,L,H)}{\mathrm{Num}_S(B,L,H)} \end{cases} \tag{3.16}$$

$$\begin{cases} B = \dfrac{B' - B_0}{B_s} \\[3mm] L = \dfrac{L' - L_0}{L_s} \\[3mm] H = \dfrac{H' - H_0}{H_s} \\[3mm] l = \dfrac{l' - l_0}{l_s} \\[3mm] s = \dfrac{s' - s_0}{s_s} \end{cases} \tag{3.17}$$

$$\text{Num}_L(B,L,H) = a_1 + a_2 \cdot L + a_3 \cdot B + a_4 \cdot H + a_5 \cdot L \cdot B + a_6 \cdot L \cdot H + a_7 \cdot B \cdot H + a_8 \cdot L^2 + a_9 \cdot B^2$$
$$+ a_{10} \cdot H^2 + a_{11} \cdot B \cdot L \cdot H + a_{12} \cdot L^3 + a_{13} \cdot L \cdot B^2 + a_{14} \cdot L \cdot H^2 + a_{15} \cdot L^2 \cdot B + a_{16} \cdot B^3 + a_{17} \cdot B \cdot H^2$$
$$+ a_{18} \cdot L^2 \cdot H + a_{19} \cdot B^2 \cdot H + a_{20} \cdot H^3$$

$$\text{Den}_L(B,L,H) = b_1 + b_2 \cdot L + b_3 \cdot B + b_4 \cdot H + b_5 \cdot L \cdot B + b_6 \cdot L \cdot H + b_7 \cdot B \cdot H + b_8 \cdot L^2 + b_9 \cdot B^2$$
$$+ b_{10} \cdot H^2 + b_{11} \cdot B \cdot L \cdot H + b_{12} \cdot L^3 + b_{13} \cdot L \cdot B^2 + b_{14} \cdot L \cdot H^2 + b_{15} \cdot L^2 \cdot B + b_{16} \cdot B^3 + b_{17} \cdot B \cdot H^2$$
$$+ b_{18} \cdot L^2 \cdot H + b_{19} \cdot B^2 \cdot H + b_{20} \cdot H^3$$

$$\text{Num}_S(B,L,H) = c_1 + c_2 \cdot L + c_3 \cdot B + c_4 \cdot H + c_5 \cdot L \cdot B + c_6 \cdot L \cdot H + c_7 \cdot B \cdot H + c_8 \cdot L^2 + c_9 \cdot B^2$$
$$+ c_{10} \cdot H^2 + c_{11} \cdot B \cdot L \cdot H + c_{12} \cdot L^3 + c_{13} \cdot L \cdot B^2 + c_{14} \cdot L \cdot H^2 + c_{15} \cdot L^2 \cdot B + c_{16} \cdot B^3 + c_{17} \cdot B \cdot H^2$$
$$+ c_{18} \cdot L^2 \cdot H + c_{19} \cdot B^2 \cdot H + c_{20} \cdot H^3$$

$$\text{Den}_S(B,L,H) = d_1 + d_2 \cdot L + d_3 \cdot B + d_4 \cdot H + d_5 \cdot L \cdot B + d_6 \cdot L \cdot H + d_7 \cdot B \cdot H + d_8 \cdot L^2 + d_9 \cdot B^2$$
$$+ d_{10} \cdot H^2 + d_{11} \cdot B \cdot L \cdot H + d_{12} \cdot L^3 + d_{13} \cdot L \cdot B^2 + d_{14} \cdot L \cdot H^2 + d_{15} \cdot L^2 \cdot B + d_{16} \cdot B^3 + d_{17} \cdot B \cdot H^2$$
$$+ d_{18} \cdot L^2 \cdot H + d_{19} \cdot B^2 \cdot H + d_{20} \cdot H^3$$

（3.18）

式中，(l',s') 为像点坐标；(l_0,s_0) 为像点坐标的标准化平移参数；(l_s,s_s) 为像点坐标的标准化尺度参数；(l,s) 为标准化的像点坐标；(B',L',H') 为地面点空间坐标；(B_0,L_0,H_0) 为地面点坐标的标准化平移参数；(B_s,L_s,H_s) 为地面点坐标的标准化尺度参数；(B,L,H) 为标准化的地面点坐标；a_i、b_i、c_i、d_i（i=1, 2, $\cdots$, 20）为有理多项式系数（rational polynomial coefficient，RPC）。对像点坐标(l',s')和地面点坐标(B',L',H')进行标准化处理的目的避免计算时由于数据数量级相差过大造成的舍入误差。

2. 有理多项式系数的解算

令

$$\begin{cases} G_l = F_l(B,L,H) - l = 0 \\ G_s = F_s(B,L,H) - s = 0 \end{cases} \tag{3.19}$$

式中，

$$\begin{cases} F_l(B,L,H) = \dfrac{\text{Num}_L(B,L,H)}{\text{Den}_L(B,L,H)} \\ F_s(B,L,H) = \dfrac{\text{Num}_S(B,L,H)}{\text{Den}_S(B,L,H)} \end{cases} \tag{3.20}$$

G_l 是关于标准化的地面点坐标(B,L,H) 和标准化像点坐标l 的函数表达式，G_s 是关于标准化的地面点坐标(B,L,H) 和标准化像点坐标s 的函数表达式。

对有理函数模型系数求导，将式（3.19）按泰勒公式展开得出误差方程为

$$\begin{bmatrix} v_1 \\ v_2 \\ \vdots \\ v_{2n} \end{bmatrix} = \begin{bmatrix} \dfrac{\partial G_l^1}{\partial a_1} & \cdots & \dfrac{\partial G_l^1}{\partial a_{20}} & \dfrac{\partial G_l^1}{\partial b_1} & \cdots & \dfrac{\partial G_l^1}{\partial b_{20}} & 0 & \cdots & 0 & \cdots & 0 & 0 & \cdots & 0 & \cdots & 0 \\ 0 & \cdots & 0 & \cdots & 0 & 0 & \cdots & 0 & \dfrac{\partial G_s^1}{\partial c_1} & \cdots & \dfrac{\partial G_s^1}{\partial c_{20}} & \dfrac{\partial G_s^1}{\partial d_1} & \cdots & \dfrac{\partial G_s^1}{\partial d_{20}} \\ & & & & & & & \vdots & & & & \\ \dfrac{\partial G_l^n}{\partial a_1} & \cdots & \dfrac{\partial G_l^n}{\partial a_{20}} & \dfrac{\partial G_l^n}{\partial b_1} & \cdots & \dfrac{\partial G_l^n}{\partial b_{20}} & 0 & \cdots & 0 & \cdots & 0 & 0 & \cdots & 0 & \cdots & 0 \\ 0 & \cdots & 0 & 0 & \cdots & 0 & 0 & \cdots & 0 & \dfrac{\partial G_s^n}{\partial c_1} & \cdots & \dfrac{\partial G_s^n}{\partial c_{20}} & \dfrac{\partial G_s^n}{\partial d_1} & \cdots & \dfrac{\partial G_s^n}{\partial d_{20}} \end{bmatrix} \begin{bmatrix} da_1 \\ \vdots \\ da_n \\ db_1 \\ \vdots \\ db_n \\ dc_1 \\ \vdots \\ dc_n \\ dd_1 \\ \vdots \\ dd_n \end{bmatrix} - \begin{bmatrix} l_1 \\ l_2 \\ \vdots \\ l_{2n} \end{bmatrix}$$

（3.21）

式中，n 为控制点个数；（$v_1, v_2, \cdots, v_{2n}$）为改正数；（$l_1, l_2, \cdots, l_{2n}$）为观测值。

将误差方程写成矩阵形式：

$$V = AX - L \tag{3.22}$$

则有理函数模型系数参数 X 的最小二乘解为

$$X = (A^{\mathrm{T}} PA)^{-1} A^{\mathrm{T}} PL \tag{3.23}$$

式中，A 为系数矩阵；P 为观测值权矩阵。

3. 有理函数模型的解算方案

有理函数模型的解算方案一般可分为与地形相关和与地形无关两种。与地形相关方案在解算有理函数模型系数时采用的是实际地面控制点。有理函数模型系数较多，若想求得稳定可靠的解需要大量分布均匀的控制点，因此与地形相关方案在实际应用中难以实现。与地形无关方案是利用严格几何模型生成虚拟控制点来替代实际地面控制点。在影像上均匀选取大量像点，根据严格几何模型进行单片定位，通过设置不同大小的高程值，可获取多层空间分布的地面点。具体流程如下：

（1）选取控制点像点坐标。从卫星影像左上角开始，沿行方向和列方向每隔 m 个像素和 n 个像素取一个点作为控制点。

（2）根据影像覆盖区域的大致高程范围，将其分成 k 层。为避免法方程出现病态，一般分为 3 层以上。

（3）根据控制点的像点坐标和高程 Z，利用严格几何模型进行单片定位，可得到虚拟控制点的地面点坐标 (X, Y, Z)。

有理函数模型参数之间存在较强的相关性，导致解算时法方程病态，直接采用最小二乘估计算法难以获得稳定可靠的解。为提高解算精度，可采用岭估计或谱修正迭代法来求取有理函数模型参数（王任享，2006；王任享等，2004）。

4. 有理函数模型的立体定位

与航空摄影测量中空间前方交会方法类似，根据卫星影像的有理函数模型，利用同名像点可前方交会求得地面点坐标。

1）立体定位公式推导

对有理函数模型系数求导，将式（3.19）按泰勒公式展开得误差方程为

$$
\begin{bmatrix} v_1 \\ v_2 \\ \vdots \\ v_{2n} \end{bmatrix} = \begin{bmatrix} \dfrac{\partial G_l^1}{\partial X} & \dfrac{\partial G_l^1}{\partial Y} & \dfrac{\partial G_l^1}{\partial Z} \\ \dfrac{\partial G_s^1}{\partial X} & \dfrac{\partial G_s^1}{\partial Y} & \dfrac{\partial G_s^1}{\partial Z} \\ & \vdots & \\ \dfrac{\partial G_l^1}{\partial X} & \dfrac{\partial G_l^1}{\partial Y} & \dfrac{\partial G_l^1}{\partial Z} \\ \dfrac{\partial G_s^1}{\partial X} & \dfrac{\partial G_s^1}{\partial Y} & \dfrac{\partial G_s^1}{\partial Z} \end{bmatrix} \begin{bmatrix} \mathrm{d}X \\ \mathrm{d}Y \\ \mathrm{d}Z \end{bmatrix} - \begin{bmatrix} l_1 \\ l_2 \\ \vdots \\ l_{2n} \end{bmatrix} \tag{3.24}
$$

式中，n 为控制点个数；（v_1，v_2，$\cdots$，v_{2n}）为改正数；（l_1，l_2，$\cdots$，l_{2n}）为观测值。

将误差方程写成矩阵形式：

$$
V = AJ - L \tag{3.25}
$$

地面点坐标改正数的 J 最小二乘解为

$$
J = (A^{\mathrm{T}} PA)^{-1} A^{\mathrm{T}} PL \tag{3.26}
$$

式中，A 为系数矩阵；P 为观测值权矩阵。

2）确定初始值的方法

地面点坐标的求解是一个迭代的过程。在初次解算时，需设置地面点坐标的初始值。一般而言，可将立体影像有理函数模型标准化平移参数的平均值作为初始值。

有理函数模型立体定位流程如图 3.6 所示。

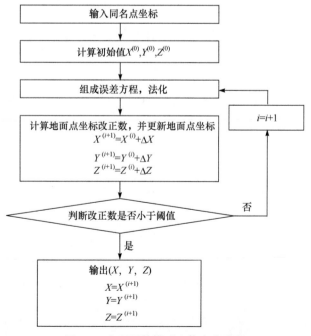

图 3.6　有理函数模型立体定位流程

参 考 文 献

王任享. 2006. 三线阵 CCD 影像卫星摄影测量原理. 北京：测绘出版社.

王任享，胡莘，杨俊峰，等. 2004. 卫星摄影测量 LMCCD 相机的建议. 测绘学报，33（2）：116-120.

Hattori S，OnoT，Raser C，et al. 2000.Orientation of high-resolution satellite images based on affine model. Amsterdam：International Archives of Photogrammetry and Remote Sensing，Vol. XIX，Part B3.

Okamoto A，Fraser C，Hattori S，et al. 1998. An alternative approach to the triangulation of SPOT imagery．International Archives of Photogrammetry and Remote Sensing，32：457-462.

Okamoto A，Ono T，Akamatsu S. 1999. Geometric characteristics of alternative triangulation models for satellite imagery．Oregon，Portland：Proceeding of ASPRS Annual Conference.

第4章 线阵传感器成像误差分析

相对传统框幅式相机，线阵传感器结构更为复杂，类型多样，且多采用多传感器集成应用的方式，因此成像参数和潜在的误差影响因素亦相应增多。例如，在卫星发射过程及在轨运行环境下，部分 CCD/CMOS 像元可能发生大小、形状等畸变；线阵传感器可能出现整体性平移、旋转、弯曲等形态和位置变化；拼接成长线阵的各分片线阵的几何位置及相互关系也可能发生变化，如分片线阵的旋转和平移，以及逆向焦平面的离焦偏移等。除变形和移位带来的误差以外，还要考虑摄影物镜光学畸变误差、集成传感器误差以及大气折光等其他误差影响因素。本章对线阵传感器成像过程中各种潜在的误差进行分析，并构建相应的数学模型。

4.1 摄影物镜光学畸变误差

镜头光学畸变误差是指相机物镜系统设计、制作和装配引起的像点偏离其理想位置的点位误差。镜头的光学畸变是非线性的，主要有径向畸变、偏心畸变和像平面畸变等（Gruen and Huang，2001；Brown，1966，1971；Fryer and Brown，1986）。

1. 径向畸变

径向畸变是指由镜头形状引起的使像点沿径向产生的偏差。如图 4.1 所示，径向畸变是对称的，虽然对称中心与主点并不完全重合，但通常将主点视为对称中心。径向畸变相对主点向外偏移为正，称为枕形畸变；径向畸变相对主点向内偏移为负，称为桶形畸变。径向畸变可用奇次多项式（4.1）表示：

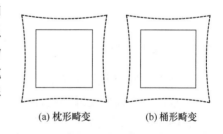

(a) 枕形畸变   (b) 桶形畸变

图 4.1　镜头径向畸变

$$\Delta r = k_1 r^3 + k_2 r^5 + k_3 r^7 + \cdots \qquad (4.1)$$

式中，Δr 为径向畸变；r 为像点坐标相对于主点的距离；k_1、k_2、k_3 为径向畸变系数。

将径向畸变分解到像平面坐标系的 x 轴和 y 轴上，则有

$$\begin{cases} \Delta x_r = k_1 \bar{x} r^2 + k_2 \bar{x} r^4 + k_3 \bar{x} r^6 + \cdots \\ \Delta y_r = k_1 \bar{y} r^2 + k_2 \bar{y} r^4 + k_3 \bar{y} r^6 + \cdots \end{cases} \qquad (4.2)$$

式中，Δx_r、Δy_r 分别为径向畸变在 x 轴和 y 轴上的分解量；$\bar{x} = (x - x_p)$，$\bar{y} = (x - y_p)$，$r^2 = \bar{x}^2 + \bar{y}^2$，$(x_p, y_p)$ 为像主点坐标；k_1、k_2、k_3 为径向畸变系数。

2. 偏心畸变

偏心畸变主要是由镜头光学系统的光心与几何中心不一致造成的，即镜头器件的光

学中心不能严格共线，如图 4.2 所示。偏心畸变使像点既产生径向偏差又产生切向偏差，如图 4.3 所示，其表达式如下：

$$\Delta_d = \sqrt{p_1^2 + p_2^2}\, r^2 \tag{4.3}$$

式中，Δ_d 为偏心畸变；p_1、p_2 为偏心畸变系数；r 为像点相对于主点的距离。

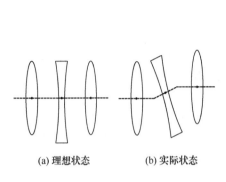

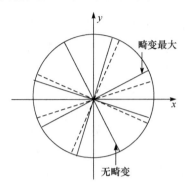

图 4.2　镜头偏心畸变　　　　　　图 4.3　偏心畸变

(a) 理想状态　　　(b) 实际状态

将偏心畸变分解到像平面坐标系的 x 轴和 y 轴上，则有

$$\begin{cases} \Delta x_d = p_1\left(r^2 + 2\overline{x}^2\right) + 2p_2\overline{xy} \\ \Delta y_d = 2p_1\overline{xy} + p_2\left(r^2 + 2\overline{y}^2\right) \end{cases} \tag{4.4}$$

式中，Δx_d、Δy_d 分别为偏心畸变在 x 轴和 y 轴上的分解量；p_1、p_2 为偏心畸变系数，偏心畸变在数量上要比径向畸变小得多；$\overline{x}$ 和 $\overline{y}$ 为考虑像主点偏移的像点坐标，$\overline{x} = x - x_p$，$\overline{y} = y - y_p$，$\overline{x}$ 和 $\overline{y}$ 两者是相乘的关系。

3. 像平面畸变

像平面畸变可分为像平面不平引起的畸变和像平面内的平面畸变。对传统胶片式相机来说，像平面畸变即为胶片平面不平引起的畸变；对数字相机来说，由于制造工艺限制，CCD/CMOS 芯片难以成为一个标准平面，同时安置在相机内部的 CCD/CMOS 芯片难以直接测量其外形轮廓，因此目前还无法对 CCD/CMOS 芯片的像平面畸变进行准确分析和建模，但 CCD/CMOS 芯片表面不平整所引起的像点位移是光线入射角的函数，因此长焦、窄角镜头受 CCD/CMOS 芯片不平的影响较短焦、广角镜头小。

像平面内的平面畸变可表示为仿射变形和正交变形。摄影测量学者认为正交变形部分是由主光轴与线阵列不正交引起的，而仿射变形也是由线阵列不均匀造成的，二者都包含了透镜误差，其表达式为

$$\begin{cases} \Delta x_m = b_1\overline{x} + b_2\overline{y} \\ \Delta y_m = 0 \end{cases} \tag{4.5}$$

式中，Δx_m、Δy_m 分别为 x 轴和 y 轴方向的像平面畸变；$\overline{x}$ 和 $\overline{y}$ 是考虑像主点偏移的像点坐标；b_1、b_2 为像平面内畸变系数。

4. 主点坐标$\left(x_p, y_p\right)$的偏移

该偏移量在x、y方向上的偏移量用常量Δx_p、Δy_p表示，同时设传感器焦距的变化量为Δf，因此对于某像点p，镜头畸变造成的像点误差模型为

$$
\begin{cases}
\Delta x = \Delta x_p - \dfrac{\Delta f}{f}\overline{x} + \left(k_1 \cdot r^2 + k_2 \cdot r^4 + k_3 r^6\right)\overline{x} + p_1\left(r^2 + 2\overline{x}^2\right) + 2p_2\overline{xy} + b_1\overline{x} + b_2\overline{y} \\
\Delta y = \Delta y_p - \dfrac{\Delta f}{f}\overline{y} + \left(k_1 \cdot r^2 + k_2 \cdot r^4 + k_3 r^6\right)\overline{y} + 2p_1\overline{xy} + p_2\left(r^2 + 2\overline{y}^2\right)
\end{cases}
\tag{4.6}
$$

式中，Δx和Δy分别为x轴和y轴方向的像点误差；$(\Delta x_p, \Delta y_p)$为像主点坐标的偏移；f为焦距；Δf为焦距的变化量；k_1、k_2、k_3为径向畸变参数；p_1、p_2为偏心畸变参数；b_1、b_2为像平面内畸变系数；r为像点坐标相对于主点的距离；$\overline{x}$和$\overline{y}$为考虑像主点偏移的像点坐标。

4.2　线阵传感器变形和移位误差

1. 像元尺寸的变化

像元尺寸的变化主要对成像比例尺造成影响。如图 4.4 所示，建立线阵扫描线坐标系，以飞行方向为x轴，扫描方向为y轴；设线阵像元数为N_p，单个像元原始尺寸为$\left(u_x, u_y\right)$，尺寸变化率为$\left(\Delta x_u, \Delta y_u\right)$（此处忽略不同像元尺寸变化的微小差异），沿$x$和$y$轴方向总变化为$\left(\Delta u_x, \Delta u_y\right)$，可知沿$y$轴方向有$N_p$个像元，$x$轴方向仅有 1 个像元，于是有

$$
\begin{cases}
\Delta u_x = \Delta x_u \\
\Delta u_y = N_p \cdot \Delta y_u
\end{cases}
\tag{4.7}
$$

Δu_x很小，因此在实际应用中可以只考虑沿y轴，即线阵扫描方向的像元尺寸变形影响。

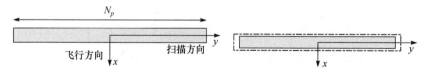

图 4.4　线阵像元尺寸变化的影响

2. 线阵传感器在焦平面内的平移

线阵传感器的整体平移将使像主点偏离原定位置，沿x轴和y轴方向的移动影响可用常量Δx_p和Δy_p表示，如图 4.5 所示。

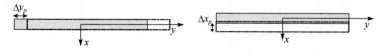

图 4.5　线阵沿y轴和x轴平移

3. 线阵传感器在焦平面内的旋转

如图 4.6 所示，设线阵传感器在焦平面内旋转了角度 θ，Δx_θ 和 Δy_θ 分别为由线阵旋转造成的在飞行方向和扫描方向的像坐标误差，则有

$$\begin{cases} \Delta x_\theta = \bar{y}\sin\theta \\ \Delta y_\theta = \bar{y} - \bar{y}\cos\theta = \bar{y}(1-\cos\theta) \end{cases} \quad (4.8)$$

一般情况下 Δy_θ 很小，常不予考虑，只进行 x 轴方向的改正。

4. 线阵传感器弯曲

由图 4.7 可知，线阵弯曲主要对像点 x 坐标产生影响，改正项 Δx_b 可用式（4.9）计算：

$$\Delta x_b = \bar{y}r^2 b \quad (4.9)$$

式中，$\bar{y}$ 为 y 轴方向上考虑像主点偏移的像点坐标；b 为线阵弯曲系数；r 为像点辐射距。

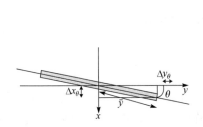 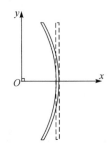

图 4.6　线阵在焦平面内的旋转图　　　　图 4.7　线阵弯曲示意图

5. 分片线阵相对位置变化

对单条长线阵来说，在实际成像状态下分片线阵的相对位置可能发生变化，主要表现为焦平面内的旋转和平移，如图 4.8 所示。图 4.8 中 $\Delta\theta_i$ 表示线阵在焦平面内的旋转角度，$(\Delta x_i, \Delta y_i)$ 表示分片线阵中心相对于像平面坐标系原点的偏移量。分片线阵相对位置的变化，一方面使得线阵不再位于同一直线上，另一方面也可能使得相邻分片线阵重叠度和间距的大小发生变化，而相邻分片线阵重叠度和间距大小发生的变化会导致子影像拼接错误。可从整体和分片两个方面考虑分片线阵相对位置关系的标定处理。通过标定 $\Delta\theta_i$，可推算线阵传感器直线性，如果 $\Delta\theta_i$ 方向相同，大小相近，则在一定范围内可认为线性仍保持在一条直线上，整体在焦平面内旋转了角度 θ；若 $\Delta\theta_i$ 方向不同或大小相差较大，则须用分段多项式表达。

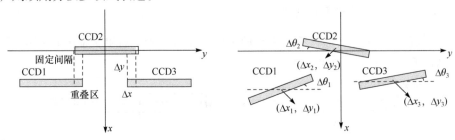

图 4.8　理想与移位情况下的分片线阵变化示意图

4.3　集成传感器误差

一个典型的机载集成传感器系统如图 4.9 所示。图中，x_c、y_c、z_c 是以相机中心为原点，建立相机空间坐标系的三轴，$\Delta \vec{X}_C^{\text{GPS}}$ 为相机中心到 GPS 天线中心的矢量，$\Delta \vec{X}_{\text{IMU}}^{\text{GPS}}$ 为 IMU 中心到 GPS 天线中心的矢量，$\Delta \vec{X}_C^{\text{IMU}}$ 为相机中心到 IMU 中心的矢量。由 GPS 与 IMU 组成的定位定向系统利用 GPS 记录摄影时相机的位置，利用 IMU 记录摄影时相机的姿态。为使 GPS/IMU 系统能直接测量传感器的外方位元素，显然最理想的安装方式是将机载 GPS 天线和 IMU 直接安置在摄影物镜的后节点上，且使 IMU 三轴线与相机坐标轴严格平行，但在实际应用中却不可能完全做到。因此，GPS 天线相位中心和 IMU 几何中心相对相机投影中心总会存在固定的位置偏移，分别称为 GPS 偏心矢量和 IMU 偏心矢量；而 IMU 坐标轴与相机轴线之间总会存在微小的角度差，称为 IMU 视轴偏心（boresight misalignment）。在一般情况下 IMU 视轴偏心角数值较小，但在特殊安装情况下可能达到 $\pm\pi/2$；另外，GPS 和 IMU 系统还都存在漂移特性，即 GPS 安装位置与实际位置以及 IMU 安装姿态与实际姿态之间存在的偏差，其中尤以 IMU 为甚，称为漂移误差，仅利用 IMU 与 GPS 数据进行卡尔曼滤波难以完全消除。在实际应用中，GPS 和 IMU 偏心矢量可在航空摄影前通过地面测量方法得到，并在 GPS/IMU 数据后处理过程中予以改正，也可作为平差未知数在空中三角测量过程中进行联合求解。IMU 轴线一般不可视，因此难以通过地面测量的方式直接得到视轴偏心角，必须通过飞行检校场进行求解。

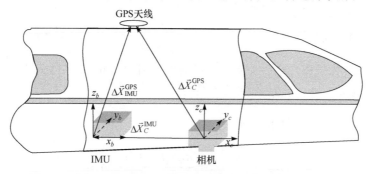

图 4.9　GPS/IMU 辅助航空摄影系统示意图

对卫星定轨测姿传感器系统而言，同样存在诸多误差影响因素。例如，定轨系统测定的一般是卫星平台的质心，与真正意义上的投影中心存在相对固定的空间偏移，但总体来看，通过星载 GPS 所测定的外方位线元素精度非常高，即便含有少量系统误差，对影像定位精度的影响也较小。相比之下，姿态测定难度大，误差源多，如相机相对卫星本体的安置误差；在将星敏感器与惯导陀螺组合安装时，两种测姿仪器的三轴间构成的空间位置关系误差；此外，星敏感器星地相机主光轴之间也存在一定的夹角，相关参数虽在实验室经过检定，但星敏感器属于高精度仪器，在航天器发射过程中易受发动机工作噪声及气动力激振等因素影响，从而破坏原有状态，出现星敏感器光轴指向误差和星地相机光轴夹角测定误差。目前，商用星敏感器测姿系统的技术性能尚不尽如人意，其测定的姿态角存在高频误差和低频误差，低频误差在一个轨道周期内成周期变化，有时可在 0.5′~0.7′，同时还可能存在随卫星飞行时间变化频率很低、量级变化很慢的"慢漂"，其误差性质与低频误差相似，但误差量值要大得多，有时可达数角分（王任享等，2011）。

4.4 其他误差

其他误差影响包括大气折光误差、地球自转影响误差等。

4.4.1 大气折光误差

因为大气层并非均匀介质，所以光线在大气层中传播的折射率也随高度而变，其传播途径不是一条直线而是一条曲线，从而破坏了成像瞬时地面点、摄影中心和像点的共线关系，这就是大气折射的影响。

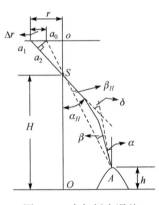

图 4.10　大气折光误差

如图 4.10 所示，对于线阵推扫式影像，在无大气折射影响时，地物点 A 以直线光线 AS 成像于 a_0 点，当有大气折射影响时，A 点以曲线光线 AS 成像于 a_1 点，由此引起像点位移 $\Delta r = a_1 a_0$，有

$$\Delta r = a_0 a_2 \cdot \sec \alpha_H \qquad (4.10)$$

$$a_0 a_2 = \frac{f \cdot \sin \beta_H}{\cos(\alpha_H - \beta_H)} \qquad (4.11)$$

综合式（4.10）和式（4.11），并考虑到 β_H 角度很小，因此有

$$\Delta r = \frac{f \cdot \beta_H}{\cos^2 \alpha_H} = f \cdot (1 + \tan^2 \alpha_H) \cdot \beta_H \qquad (4.12)$$

式中，α_H 是实际光线离开最后一层大气层时的出射角；β_H 是实际光线在最后一层大气时具有的折光角差。α_H 与 β_H 之间的关系有

$$\begin{cases} \tan \alpha_H = \dfrac{r}{f} \\ \beta_H = \dfrac{n_H}{n + n_H} \cdot \delta = \dfrac{n_H \cdot (n - n_H)}{n \cdot (n + n_H)} \cdot \tan \alpha_H \end{cases} \qquad (4.13)$$

进一步得

$$\Delta r = \frac{n_H \cdot (n - n_H)}{n \cdot (n + n_H)} \cdot r \cdot \left(1 + \frac{r^2}{f}\right) = K \cdot \left(r + \frac{r^3}{f}\right) \qquad (4.14)$$

式中，系数 K 是一个与相对航高 H 和地面点高程 h 有关的大气条件常数。许多学者对 K 的实用表达式作过研究，ORIMA 软件使用的即为此大气折光差模型（Hinskena，2002），

$$K = 0.00241 \cdot \left[\frac{H}{H^2 - (6H + 250)} - \frac{Z^2}{H(Z^2 - (6Z + 250))}\right] \qquad (4.15)$$

式中，H 表示相对航高（km）；Z 为地面点的相对高程。

4.4.2 地球自转影响误差

地球自转主要是对动态传感器的影像产生变形影响，特别是对卫星遥感影像，这是因为在卫星由北向南运动的同时，地球也在由西向东自转。对于线阵 CCD 影像，它是以推扫方式获取影像，每一扫描行是在同一时刻成像，因此在一扫描行内不存在地球自转的影响；但各扫描行的成像时间并不一致，因此会存在由于地球自转产生的影响。如果不对卫星平台做改正，地球自转会造成扫描线在地面上的投影依次向西平移，最终使得影像发生扭曲。

由图 4.11 可知，由于地球自转的影响，产生了影像底边中点的坐标位移 Δx 和 Δy，以及平均航偏角 θ。图 4.11 和图 4.12 中，N 表示真北方向，S 表示卫星，ε 表示卫星轨道面的偏角，α 表示卫星运行到影像中心点位置时的航向角，Q 表示升交点，P 表示过卫星的大圆与地球赤道面的交点。显然：

$$\begin{cases} \Delta x = bb' \cdot \dfrac{\sin\alpha}{m_x} \\[2mm] \Delta y = bb' \cdot \dfrac{\cos\alpha}{m_y} \\[2mm] \theta = \dfrac{\Delta y}{l} \end{cases} \tag{4.16}$$

式中，bb' 是由地球自转引起的影像底边中点的地面偏移；α 是卫星运行到影像中心点位置时的航向角；l 是影像 y 方向边长；m_x、m_y 是影像 x 和 y 方向的比例尺分母。

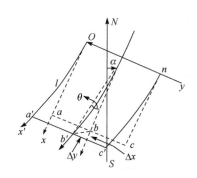

图 4.11 地球自转的影响

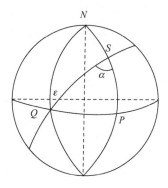

图 4.12 球面三角形 ΔSQP

设卫星从影像首行到末行的运行时间为 t，则

$$t = \frac{m_y \cdot l}{R_e \cdot \omega_s} \tag{4.17}$$

式中，R_e 为地球平均曲率半径；ω_s 为卫星轨道运行角速度。于是得

$$bb' = (R_e \cdot \cos\Phi) \cdot \omega_t \cdot t = (m_y \cdot l) \cdot \left(\frac{\omega_e}{\omega_s}\right) \cdot \cos\Phi \tag{4.18}$$

式中，ω_e 为地球自转角速度；Φ 为影像底边中点的地理纬度。设卫星轨道面的偏角为 ε，则由图 4.12 的球面三角形 ΔSQP 可知：

$$\sin\alpha = \frac{\sin\varepsilon}{\cos\Phi} \qquad (4.19)$$

于是得

$$\cos\alpha = \frac{\sqrt{\cos^2\Phi - \sin^2\varepsilon}}{\cos\Phi} \qquad (4.20)$$

现将式（4.18）～式（4.20）代入式（4.16），并令 $l = x$ 或 $l = y$，则可得地球自转引起的影像变形误差公式：

$$\begin{cases} \Delta x = \left(\dfrac{m_y}{m_x}\right) \cdot \left(\dfrac{\omega_e}{\omega_s}\right) \cdot \sin\varepsilon \cdot x \\[2mm] \Delta y = \left(\dfrac{\omega_e}{\omega_s}\right) \cdot \sqrt{\cos^2\Phi - \sin^2\varepsilon} \cdot y \\[2mm] \theta = \left(\dfrac{\omega_e}{\omega_s}\right) \cdot \sqrt{\cos^2\Phi - \sin^2\varepsilon} \end{cases} \qquad (4.21)$$

在通常情况下，大气折光、地球自转对成像造成的影响可以通过加入像坐标改正项来消除；当摄影区域不大时，地球曲率引起的影像变形很小，一般可以不予考虑，为了严格考虑地球曲率的影响，最好取用地心直角坐标系或切面直角坐标系进行解析空中三角测量处理（李德仁和袁修孝，2002）。

参 考 文 献

李德仁，袁修孝. 2002. 误差处理与可靠性理论. 武汉：武汉大学出版社.

王任享，王建荣，胡莘. 2011. 在轨卫星无地面控制点摄影测量探讨. 武汉大学学报（信息科学版），36（11）：1261-1264.

Brown D C. 1966. Decentring distortions of lenses. Photogrammetric Engineering，32（3）：444-462.

Brown D C. 1971. Close range camera calibration. Photogrammetric Engineering，37（8）：855-866.

Fryer J G，Brown D C. 1986. Lens distortion for close range photogrammetry. Photogrammetric Engineering and Remote Sensing，52（1）：51-58.

Gruen A，Huang T S. 2001. Calibration and Orientation of Cameras in Computer Vision. Berlin：Springer.

Hinskena L. 2002. CAP-A Combined Adjustment Program Aerial Version. Switzerland：Leica Geosystems.

第 5 章　传感器几何定标技术与方法

在航空遥感领域，由于胶片式模拟相机在结构和构像方式上相对简单，因此传统意义上实验场定标只被视为实验室定标的一个补充。但是新型机载数字传感器的设计、系统构成及成像特性与传统方式有较大区别，且类型多样，结构复杂。特别是在集成GPS/IMU 系统后，定标对象也从单纯的光学相机转变为整个集成传感器系统，GPS/IMU系统以及集成传感器相对安置关系定标成为必须考虑的内容，尤其是 IMU 视轴偏心角误差无法在实验室通过仪器进行量测，只能通过实验场定标来解算。目前，对新型机载数字传感器来说，基于实验场的几何定标不再仅仅是实验室定标的一个补充，而是一个必要手段。

对星载传感器系统来说，一旦卫星发射入轨即难以再进行直接检定，在轨几何定标是确定卫星系统几何性能，保证数据精度和可靠性的必要工作。尤其是对高分辨率遥感卫星系统而言，要实现与其高达分米级甚至更高影像分辨率相称的定位精度，系统而有效的在轨几何定标及时检定和更新传感器成像参数是一个关键环节。建立和维护能够持续运行的遥感定标实验场，并以之为依托全方位、系统性地开展卫星传感器的在轨几何定标是国外高分辨率遥感卫星系统的成功经验，也是当前国际高分辨率遥感卫星系统发展的必然趋势。本章将对传感器实验场定标的方法、理论及算法进行深入分析和研究。

5.1　传感器几何定标的内容

传感器几何定标的目的在于精确确定用于构建传感器严格成像模型的各项参数，主要可分为内定向误差参数和外定向误差参数两大类。

内定向误差参数主要描述影像几何形状和位置失真所导致的像点偏离其正确成像位置的点位误差，除了内方位元素（像主点和相机主距）改变量，还有相机摄影物镜光学畸变，线阵传感器形变、位移及旋转，以及大气折光误差等。摄影物镜光学畸变主要是指物镜光学系统设计、制作和装配误差，如径向畸变和偏心畸变等；线阵传感器形变、位移及旋转主要是指由发射过程及在轨环境等因素所导致的线阵传感器像元及阵列的变形和移位。以上是进行传感器内定向误差参数检定的主要内容，此外，由于大气折光、动态扫描过程中地球旋转和遥感器本身结构性能等因素的影响，影像像元相对于地面的实际位置产生挤压、伸展、扭曲或偏移。

外定向误差参数主要包括影像外方位元素（位置和姿态）误差描述参数以及多传感器相对位置关系参数。在机载 GPS/IMU 系统中，存在 GPS 和 IMU 偏心矢量、IMU 视轴偏心角以及 GPS 和 IMU 漂移误差；在星载定轨测姿传感器中，定轨系统测定的一般是卫星平台的质心，与真正意义上的投影中心存在相对固定的空间偏移，在定姿系统中存在星敏感器光轴指向误差、星地相机光轴夹角测定误差以及姿态角内插误差等；此外，星敏感器观测数据中高、低频误差及慢性漂移误差；对多镜头线阵传感器相机而言，卫星发射及在轨失重可能引起正视与前视（后视）相机主光轴夹角发生改变。

5.2 传感器几何定标的方法

5.2.1 传感器几何定标的一般方法

摄影机几何定标的传统方法一般可分为以下几种（王之卓，2007；冯文灏，2002）。

1. 实验室检校法

实验室检校法以多投影准直仪（multicollimator）或可转动的精密测角仪（gonoimeter）为基本设备。实验室检校法的优点是检校过程在室内进行，不受天气等环境条件的影响，且有用于摄影机检校的专门设备，检校过程比较标准和规范。但实验室检校是一种静态的检校方法，实验室的环境温度、气压等与摄影机工作时的实际状况差别较大，导致检校结果与实际情况不符合。图 5.1 为德国宇航中心（DLR）传感器定标实验室内部场景（Schuster and Braunecker，2000）。

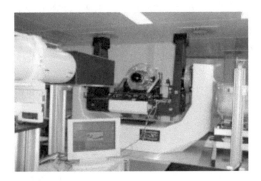

图 5.1　德国宇航中心传感器定标实验室

2. 实验场检校法

实验室检校不能充分考虑动态摄影的实际条件（如航摄机各部分的温度、机舱的温度、空气密度和光谱成分等），往往会产生较大的偏差。比较完善的方法是使摄影检定的条件最大限度地接近动态摄影时的条件。即要求建立几何检校实验场，并按照精度要求布设若干已知空间坐标的地面标识点，当被检校的摄影机对实验场进行拍摄后，可按一定的数学关系，如单片空间后方交会或光束法平差等方法求解内方位元素及其他影响光束形状的参数。实验场一般由一些已知空间坐标的标志点组成，可以是室内三维控制场、室外三维控制场甚至是为相机检定而选择的人工建筑物等。实验场多为三维，有时也用二维控制场。

3. 恒星检校法

恒星检校法是基于特定地点、特定时间的恒星方位角和天顶距为已知的原理进行的摄影机检校。该方法一般在夜间进行检校作业，主要是将恒星的天球坐标作为参考系，利用摄影机对恒星进行较长时间的曝光摄影，然后量测已知方位的数十至数百个恒星的像点坐标，并通过程序计算出被检校摄影机的内方位元素和光学畸变系数。

4. 现场检校法

现场检校法一般是指在完成摄影测量任务的同时对摄影机进行检校的方法。该方法比较适用于非量测摄影机的检校，因为这类摄影机的内方位元素变化不稳定，采用现场检校法比较合理。本方法物方控制常采用活动控制系统，依据物方空间分布合理的一组控制点，采用单像空间后方交会或直接线性变换的方法进行解算。

5. 自检校法

自检校法是指把可能存在的系统误差作为待定参数，列入区域网空中三角测量的整体平差运算中。附加参数的设置可以根据摄影机结构及成像特点使之合理地反映内方位元素、物镜光学畸变差、胶片变形（或 CCD/CMOS 器件畸变和移位）、底片压平（或 CCD/CMOS 器件表面不平整）或其中的一部分，有时也采用特殊设计的简单多项式。自检校法同时适用于量测型摄影机和非量测型摄影机，也是目前应用广泛的一种摄影机检定方法。

5.2.2 数字传感器探元指向角检校法

随着 CCD/CMOS 数字传感器逐步取代传统胶片式模拟相机，摄影机焦平面成像由连续变化的胶片转变为一定数量的离散 CCD/CMOS 像元（线阵或面阵）。目前航天遥感普遍采用的线阵传感器，像元数量相对较少且位置关系简单，为几何定标提供了新的思路，即从宏观（摄影机）转为微观（CCD/CMOS 探元），其基本思想是不一一区分引起像点误差的诸多因素，而是将各项定向误差的综合影响归算为每个探元的位置变化（或每个探元指向角）。

以星载传感器在轨几何定标为例，可利用实验场区域甚高分辨率的航空影像和高精度的数字表面模型（数字高程模型）和数字正射影像，根据目标传感器严格成像模型模拟出卫星理想影像，进而和同区域真实拍摄的卫星影像进行高精度配准，以此检定出线阵传感器上每个探元与理想位置的偏移（指向角改变）。这种偏移包含物镜光学畸变、摄影焦距误差、主点误差、CCD/CMOS 探元变形和移位误差等，是内定向各种误差因素综合影响的结果。在线阵传感器畸变整体性不明显，难以逐一区分各项误差的情况下，采用影像匹配法是一种可行方案，其难点在于对星载传感器成像的全链路精确模拟，特别是对传感器在轨姿态变化的模拟，包括姿态稳定度、姿态颤振、偏流角修正等。

5.3 传感器自检校几何定标技术

自检校技术并非新生事物，它在摄影测量领域的应用已有 30 多年的历史，其理论基础是解析空中三角测量，基本原理是将可能存在的系统误差作为待定参数，列入区域网平差的整体运算中，对待求未知参数和系统误差参数同时进行最优估计并评定精度，以达到消除或减弱系统误差的目的，其中最适宜引入附加参数的是光束法区域网平差。

大量应用实践表明，自检校技术是解析摄影测量平差中最为有效的系统误差补偿方法（王之卓，2007），其优势和适用性得到广泛认可，并发展为一种标准方法用于高精度解析空中三角测量中。但除此之外，自检校技术还有一个重要的应用方向，即摄影机的摄影测量检定。其原理是从传感器成像的几何及物理因素出发，使自检校附加参数能正确反映传感器内方位元素、摄影物镜光学畸变等系统性误差因素，并通过区域网平差方法精确解求各项参数，由此实现基于自检校的传感器几何检定。

5.3.1 基本误差方程

基于附加参数的自检校光束法平差的基本公式为

$$
\begin{cases}
x + \Delta x = -f \dfrac{a_1(X - X_s) + b_1(Y - Y_s) + c_1(Z - Z_s)}{a_3(X - X_s) + b_3(Y - Y_s) + c_3(Z - Z_s)} \\
y + \Delta y = -f \dfrac{a_2(X - X_s) + b_2(Y - Y_s) + c_2(Z - Z_s)}{a_3(X - X_s) + b_3(Y - Y_s) + c_3(Z - Z_s)}
\end{cases}
\tag{5.1}
$$

式中，Δx、Δy 代表该像点处引入的附加参数函数。在解算过程中，把附加参数处理成自由未知数一般是不合适的，因为其值实际总是很小，所以通常是把它处理成带权观测值。如果将控制点处理成带权观测值，则平差的基本误差方程式为

$$
\begin{cases}
V_X = Bd + At + Ca - L_X & P_X \\
V_C = E_d d \qquad\qquad\;\; - L_C & P_C \\
V_A = \qquad\qquad E_a a - L_A & P_A
\end{cases}
\tag{5.2}
$$

式中，V_X、V_C 分别为像点坐标和地面控制点坐标观测值残差向量；V_A 为自检校附加参数虚拟观测值残差向量；$d = \begin{bmatrix} \Delta X & \Delta Y & \Delta Z \end{bmatrix}^T$ 为物方点坐标未知数增量向量；$t = \begin{bmatrix} \Delta\varphi & \Delta\omega \\ \Delta\kappa & \Delta X_s & \Delta Y_s & \Delta Z_s \end{bmatrix}^T$ 为像片外方位元素未知数增量向量；$a = \begin{bmatrix} a_1 & a_2 & a_3 & \cdots \end{bmatrix}^T$ 为自检校附加参数向量；A、B、C 为相应于未知数 t、d、a 的系数矩阵；E_d、E_a 为单位矩阵；L_X 为像点坐标的观测值向量；L_C 为控制点坐标改正数的观测值向量；L_A 为附加参数的观测值向量；P_X、P_C、P_A 为相应观测值的权矩阵。

5.3.2 自检校附加参数模型

将自检校技术用于传感器几何定标的关键在于合理选择自检校附加参数，即能够建立适应有效的相机误差模型。在针对系统误差补偿的大量研究中，先后提出并用于摄影测量实践的附加参数模型有十几种之多。在一般情况下，可将附加参数模型分为多项式附加参数模型和顾及像差特点的附加参数模型（王之卓，2007），后者也被称为物理附加参数模型。

1. 多项式附加参数模型

如果对传感器几何和物理特性不甚了解，则很难对系统误差影响进行逐项剖析，此

时可以不考虑引起误差的具体因素，使用一般形式的多项式作为附加参数模型，各个参数没有明确的物理意义，只关注其对系统误差的补偿效果。

多项式附加参数的形式较多，有一般多项式、包含傅里叶系数的多项式或由球谐函数导出的多项式等。例如，德国 Heinrich Ebner 教授利用相对定向的 9 个标准点位构建正交多项式模型，该模型包含 12 个附加参数，应用非常广泛，其表达式为

$$
\begin{cases}
\Delta x = b_1 x + b_2 y - b_3 \left(2x^2 - 4\dfrac{b^2}{3}\right) + b_4 xy + b_5 \left(y^2 - 2\dfrac{b^2}{3}\right) + b_7 \left(x^2 - 2\dfrac{b^2}{3}\right) x \\
\qquad + b_9 \left(x^2 - 2\dfrac{b^2}{3}\right) y + b_{11} \left(x^2 - 2\dfrac{b^2}{3}\right)\left(y^2 - 2\dfrac{b^2}{3}\right) \\
\Delta y = -b_1 y + b_2 x + b_3 xy - b_4 \left(2y^2 - 4\dfrac{b^2}{3}\right) + b_6 \left(x^2 - 2\dfrac{b^2}{3}\right) + b_8 \left(x^2 - 2\dfrac{b^2}{3}\right) y \\
\qquad + b_{10} x \left(y^2 - 2\dfrac{b^2}{3}\right) + b_{12} \left(x^2 - 2\dfrac{b^2}{3}\right)\left(y^2 - 2\dfrac{b^2}{3}\right)
\end{cases}
\tag{5.3}
$$

此外，瑞士苏黎世联邦理工学院的 A. Gruen 教授提出了包含 44 个附加参数的正交多项式模型；在德国汉诺威大学的解析空中三角测量软件 BLUH 中，采用了包含 12 个参数的多项式附加参数模型。

2. 顾及像差特点的附加参数模型

顾及像差特点的附加参数模型是从传感器成像的几何及物理因素出发，通过分析像点坐标误差产生的特点来设定附加参数。对线阵传感器而言，影响像坐标误差的因素主要包括摄影物镜光学畸变差、线阵变形和移位误差等，顾及像差特点的附加参数模型就是通过对这些误差特性进行分析，将其具体归纳到附加参数函数表现形式中。其中，对摄影物镜光学畸变误差的研究开展较早，如 Brown 在 20 世纪 70 年代给出了径向畸变和偏心畸变对像点坐标影响的理论公式（Brown，1966，1971；Fryer and Brown，1986），后来成为相机畸变误差检定的重要参考。在胶片式摄影系统中，除物镜光学畸变以外，其他影响因素还包括底片和摄影乳剂的变形、底片压平和仪器误差等。综合以上因素，Brown 在光学径向、偏心畸变的基础上，设计了包含 29 个参数的附加参数模型（Brown，1976），其表达式如下：

$$
\begin{cases}
\Delta x = a_1 x + a_2 y + a_3 x^2 + a_4 xy + a_5 y^2 + a_6 x^2 y + a_7 xy^2 \\
\qquad + \dfrac{x}{r}(c_1 x^2 + c_2 xy + c_3 y^2 + c_4 x^3 + c_5 x^2 y + c_6 xy^2 + c_7 y^3) \\
\qquad + x(k_1 r^2 + k_2 r^4 + k_3 r^6) + p_1(y^2 + 3x^2) + 2p_2 xy - x_0 - \dfrac{x}{f}\Delta f \\
\Delta y = b_1 x + b_2 y + b_3 x^2 + b_4 xy + b_5 y^2 + b_6 x^2 y + b_7 xy^2 \\
\qquad + \dfrac{y}{r}(c_1 x^2 + c_2 xy + c_3 y^2 + c_4 x^3 + c_5 x^2 y + c_6 xy^2 + c_7 y^3) \\
\qquad + y(k_1 r^2 + k_2 r^4 + k_3 r^6) + p_2(x^2 + 3y^2) + 2p_1 xy - y_0 - \dfrac{y}{f}\Delta f
\end{cases}
\tag{5.4}
$$

式中，r 为像点辐射距，即 $r^2 = x^2 + y^2$；$a_1, a_2, \cdots, a_7$ 和 $b_1, b_2, \cdots, b_7$ 是描述底片变形的参数；$c_1, c_2, \cdots, c_7$ 是描述底片弯曲的参数；k_1, k_2, k_3 为径向畸变参数；p_1, p_2 为偏心畸变参数；$x_0, y_0, \Delta f$ 为内方位元素改正数。

相比胶片式摄影相机，数字传感器保留了摄影物镜的光学系统，变化在于焦平面成像由胶片转变为一定数量的线阵或面阵排列的 CCD/CMOS 像元，因此除了光学畸变差以外，构建误差模型的关键在于对传感器各种可能误差影响的分析和建模。一种可能的尝试是直接采用为模拟相机设计的误差模型，比较典型的是 Brown 模型，虽然它最初是针对胶片式相机而设计的，但实践证明其对数字传感器也有较好的适用性，特别是与框幅式胶片相机比较接近的数字面阵传感器，在欧洲空间数字研究中心组织开展的数字相机定标试验中就采用了 Brown 模型进行 DMC 和 UCD 两种面阵传感器影像的自检校光束法平差（Cramer，2009）；ORIMA 对 ADS40 影像的自检校平差采用的也是该模型的改化形式（Kocaman，2008）。但在更多情况下，胶片式模拟相机误差模型难以完全适用于数字传感器，特别是目前普遍采用的线阵传感器，存在多线阵传感器、多片拼接、超分辨率采样及 TDI CCD 等不同情况，类型多样，特点各异，构建合理适用的误差参数模型既关键又困难，必须对传感器组成及构像特征进行深入了解和分析，并结合影像定位和测图应用的实践对参数进行设置和优化。

例如，日本航空航天研究中心针对 ALOS 卫星开发了软件系统 SAT-PP（Satellite Image Precision Processing），其中的自检校定标模块就针对 PRISM 传感器三线阵、多片拼接等特点，设计了 30 个附加参数的误差模型，考虑的因素包括相机焦距变化对成像比例尺的影响、CCD 线阵的弯曲、分片 CCD 相对中心点的位置偏移等，其参数设置情况如下（Kocaman and Gruen，2007）：

$$\begin{cases} \Delta x_{ij} = \Delta x_{nj} + y_{ij} r_{ij}^2 b_j \\ \Delta y_{ij} = \Delta y_{nj} + y_{ij} s_j \end{cases} \tag{5.5}$$

式中，(x_{ij}, y_{ij}) 表示某幅影像（前视/下视/后视）j 上的任一像点 i 的坐标；$r_{ij}^2 = x_{xj}^2 + y_{ij}^2$；$\Delta x_{ij}$ 和 Δy_{ij} 表示像点误差增量；$i = 1, \cdots, m$，为像点数；$j = 1, \cdots, 3$，为相机数；$n = 1, \cdots, 4$，为每个像面线阵 CCD 的分片 CCD 数；Δx_{nj}、Δy_{nj} 为每个相机 j 线阵 CCD 各分片中心像点相对像主点的偏移量；b_j 为每个相机 j 线阵 CCD 曲率参数；s_j 为每个相机 j 比例尺参数。

5.3.3　附加参数的统计检验

将附加参数引入光束法平差系统中，由于扩展了法方程式，故不能保证解的稳定性，这和选取的附加参数的类型和个数都有关系。因此，必须运用统计检验的手段，将不能以足够的精度确定或难以相互区分的参数予以剔除，选择合理的参数项进行自检校平差。

1. 显著性检验

当附加参数正交或者接近正交时，可使用数理统计中的 t 分布，对所求得的附加参数逐个进行显著性检验（王之卓，2007）：

设有相互独立变量 ξ 和 η，且 $\xi \sim N(0,1)$，$\eta \sim \chi^2(\nu)$，ν 为 χ^2 变量的自由度，则统

计量 $t = \dfrac{\xi}{\sqrt{\dfrac{\eta}{\nu}}}$ 服从 t 分布，计为 $t(\nu)$。此时原假设为 H_0：$E\left(\hat{S}_i\right) = 0$，$\hat{S}_i$ 为第 i 个附加参数

的估值。取 $\xi = \dfrac{\hat{S}_i - E\left(\hat{S}_i\right)}{\sigma_0 \sqrt{Q_{\hat{S}_i}}} \sim N(0,1)$，$\eta = \dfrac{(n-t-m)s_0^2}{\sigma_0^2} \sim \chi^2(n-t-m)$，自由度 $\nu = n-t-m$。

则可得分布 t 的统计量为

$$t = \frac{\xi}{\sqrt{\dfrac{\eta}{\nu}}} = \frac{\dfrac{\hat{S}_i - E\left(\hat{S}_i\right)}{\sigma_0 \sqrt{Q_{\hat{S}_i}}}}{\sqrt{\dfrac{\dfrac{(n-t-m)s_0^2}{\sigma_0^2}}{n-t-m}}} = \frac{\dfrac{\hat{S}_i}{\sigma_0 \sqrt{Q_{\hat{S}_i}}}}{\dfrac{s_0}{\sigma_0}} = \frac{\hat{S}_i}{s_0 \sqrt{Q_{\hat{S}_i}}} \tag{5.6}$$

给定显著性水平 a 后，可由 t 分布表查出临界值 t_a。若原假设成立，则该附加参数不显著，可在下次迭代中去除，若假设被拒绝，表明系统参数显著，应将其引入函数模型。

当附加参数间的相关较大时，一维 t 检验会导致错误的结论，t 的相关往往仅出现在某一组的附加参数中，因此应该把这一组参数放在一起，使用多维检验的方法，利用数理统计中的 F 分布进行检验。

设有两个相互独立的 χ^2 变量 U 和 V，其自由度分别为 ν_1 和 ν_2，即 $U \sim \chi^2(\nu_1)$，$V \sim \chi^2(\nu_2)$，则统计量 $F = \dfrac{\dfrac{U}{\nu_1}}{\dfrac{V}{\nu_2}}$ 服从 F 分布，记为 $F(\nu_1, \nu_2)$。此时原假设为 H_0：$E\left(\hat{S}\right) = 0$，

其中 $\hat{S}^T = (S_{i+1}, S_{i+1}, \cdots, S_{i+m})$ 为同时进行检验的 m 个附加参数，也称为线性假设法，即认为系统附加参数满足线性条件。取

$$U = \frac{\left[\hat{S} - E\left(\hat{S}\right)\right]^T Q_{\hat{S}}^{-1} \left[\hat{S} - E\left(\hat{S}\right)\right]}{\sigma_0^2} \sim \chi^2(m), \nu_1 = m \tag{5.7}$$

$$V = \frac{(n-t-m)s_0^2}{\sigma_0^2} \sim \chi^2(n-t-m), \nu_2 = n-t-m \tag{5.8}$$

则可得分布 F 的统计量为

$$F = \frac{\dfrac{\left[\hat{S} - E\left(\hat{S}\right)\right]^T Q_{\hat{S}}^{-1} \left[\hat{S} - E\left(\hat{S}\right)\right]}{\sigma_0^2 m}}{\dfrac{(n-t-m)s_0^2}{\sigma_0^2(n-t-m)}} = \frac{\dfrac{\hat{S}^T Q_{\hat{S}}^{-1} \hat{S}}{m}}{s_0^2} = \frac{\hat{S}^T Q_{\hat{S}}^{-1} \hat{S}}{m s_0^2} \tag{5.9}$$

根据两个自由度 ν_1 和 ν_2 假定的显著性水平 a，可由 F 分布表查出临界值 F_a。若假设被拒绝，表明系统参数显著，应将其引入函数模型；否则，原假设成立，表明该附加

参数不显著，可在下次迭代中去除。

2. 相关性检验

自检校光束法联合平差由于引入了附加参数，若附加参数之间或附加参数与其他未知数之间存在强相关，则可能造成法方程出现病态从而影响解算精度，因此必须进行参数相关性检查。设 x_i 和 x_j 为任意两个未知数，Q 为整个未知的协方差矩阵，则 x_i 和 x_j 之间的相关系数为

$$r_{ij} = \frac{q_{ij}}{\sqrt{q_{ii}q_{jj}}} \tag{5.10}$$

式中，q_{ii}、q_{ij} 和 q_{jj} 都是协方差矩阵 Q_{xx} 中的相应元素。

相关值达到多大时剔除有关附加参数没有统一的标准，应根据平差解算的实际情况进行分析判断，Karsten Jacobsen 曾在 BLUH 程序中采用下式计算每个附加参数的总体相关系数：

$$B = E - (\text{diag}Q^{-1} \cdot \text{diag}Q)^{-1} \tag{5.11}$$

式中，B 为对角线矩阵；E 为单位矩阵；$\text{diag}Q$ 和 $\text{diag}Q^{-1}$ 代表由 Q 阵和 Q^{-1} 阵对角线元素组成的对角线矩阵，附加参数应满足 $-0.85 < b_{ii} < 0.85$，否则视为这两个附加参数的相关系数超限，应根据显著性检验结果剔除相对不显著的附加参数。

5.3.4 参数间相关性的克服

线阵 CCD 影像定向元素间存在较强的相关性，特别是高分辨率卫星飞行高度大，摄影光束窄，视场角小；进行自检校平差又另引入了一些自检校附加参数，进一步导致相关性加剧。此时，法方程病态甚至奇异，最小二乘估计不再是最优估计，其求解精度不高甚至无法求解，因此在自检校平差解算过程中如何克服病态与相关性问题将是实现高精度解算的一个关键。为克服参数相关性问题，学者提出了多种解决方案，主要包括强相关项合并、线角元素分求、岭估计、虚拟观测值法等。其中，岭-压缩组合估计法是本书作者在解决类似问题时提出的一种估计方法，在多组实验中取得了较好的效果（王涛等，2005；张艳等，2004）。

1. 岭-压缩组合估计法

在克服参数相关性的诸多方法中，岭估计的相关研究和成果较多，其实质是在最小二乘估计法方程系数矩阵的主对角线上加入一个常数 k（称为岭参数），从而改变法方程系数矩阵的性态，可在一定程度上改进最小二乘估计，其关键在于岭参数的确定。在此基础上，又陆续提出了广义岭估计、抗差岭估计及岭-压缩组合估计等。

岭估计和压缩估计两种估计算法都是以估计值偏差的适当增加来换取估计值方差的降低，寻找均方误差意义下精度优于最小二乘估计的有偏估计值。但岭估计参数的求解方法不唯一，解算很复杂；而压缩估计对最小二乘估计所有分量施以同一比例的压缩，没有合理地考虑不同分量对均方误差影响的大小。岭-压缩组合估计法可有效地克服上述缺陷。

岭-压缩组合估计的定义为

$$\hat{X}_{\mathrm{CRS}}(d) = (A^{\mathrm{T}}PA + I)^{-1}(A^{\mathrm{T}}PL + dI)\hat{X}_{\mathrm{LS}} = Q(\varLambda + I)^{-1}(\varLambda + dI)Q^{\mathrm{T}}\hat{X}_{\mathrm{LS}} \qquad (5.12)$$

式中，Q 为特征向量矩阵；$\varLambda$ 为特征值矩阵；I 为单位阵；d 为估计参数，$0 < d < 1$，又称偏参数。相对于最小二乘估计、岭估计和压缩估计，岭-压缩组合估计具有以下优点：

（1）一个好的估计值应该具有较小的均方误差。当偏参数 d 取最优值时，岭-压缩组合估计的均方误差小于最小二乘估计、岭估计和压缩估计，即精度高于最小二乘估计、岭估计和压缩估计。

（2）岭-压缩组合估计针对不同特征值接近于零的程度对不同分量施以不同比例的压缩，平差参数统计性质改善显著，对法方程病态性的改善效果优于岭估计和压缩估计，可靠性高于岭估计和压缩估计，外定向的稳定性大大提高。岭-压缩组合估计对分量 $\hat{X}_{\mathrm{LS}(i)}$ 的压缩比例为 $(\lambda_i + d)/(\lambda_i + 1)$，克服了岭估计、压缩估计对极小特征值对应分量压缩不足的缺陷，可靠性得到很大提高。

（3）岭-压缩组合估计是估计参数的线性函数，估计参数求解简单方便，偏参数 d 的最优值计算公式如下：

$$d = \frac{\displaystyle\sum_{i=1}^{n}\frac{\hat{Y}_{\mathrm{CRS}(i)}^{2}(d) - \hat{\sigma}_0^2}{\left(\lambda_i + 1\right)^2}}{\displaystyle\sum_{i=1}^{n}\frac{\hat{\sigma}_0^2 + \lambda_i\hat{Y}_{\mathrm{CRS}(i)}^2(d)}{\lambda_i\left(\lambda_i + 1\right)^2}} \qquad (5.13)$$

式中，$\hat{Y}_{\mathrm{CRS}(i)}(d)$ 为岭-压缩组合估计值 $\hat{X}_{\mathrm{CRS}}(d)$ 对应的典则参数估计值 $\hat{Y}_{\mathrm{CRS}}(d)$ 的第 i 个分量。

$$\hat{Y}_{\mathrm{CRS}}(d) = Q^{\mathrm{T}}\hat{X}_{\mathrm{CRS}}(d) = (\varLambda + I)^{-1}(\varLambda + dI)\varLambda^{-1}(AQ)^{\mathrm{T}}L \qquad (5.14)$$

2. 虚拟观测值法

在自检校平差解算中，通常把自检校附加参数处理成带权观测值引入平差模型，实践证明该方法在航摄影像的自检校光束法区域网平差中是非常实用的（袁修孝和曹金山，2012）。李德仁和程家喻在早期研究 SPOT 影像光束法平差时，建议在已知轨道参数的近似值时，将影像定向参数作为带权观测值处理（李德仁和程家喻，1988）。目前，随着机载 GPS/IMU、卫星定轨测姿传感器及相关技术的发展，在获取遥感影像的同时，均能获取较高精度的影像外定向参数，采用虚拟观测值法可比较有效地改善因参数相关所导致的法方程病态和奇异，提高平差解算的精度和稳定性。

5.3.5 各类观测值权值的确定

合理设置各类观测值的权阵是进行法方程答解的一个重要因素，自检校光束法平差中引入了像点坐标观测值、控制点坐标观测值、外方位元素观测值、虚拟附加参数观测值等，这些观测值精度各异，因此如何在自检校平差中正确给定它们的权是确保平差质量的一个关键问题。通常采用的方法为经验求权法和验后方差估计法。

经验求权法是最常用的方法，该方法根据经验人为设置各类权值，控制各个观测值对平差的影响，通常需要反复进行平差实验，才可能得到较好的平差结果。该方法的优点是简单易行，缺点是带有一定的盲目性，效率不高。

验后方差估计法是首先进行预平差，然后利用预平差的观测值残差来估计各类观测值的方差因子，最后据此进行迭代选权（李德仁和袁修孝，2002）。该方法理论严密，可行性和有效性也在实践中得到了证实。其中的一个关键在于预平差时给各类观测值设定比较合适的初始权值，一般采用经验求权法。但目前得到的影像辅助观测数据均有标称精度等先验信息，如 GPS/IMU 测得的 POS 数据、卫星星历及姿态信息等，像点坐标量测及控制点测量精度也可获知精度范围，因此在确定权值时应结合利用，有助于克服盲目性，得到比较合理的初始权值。

参 考 文 献

冯文灏. 2002. 近景摄影测量. 武汉：武汉大学出版社.

李德仁，程家喻. 1988. SPOT 影像的光束法平差. 测绘学报，17（3）：162-170.

李德仁，袁修孝. 2002. 误差处理与可靠性理论. 武汉：武汉大学出版社.

王涛，张艳，徐青，等. 2005. 线阵推扫式影像外定向的一种新算法. 测绘学报，34（1）：35-39.

王之卓. 2007. 摄影测量原理. 武汉：武汉大学出版社.

袁修孝，曹金山. 2012. 高分辨率卫星遥感精确对地目标定位理论与方法. 北京：科学出版社.

张艳，王涛，朱述龙，等. 2004. 岭-压缩组合估计在线阵推扫式影像外定向中的应用. 武汉大学学报（信息科学版），29（10）：893-896.

Brown D C. 1966. Decentring distortions of lenses. Photogrammetric Engineering，32（3）：444-462.

Brown D C. 1971. Close range camera calibration. Photogrammetric Engineering，37（8）：855-866.

Brown D C. 1976. The Bundle Adjustment—Process and Prospects. Amsterdam: IAPRS.

Cramer M. 2009. Digital Camera Calibration. EuroSDR Official Publication No 55，Frankfurt：Bundesamt fur Kartographie und Geodasie（BKG）.

Fryer J G，Brown D C. 1986. Lens distortion for close range photogrammetry. Photogrammetric Engineering and Remote Sensing，52（1）：51-58.

Kocaman S A. 2008. Sensor Modeling and Validation for Linear Array Aerial Satellite Imagery. Ankara：Middle East Technical University.

Kocaman S，Gruen A. 2007. Orientation and Calibration of ALOS/PRISM Imagery. Hanover：High-Resolution Earth Imaging for Geospatial Information，Proceedings of ISPRS Hannover Workshop 2007.

Schuster R，Braunecker B. 2000. Calibration of the LH Systems ADS40 Airborne Digital Sensor. Amsterdam：IAPRS.

第6章　传感器定标实验场设计与建设

6.1　定标实验场发展现状

6.1.1　航空定标实验场

在航空遥感测绘领域，国内外建立了不少永久性实验场，国外比较著名的有德国 Vaihingen/Enz 实验场、芬兰 Sjökulla 实验场、挪威 Fredrikstad 实验场、意大利 Pavia 实验场、美国 Madison 实验场及 SSC 实验场等；此外，一些航测相机厂商也建立了自己的实验场，如 Elchingen 实验场、德国 Herbrugg 实验场。国内较早建设的有太原航空定标实验场。

1. 德国 Vaihingen/Enz 实验场

德国 Vaihingen/Enz 实验场始建于 1995 年，当时的主要作用是为德国国防部研制的第一台可使用的机载数字相机系统（digital photogrammetry assembly，DPA）的性能测试和精度验证，后发展为机载传感器检校的永久性实验场。该实验场位于德国斯图加特西北约 20km 处，大部分属于乡村，零星分布有一些村落（图 6.1），总面积约 7.5km × 4.7km，属丘陵地形，地形最大起伏约 160m，地表植被较丰富。

为满足不同传感器的检校需求，将 Vaihingen/Enz 实验场的地面控制网分为密集控制区和一般控制区。密集控制区范围约为 5km × 2.7km，布设控制点近 200 个，全部采用静态 GPS 野外测量，三维坐标精度约 2cm，大部分控制点采用油漆直接在地面涂刷以作标志，有 0.6m × 0.6m（图 6.2）和 0.3m × 0.3m（图 6.3）两种类型，前者涂成 0.6m × 0.6m 白色方块，共有 172 个，分布在整个实验场；后者在白色方块的中心加涂黑色方块，只设置在控制点密集区，共有 103 个；此外，还有一些用于分辨率检定的星形移动靶标（图 6.4）。实验场区域采用机载 LIDAR 飞行并制作了 1m 间隔的数字地形模型作为基础数据，高程精度优于 0.5m。

图 6.1　德国 Vaihingen/Enz 实验场

图 6.2　0.6m × 0.6m 控制点

图 6.3　0.3m × 0.3m 控制点　　　　　　　　　　图 6.4　用于分辨率测试的星形靶标

2. 芬兰 Sjökulla 实验场

Sjökulla 实验场由芬兰大地测量研究所（Finnish Geodetic Institute，FGI）于 1994 年建立，是可用于开展传感器辐射定标、几何定标及空间分辨率检定的综合性实验场，实验场地处乡村，主要分布有村落、湖泊、田野和森林等多种地物（Honkavaara et al.，2008）。

Sjökulla 实验场地面控制点采用了 3 种形状、大小不同的标识，如图 6.5 所示，一是圆形标识，直径分为 0.3m 和 0.4m 两种，胶合板材质，正面用油漆涂成白色，背面为黑色；二是方形标识，材质、涂刷颜色与圆形标识相同，大小为 1m×1m；三是等边三角形标识，边长 2.4m，用等长的木条等间隔拼成，表面仍刷成白色。3 种标识的控制点中，等边三角形标识为永久性的，而圆形标识和方形标识仅在可航摄飞行季节进行铺设，这也是针对 Sjökulla 实验场地区比较严寒恶劣的气候条件而采取的方案；地面控制点全部采用 GPS 野外测量，其中圆形标识和方形标识控制点精度为 $\sigma_X = \sigma_Y = 1.0$ cm，$\sigma_Z = 2.0$ cm，等边三角形标识控制点精度为 $\sigma_X = \sigma_Y = \sigma_Z = 5.0$ cm。按照规划，Sjökulla 实验场分层次设置大、中、小 3 种比例尺的航摄检校区，分别对应小、中、大 3 级地面区域

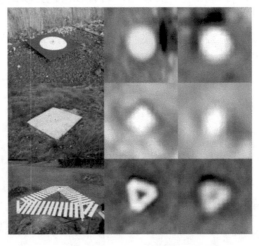

图 6.5　芬兰 Sjökulla 实验场控制点标识

范围。大比例尺检校区主要为圆形控制点（42 个），加少量方形控制点（2 个），其面积为 1km×1km，所摄影像地面分辨率 GSD<0.1m；中比例尺检校区主要为方形控制点（10 个），加少量等边三角形控制点（2 个），面积约为 4km×5km，所摄影像地面分辨率 GSD<0.3m；小比例尺检校区一部分为方形控制点（14 个），另一部分为等边三角形控制点（9 个），面积为 10km×10km，所摄影像地面分辨率 GSD<0.5m。考虑数字传感器的检校需求，目前实验场正逐步增加各级控制点的布设数量。

3. 太原航空定标实验场

在我国，国家测绘局早期曾在太原建立了一个用于航空光学相机检校的几何定标场（袁修孝，2001）。太原航空定标实验场是一个 2.4km 见方的正方形区域，北高南低，场内最大地形起伏为 154m，属丘陵地形。实验场内呈格网状均匀分布有 191 个永久性人工地面标志点，采用水泥浇灌成圆柱状标志墩，顶部是直径为 50cm 的圆形，中央是嵌入水泥墩内直径为 20cm 的黑色铁质圆盘，圆盘中心即标志点的平面位置。为便于识别，标志点其余部分均用油漆涂成白色，相邻标志点布设间隔约 200m。所有标志点均采用精密大地测量方法测定，其点位中误差为±1.5mm，高程相对中误差为±2.0mm，任意两点间的边长中误差为±1.2mm。

6.1.2　航天定标实验场

在航天遥感定标实验场建设方面，国外 SPOT、IKONOS、ALOS、OrbView 等比较成功的商业遥感卫星系统，均建立了用于在轨几何定标的实验场。SPOT 无疑是其中的佼佼者，拥有 40 多年的在轨几何定标经验，在全球范围建立了 21 个几何检校场，如图 6.6 所示。其中，12 个检校场经常使用（图中圆形标识），称为主检校场，3 个次检校场（图中菱形标识），6 个检校场已基本完成使命，目前已极少使用（图中三角形标识），这些检校场为 SPOT 卫星的高精度定标提供了基础保障（Gachet，2004）。

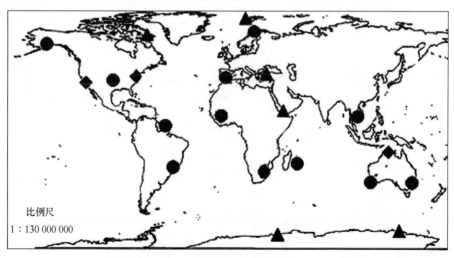

图 6.6　SPOT 卫星在全球几何检校场的分布

IKONOS 卫星除了利用美国境内的 Lunar Lake、Railroad Valley、Dark Brooking、Denver 等多个检校场进行几何定标工作外，也在其他国家或地区建立了几个检校场。韩国 KOMPSAT-2 卫星（全色影像分辨率为 1m，多光谱影像分辨率为 4m）于 2006 年 7 月发射后，为确保影像及产品质量，在全球范围内确定了多达几十个实验场或实验区用于开展卫星几何定标和精度评估，图 6.7 为其分布示意图（Saunier et al.，2008）。日本 ALOS 卫星发射后，为开展几何性能评估和传感器在轨几何定标工作，在世界范围内建立或使用的地面实验场有十几个（Tadono et al.，2007；Saunier et al.，2007；Kocaman and Gruen，2007，2008；Gruen et al.，2008），表 6.1 列出了一些实验场的基本情况。

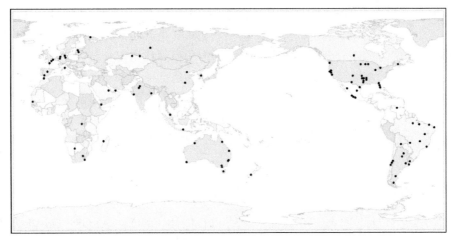

图 6.7   KOMPSAT-2 在全球几何检校及精度验证场的分布

表 6.1   用于开展 ALOS PRISM 传感器性能评估和几何定标的实验场

实验场名称 （国家）	地理位置 （中心）	地面控制点数 量/个	地面控制点获取方法	高程范围/m	区域面积/km²
Bern/Thun （瑞士）	46.839°N， 7.533°E	138	差分全球定位系统 数字表面模型（航空影 像制作）	500～1250	3 个区域： Bern: 110 Thun: 100 Southwest: 90
Zurich/Winterthur （瑞士）	47.531°N， 8.684°E	99 （密集布设）	差分全球定位系统 数字表面模型（航空影 像制作）	400～850	3 个区域： GCP: 35×35 DSM-1: 22.6×11.4 DSM-2: 14.6×9.4
Wellington （南非）	33.508°S， 18.914°E	67 （顺轨布设）	差分全球定位系统	50～400	35×35
Sakurajima （日本）	31.531°N， 130.765°W	67 2 组数字表面 模型	差分全球定位系统 数字表面模型（LIDAR 制作）	0～1150	GCP: 30×30 DSM: 3×3
Adana （土耳其）	36.777°N， 35.310°E	75 （顺轨布设）	差分全球定位系统	0～100	35×35
Tsukuba （日本）	36.1°N，139.9°E	120（西） 80（东） （密集布设）	RTK GPS（西） 1：2500 比例尺地图制 作（东）	0～1000	60×40（西） 40×40（东）
Tochigi （日本）	37.0°N，140.3°E	90 （密集布设）	差分全球定位系统	0～2000	25×70

实验场名称（国家）	地理位置（中心）	地面控制点数量/个	地面控制点获取方法	高程范围/m	区域面积/km²
Iwate（日本）	39.7°N, 141.0°E	90（密集布设）	差分全球定位系统	0～2000	25×70
Tomakomai（日本）	42.7°N, 142.0°E	45（密集布设）	差分全球定位系统	0～1000	10×70
Saitama（日本）	35.918°N, 139.490°E	203（密集布设）	差分全球定位系统数字表面模型（LIDAR制作）	20～250	40×60
La Crau（法国）	46.839°N, 7.533°W	35	差分全球定位系统数字高程模型（SPOT制作）	0～200	20×20

我国在航天遥感定标实验场建设方面相对滞后，长期以来，国内没有专门用于星载传感器定标以及数据验证的地面实验场，仅在太原等地建立了航空定标实验场，但航天遥感具有航空遥感所不同的覆盖范围大、视场小、按固定周期绕地飞行等特点，因此航空定标实验场并不适用于卫星几何定标。相当长的一段时期内，国内卫星几何检校都是根据影像选取控制点进行，这样存在很多问题，如影像所在区域地形不具有代表性、控制点资料陈旧等，使得检校结果也不具有代表性，无法将检校结果推广利用。

随着高分辨率遥感卫星的陆续发射及应用，我国陆续开展了卫星几何定标实验场的论证与建设工作。国外已建立的摄影测量与遥感定标综合实验场，为我国提供了可资借鉴的样本。我国中低分辨率遥感卫星（气象卫星、资源卫星）地面定标实验场的建设和运行情况，也可为高分辨率、高精度遥感测绘综合实验场的全面建设提供直接参考。2009 年，信息工程大学测绘学院与武汉大学绘遥感信息工程国家重点实验室在河南登封联合建立了长期运行的嵩山摄影测量与遥感定标综合实验场，目前整个区域覆盖面积约 8000km²，包括机载传感器定标场、摄影测量与遥感定标综合实验场和星载传感器定标场 3 个部分，可用于各种航空航天传感器的测试与定标；天绘一号卫星发射入轨后，有关部门在新疆、长春等地区通过设定临时实验场开展了性能验证与在轨定标实验。

6.2　定标实验场建设分析

从国内外航空航天实验场建设的实践来看，一些可持续运行的永久性实验场通常被建设为综合性实验场，主要从满足高精度几何定标和真实性光谱辐射定标两个方面的要求进行设计，几何定标实验场建设的重点关注的是地面固定基准控制网的布设和长期维持，以及标准模板成像分辨率的检测基础，而传感器辐射定标则需注重场地同步直接光谱测量，与在轨定标设备对光学成像标定后结果影像的物理比对。此处主要针对几何定标实验场的设计与建设问题进行研究和分析。

6.2.1 实验场建设的关键要求

基于航空航天传感器几何定标的方法和精度要求，以及数据验证及真实性检验对实验场的要求，在建设地面实验场应对一些关键性的要求进行分析和研究。

1. 实验场选址要求

选择和确定合适的地理范围是实验场建设的首要环节，其对实验场的建设及运行都有深远影响，特别是永久性实验场。在实验场选址过程中，应综合考虑气候条件、地形地貌、地物及光谱、人文环境、已有基础等诸多条件因素。

1）气候条件

对光学传感器来说，天气是决定影像获取质量的一项重要因素。航空遥感在航摄时间上具有较大的灵活性，可在一定程度上削弱受天气的影响程度。而卫星运行具有固定的周期和轨道，为使卫星在过顶实验场时能更有效地获取高质量的遥感影像，要求实验场区域常年天气状况良好。在天气状况中应特别考虑云量和垂直能见度两个指标。云量是指云遮蔽天空视野的成数，可通过气象部分获取相关区域一定时期内的云量统计以做参考；垂直能见度是指视力正常的人，在当时天气条件下，能从天空背景中看到和辨认的目标物（黑色、大小适度）的最大垂直距离。能见度主要受气溶胶、沙尘等影响，大量的气溶胶、沙尘悬浮于空中对能见度有较大影响。

影像的成像质量受云量和能见度的影响较大。对光学卫星来说，多云天气摄取的影像几乎不能使用，若垂直能见度低，则会影响成像的质量，如清晰度不高、影像模糊等情况。图 6.8 为资源三号卫星三线阵下视相机获取的同一地区不同时间的两景影像缩略图。（a）图为 2012 年 2 月 3 日获取，晴朗无云，能见度良好，（b）图为 2012 年 3 月 23 日获取，右上角区域有大片云层遮挡，且能见度较差，对比不难发现两次成像在影像质量上存在较大的差距，（b）影像不光云层遮挡处无法利用，其他区域的影像也不够清晰，对目标判读、测图定位等后续应用造成不利影响。因此，在几何定标实验场选址时，从天气条件考虑，需选择常年低云量、高能见度的地区。

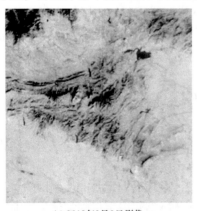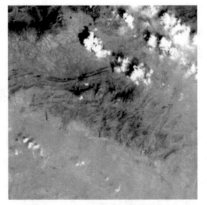

(a) 2012年2月3日影像　　　　　　　　　(b) 2012年3月23日影像

图 6.8　某区域资源三号卫星三线阵下视影像

2）地形地貌条件

在航空传感器几何定标中，为了消除各个参数之间的相关性便于解算，往往要求摄影区域地形有较大的高低起伏来克服参数相关性问题。但对星载线阵推扫式影像而言，参数之间的相关性主要源于传感器的长焦距和窄视场角，相比之下，单纯由地形起伏带来的相关性影响非常小；且卫星高轨平稳飞行，由地形起伏引起的像点位移误差量级很小。因此，航天定标实验场对地形高低起伏的要求相对较低。但航天定标实验场一般覆盖区域较大，为了能对星载传感器进行多种地形情况下的几何定标及性能测试，实验场区域最好能涵盖一些主要地貌类别（如平原、丘陵、山地等），以拓展实验场适用范围，同时以各地貌类别相对完整独立，不是非常破碎为最佳。

3）地物及光谱条件

对综合性实验场而言，因需要同时开展几何定标和辐射定标，对地物及光谱有较为全面的要求。如果仅从几何定标的需求出发，也需要地物及光谱满足一定的条件。特别是航天定标实验场的控制点多选取自然和人工地物为标志，丰富的地物可为控制点的选择提供便利；在进行几何定标时，常需要利用影像匹配方法来获得高精度的摄影测量观测值，为保证影像匹配的精度和可靠性，需要影像上的灰度变化信息较丰富，避免灰度过于单一，如大片的湖水、沙地、石砾等，因此要求实验场地面的地物光谱段应较宽；而对于多光谱航天相机的定标，需要采用与卫星波段范围比较接近的多光谱相机进行航飞。由于航空影像和卫星影像成像时间有一定的时间间隔，为了保证获得高的匹配精度，要求实验场覆盖的地物光谱随时间变化不大。

4）人文环境条件

人文环境主要考虑人口密集程度、居民地分布、交通便利等因素。人口聚居地及周边地区往往建设和发展较快，人员、车辆活动频繁，地物多有变化，不利于实验场的长期运行与维护，因此实验场应尽量避开人口密集的城市地区；人迹罕至的偏远地区在道路、电力管网建设方面较落后，野外作业时人力、物力的投送和给养补充较困难，遇有特殊情况难以寻求帮助，也应尽力避开；从已有实验场的建设经验来看，通常选择在与大城市有一定距离的乡村地区，有小城镇和村落分布，但人口不会太密集，同时也具备一定基础设施条件。

5）已有基础

已有基础包括实验场区域定位基准参考站点，已有控制点的数量及分布，以及已有遥感影像、地形图及其他基础数据等，对实验场建设的进度、成本等有一定影响。

2. 实验场面积要求

不同传感器对检校场面积的要求不同，面积条件与传感器的幅宽有关。显然，航空定标实验场对面积的要求不高，从已有实验场的建设情况看，面积通常在 1km×1km～10km×10km 如德国 Vaihingen/Enz 实验场面积约 7.5km×4.7km，挪威 Fredrikstad 实验场面积为 5km×6km，山西太原实验场面积为 2.4km×2.4km。而星载传感器的幅宽较大，对实验场面积要求较高，同时由于星上可能搭载多个传感器（如三线阵前视、下视、后视相机和多光谱相机），需要进行单传感器定标和多传感器联合定标，因此专用实验场的宽度和长度应根据目标传感器的定标要求进行设置，一般实验场应满足当前主流传感器定标的面积要求。

实验场的宽度是指垂直于轨道方向的地面跨度。对仅用于单传感器定标的实验场而言，宽度设置主要考虑单传感器的有效覆盖跨度，适量顾及卫星指向精度、轨道漂移等因素，通常应不低于单景覆盖宽度；对多传感器而言，在单传感器有效覆盖的基础上，还应顾及前后视相机有效立体重叠区域的偏差，适量增大横向跨度。实验场的长度是指沿轨道方向的地面跨度，由于定标要求的不同，在设置上相对灵活，范围差别较大。如果实验场仅用于成像传感器定标，考虑内定向误差参数的最终标定值建立在多次重复观测的基础上，因此沿轨道方向需要有一定的长度，参考国外内定向元素检校对实验场的要求，沿轨道方向的长度通常不小于幅宽。如果实验场用于多传感器联合定标，定标通常需要获取某时间段前、下、后视相机同时获取的三视影像，因此实验场的长度应能满足要求，由于前、后视相机会有一定的倾角，同时成像时对应地面的跨度比较大，通常在几百公里以上，若条件所限无法做到连续，一种比较灵活的方法在沿同一轨方向上按三视相机成像地面间隔分别设定一块实验场，每一块的长度满足定标要求即可，一般小于单景影像的覆盖跨度。

3. 地面控制点布设要求

地面控制点布设主要考虑数量、分布及精度要求。通常在定标过程中，一定范围内，较多的像控点对标定参数的解算及提高标定结果的可靠性是有利的，但地面控制点的布设及维护工作量巨大，因此地面控制点的数量应以满足传感器定标需求为准，而非越多越好。地面控制点的数量及密度与区域范围、待标定传感器获取影像的分辨率有关，而在分布上除特殊要求外，均匀分布是比较合理的方案。

从目前应用情况看，航空定标实验场范围小、获取的影像分辨率高，因此地面控制点标识多采用人工制作、永久固化的方式，如水泥浇筑、埋石或采用其他材质。除固定布设外，还可制作一些移动靶标，在有定标任务时临时铺设以满足在数量、分布及密度上的不同要求，具有较大的灵活性，但应预先测量靶标布设点空间位置并设置识别标识。地面控制点在布设时可以固定间隔布设，密集均匀分布。为满足不同比例尺范围的定标要求，同一实验场内可以设定不同的地面控制点间距，通常整体以较大间距布设，而从边角或中心选择一块区域加密布设地面控制点。相比之下，航天定标实验场的范围广、获取影像的分辨率相对较小，地面控制点的选取应主要以人工或者自然地物为标志，如道路交叉口、田间地头等，在位置选取上受到较大限制，因此难以做到整区域内的均匀分布，但应尽力做到分布合理。

高精度的地面控制网是进行传感器几何标定的前提和基准，因此实验场地面控制点的精度必须满足定标要求。显然，地面控制点的精度与遥感影像的空间分辨率有关，为满足不同类型传感器几何定标的需求，应以可能获取的最高分辨率的遥感影像进行计算。有研究表明，定标实验场地面控制点的精度在一般情况下应优于待检校传感器获取影像地面分辨率的 1/3，最理想情况下平面精度应优于待定标传感器获取影像地面分辨率的 1/18，高程精度应优于待定标传感器获取影像地面分辨率的 1/6。从当前测绘需求来看，航空遥感影像的几何分辨率一般为 5～50cm，高分辨率航天遥感影像的几何分辨率一般为 0.5～10m。据此推算，在一般情况下，航空定标实验场地面控制点精度为 1.5～2cm，航天定标实验场地面控制点精度为 15～20cm；而在较理想情况下，航空定标实验场地面控制点平面精度应为 2.5～3mm，高程精度应为 1cm 左右，航天定标实验场地面控制点平面精度应为 2.5～3cm，高程精度应为 10cm 左右。

6.2.2 实验场建设的主要步骤

借鉴国内外遥感定标实验场建设的主要经验和嵩山摄影测量与遥感定标综合实验场的具体实践，定标实验场的建设主要包括以下几个阶段。

1）需求分析阶段

从传感器几何定标的原理出发，明确实验场建设的目标和任务，提出实验场建设的原则和要求。

2）实验场选址阶段

（1）收集国内外现有传感器定标实验场的资料，分析和借鉴相关经验，结合国内实际情况，确定实验场选址的主要原则和建设内容。

（2）收集相关地区地形、地貌、地质、气象、植被、交通等方面的数据、资料和信息，按选址原则进行定标实验场的选取。

（3）经实地观测和野外考察，进行综合分析，最终确定地理位置及范围。

3）实验场建设阶段

（1）收集和购买所选区域的各种地形图、航空航天遥感影像、地面控制资料、高精度气象数据等，并对实地进行反复踏勘，确定定标实验场建设的总体方案。

（2）进行定标实验场基础设施建设，解决野外工作、数据通信、人员交通等问题；进行地面控制点的选取、埋石工作；完成各种固定和移动标志的制作与布设。

（3）进行定标实验场高精度控制测量；获取实验场区域内高分辨率遥感立体影像，进行高精度数字高程模型、数字正射影像、大比例尺数字地形图测绘。

（4）建立定标实验场信息管理系统和数据检校测试平台。

4）运营与维护阶段

实现定标实验场的管理维护和业务运行。

6.3 嵩山摄影测量与遥感定标综合实验场的设计与建设

6.3.1 实验场选址与布局

嵩山摄影测量与遥感定标综合实验场选址在河南登封嵩山地区，位于洛阳与郑州之间，目前总体范围约 8000km²，区域内海拔在 100～1500m，平均海拔约 500m，最高点海拔为 1491.73m。实验场在选址过程中，综合考虑了气候条件、地形地貌、人文环境、交通、已有基础等诸多方面，兼顾遥感测绘的严格技术要求、有利于长期维持大范围野外控制网设施及便于开展全方位应用研究等因素，并经过多次实地观测和野外考察，以确定最适宜的实验场址。

实验场区域气候条件半年少雨，主要地貌类别齐全，涵盖平原、丘陵、山地等，黄河及大小多个水库分布其间。纵横铁路干线（含高铁）、高速公路网、国道、通信干线、各种管网类别具有代表性，大中城市均包括其间。该区域地处我国中部，气候特点具有一定代表性，获取高质量光学遥感影像的有效时间较有保证。同时，区域内建设的野外实习实验基地，累积的实验场区域近 20 年的航空摄影资料、地面调绘资料，以及收集的多年气象观测资料，可为变化监测和分析评估提供参考。

6.3.2 实验场的基本组成

整个实验场区域包括航空定标实验场、摄影测量与遥感定标综合实验场和航天定标实验场 3 个部分。航空定标实验场主要用于各种航空相机或传感器的鉴定，摄影测量与遥感定标综合实验场主要用于航测与遥感定标综合实验，而航天定标实验场主要用于航天遥感定标与测试。

1. 航空定标实验场

实验场面积近 100km²，分级布设了 214 个永久性高精度控制点，为了满足不同比例尺的需求，适用多种传感器的定标和性能测试，按照控制点间距共分了 3 个等级布设，如图 6.9（a）所示，黄色三角形区域面积为 3km×3km，控制点间距为 300m；绿色三角形区域面积为 5km×5km，控制点间距为 500m；红色三角形区域面积为 8km×8km，控制点间距为 1000m。

考虑不同类型遥感数据的检验需求，控制点标石采用 0.4m×0.4m 和 1m×1m 两种规格，其中尺寸为 0.4m×0.4m 的埋石只在 3km×3km 区域内埋设。埋石采用混凝土现场浇筑，深 1.5m，标石中心均为 6cm 圆形不锈钢标志，表面全部用红白油漆涂成对称三角形图案，顶部相交为点位中心，如图 6.9（b）所示。为了对传感器进行分辨率检校与辐射检校，实验场内还布设了一定数量的可移动标志。用于分辨率检校的标志有两种类型，一种是星形靶标，直径为 13m；另一种为条形靶标，宽度从 4cm 递增到 80cm。

地面控制点平面坐标利用 GPS 静态测量，高程坐标利用三等水准测量，平面精度优于 2mm，高程精度优于 1cm。图 6.10 分别为 525m、1000m、2500m 三种航高下两种规格地面控制点实际航飞影像，1m×1m 地面控制点在三种航高下点位清晰可见。

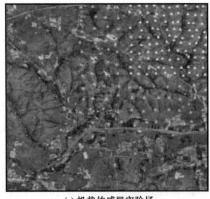

(a) 机载传感器实验场　　　　　　　　　(b) 控制点埋石

图 6.9　嵩山摄影测量与遥感定标综合实验场及场内参照目标

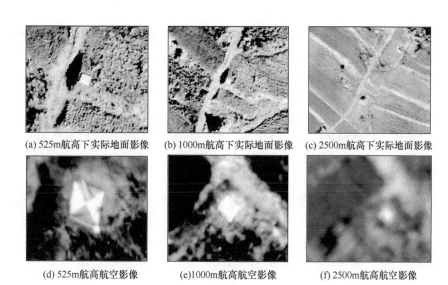

(a) 525m航高下实际地面影像　(b) 1000m航高下实际地面影像　(c) 2500m航高下实际地面影像

(d) 525m航高航空影像　　　(e)1000m航高航空影像　　　(f) 2500m航高航空影像

图 6.10　1m×1m 地面控制点在 525m、1000m、2500m 三个航高航空影像

2. 摄影测量与遥感定标综合实验场

在航空定标实验场的基础上，摄影测量与遥感定标综合实验场测区近 1000km², 主要用于航测与遥感定标综合实验。首次共布设 47 个像控点，后期不断更新补充，以自然、人工地物为标志，平面精度优于 1cm，高程精度优于 1cm；并有几种不同的用于空间分辨率检测与辐射定标的永久和移动性地面标志。

3. 航天定标实验场

目前，航天定标实验场区域面积约 8000km²，实验场内首次共布设 69 个高精度控制点，后期不断更新补充，以自然、人工地物为标志，平面精度为 0.1m，高程精度为 0.2m。由航空定标实验场、摄影测量与遥感定标综合实验场和航天定标实验场所有的地面控制点构成了三个层次和等级的三维控制点网（图 6.11），覆盖了整个嵩山摄影测量与遥感定标综合实验场。

图 6.11　航天定标实验场地面控制点选取示意图

6.3.3　实验场基础数据建设

1. 高精度、高分辨率本底基础数据

采用 ADS40、DMC 数字航测相机进行全区域高分辨率航空立体摄影以及 ALS50 机

载激光雷达三维测量数据，包括航高 3000m、1000m、600m 的 ADS40 影像数据，航高 2500m、1000m、525m 的 DMC 影像数据，以及航高 2000m、1000m 的 ALS50 LIDAR 数据。2011 年 4 月，在航空定标实验场利用 ADS40 数字航测相机进行 12cm 分辨率的检定飞行，并进行大区域 2000m 航高的航空摄影，后又利用测量无人机获取部分区域 3～5cm 分辨率的超高分辨率低空遥感影像。经数字摄影测量处理分别得到相应范围的数字表面模型、数字高程模型和数字正射影像，为后续的遥感应用分析提供数据支撑。

2. 多源卫星遥感数据基础

信息工程大学遥感卫星地面站连续多年对实验场区域接收的多颗国外卫星的影像数据；购买了部分 ALOS、SPOT-5 等国外高分辨率遥感卫星影像数据；通过申领等方式获取了我国资源卫星 CBERS-02B 和 CBERS-02C、立体测绘卫星资源三号和天绘一号，以及高分一号、高分二号等高分系列卫星所提供的本地区遥感影像数据。

3. 历史资料

实验场区域近 20 年航空摄影资料、地面调绘资料积累，以及收集的多年气象观测资料，为变化监测和分析评估提供参考。

参 考 文 献

Gachet R. 2004. SPOT5 In-Flight Commissioning：Inner Orientation Of HRG and HRS Instruments. Turkey：ISPRS Congress Istanbul.

Gruen A，Murai S，Baltsavias E，et al. 2008. Investigations on the ALOS/PRISM and AVNIR-2 Sensor Models and Products Calibration and Validation of Early ALOS/PRISM Images. PI Interim Report to JAXA.

Honkavaara E，Peltoniemi J，Ahokas E，et al. 2008. A permanent test field for digital photogrammetric systems. Photogrammetric Engineering & Remote Sensing，74（1）：95-106.

Kocaman S，Gruen A. 2007. Orientation and Calibration of ALOS/PRISM Imagery. Hanover：High-Resolution Earth Imaging for Geospatial Information，Proceedings of ISPRS Hannover Workshop 2007.

Kocaman S，Gruen A. 2008. Geometric Modeling and Validation of ALOS/PRISM Imagery and Products. Beijing：21st ISPRS Congress，International Archives of the Photogrammetry，Remote Sensing and Spatial Information Sciences，Vol. XXXVII. Part B1：731-738.

Saunier S，Collet B，Mambimba A. 2008. New Third Party Mission，Quality Assessment Kompsat-2 Mission，GAEL-P232-DOC-005.

Saunier S，Santer R，Goryl P，et al. 2007. The Contribution of the European Space Agency to the ALOS PRISM / AVNIR-2 Commissioning Phase. Barcelona，Spain：IGARSS 2007.

Tadono T，Shimada M，Iwata T，et al. 2007. Accuracy Assessment of Geolocation Determination for PRISM and AVNIR-2 onboard ALOS. Zurich：Proceedings of the 8th Conference on "Optical 3D Measurement Techniques"，Vol. I：214-222.

第7章　机载线阵传感器影像几何定位

受气流和航摄飞机运动的影响，机载线阵传感器在推扫成像时，各扫描轨迹在地面上相互不平行，获取的原始影像会产生不同程度的扭曲变形，影响影像解译及后续其他应用，因此必须通过几何校正的方式来消除几何畸变。同时，通过集成 GPS/IMU 系统，机载三线阵传感器可在航空摄影的同时获取前、下、后视三个影像条带，原始 GPS/IMU 观测数据经后处理，可为每条线阵列影像提供外方位元素，理论上可直接确定地面坐标而无需地面控制。GPS/IMU 辅助光束法平差是在少量地面控制的支持下，将 GPS/IMU 数据经处理后作为带权观测值纳入区域网平差的联合解算中，在解算加密点坐标的同时可进一步精化外方位元素，相比直接定位具有更高的定位精度和更好的稳定性。

7.1　传感器严格成像模型构建

7.1.1　空间坐标系定义

1. 焦平面坐标系（p 系）

ADS40 的焦平面坐标系是以下视线阵的中心（接近下视线阵的第 6000 个像元处）为原点，前视方向为 x 轴方向，y 轴向上的二维直角坐标系。在 ADS40 焦平面板上共有 5 个波段 10 条 CCD 线阵，Leica 公司提供了每条 CCD 线阵中 12000 个像元的焦平面坐标。

2. 影像坐标系（i 系）

影像坐标系是以影像的左上角为原点，沿飞行方向为 y 轴（或称行方向），垂直于飞行方向为 x 轴（或称列方向）的二维直角坐标系，单位为像素。例如，对于 ADS40 来说，单条线阵含 12000 个像元，因此 x 取值在 $1 \sim 12000$。

3. 传感器坐标系（c 系）

如图 7.1 所示，传感器坐标系的原点位于传感器的投影中心，x 轴指向飞行方向，y 轴平行于 CCD/CMOS 阵列方向，z 轴向上，y 轴与 x、z 轴构成右手坐标系，可将其看作摄影测量中的像空间坐标系。

4. IMU 载体坐标系（b 系）

载体坐标系有不同的定义方法，本书采用的载体坐标系的原点位于 IMU 的几何中心，坐标轴为 IMU 的 3 个惯性轴。IMU 安装在 ADS40 的焦平面上，与相机之间采用刚性连接，具有固定的相对关系。

5. 导航坐标系（n 系）

导航坐标系又称当地水平坐标系，是以地球椭球面、法线为基准面和基准线建立的局部空间直角坐标系。其原点位于飞行器中心，x 轴沿参考椭球子午圈方向并指向北，y 轴沿参考椭球卯酉圈方向并指向东，z 轴沿法线方向并指向天底，因此又称北东地坐标系（图 7.2）。在机载 GPS/IMU 系统中，进行卡尔曼滤波得到的高精度导航结果，主要包括 IMU 中心的 WGS84 大地坐标 (B,L,H) 以及 IMU 载体坐标系 b-xyz 在导航坐标系 n-xyz 中的航偏角、俯仰角和侧滚角（heading，pitch，roll，HPR）等信息。根据航空标准 ARINC 705 的约定，HPR 角元素系统的定义为：侧滚角 Φ 是载体坐标系 y 轴与水平线的夹角，右翼朝下为正；俯仰角 Θ 为 IMU 载体坐标系 x 轴与水平线的夹角，机头朝上为正；航偏角 Ψ 是在水平面内，载体坐标系 x 轴与北方向之间的夹角，右偏为正，如图 7.3 所示。

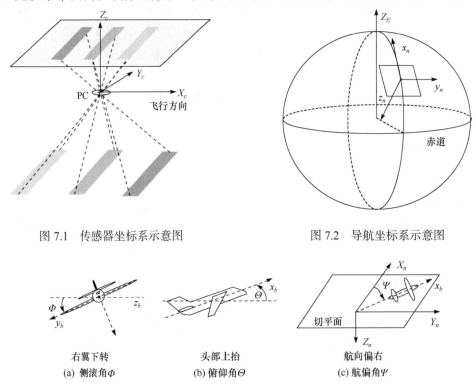

图 7.1　传感器坐标系示意图　　　　图 7.2　导航坐标系示意图

图 7.3　HPR 角元素系统定义

6. 地心地固坐标系（e 系）

地球极移导致瞬时地心直角坐标系在地球中的指向不断变化，因此需要在一系列瞬时地心坐标系中找到一个特殊的地心坐标系，使其 Z 轴指向某一固定的基准点，它随同地球自转，但坐标轴在地球体中的指向不随时间变化。国际天文学联合会和国际大地测量学协会定义了这个地极基准点并称其为国际协议原点（conventional international origin，CIO），实际应用中普遍采用国际协议原点作为协议地极（conventional terrestrial pole，CTP）（王惠南，2003）。如图 7.4 所示，Z 轴指向国际协议原点，与之相对应的地球赤道面被称为平赤道面或协议赤道面，X 轴指向协议赤道面与格林尼治子午线的交点，Y

轴在协议赤道面内与之形成右手的坐标系被称为协议地球坐标系（conventional terrestrial system，CTS），它是与地球固联的地心地固坐标系（earth centered earth fixed，ECEF）。该坐标系在测量领域应用非常广泛，通常采用 WGS84 椭球为基准椭球。GPS 定位所采用的坐标系是由测轨跟踪站及其坐标值所定义的地心地固坐标系。

7. 切面直角坐标系（m 系）

切面直角坐标系为用户定义的局部右手坐标系，多用于摄影测量平差，可将其看作摄影测量中的地辅坐标系。如图 7.5 所示，切面直角坐标系的原点 P_0 一般位于测区中央某点上，Z 轴沿法线方向指向椭球外，Y 轴在 P_0 点的大地子午面内与 Z 轴正交且指向北，X 轴与 Y 轴、Z 轴构成右手坐标系（钱曾波等，1992），一些摄影测量软件称之为局部空间直角坐标系（local space rectangular，LSR）。

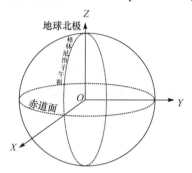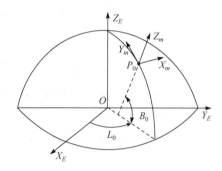

图 7.4　地心地固坐标系示意图　　　图 7.5　切面直角坐标系示意图

7.1.2　外方位元素转换

1. 外方位元素的定义

影像外方位元素用来确定影像或摄影光束在摄影瞬间的空间位置和姿态，其中线元素用于描述透视中心 S 在物方坐标系中的位置，角元素用于描述像空间坐标系相对于物方坐标系中的空中姿态。角方位元素一般通过 3 个独立的角（欧拉角）来描述，并通过右手螺旋定则确定旋转的正方向。国际上常采用的摄影测量角元素系统主要有两种（王之卓，2007）：一种是 ω-φ-κ（OPK）系统，这是国际摄影测量与遥感学会推荐采用的角元素系统，以 X 轴为第一旋转轴，Y 轴为第二旋转轴，Z 轴为第三旋转轴。该系统应用最为广泛，是许多商业软件采用的或缺省的角元素系统，如 PAT-B、LPS、ORIMA、SOCET SET 等，ADS40 影像数据也采用 ω-φ-κ 系统。另一种是 φ-ω-κ 系统，这是我国常采用的角元素系统，它是以 Y 轴为第一旋转轴，X 轴为第二旋转轴，Z 轴为第三旋转轴。其中，ω 和 κ 定义为正向旋转，而 φ 定义为从 Y 轴正方向看顺时针为正，即负向旋转。

2. 外方位角元素的转换

外方位元素中的 3 个角元素 (ω,φ,κ) 表示物方坐标系（切面直角坐标系）m-XYZ 到像空间坐标系 c-xyz（传感器坐标系）之间的角方位，而 GPS/IMU 直接获取的是 IMU 载体坐标系在导航坐标系中的航偏、俯仰和侧滚角，显然不能直接将其作为摄影测量的外方位角元素，必须经过坐标系的转换，主要过程如下。

1）由传感器坐标系（c 系）转换到 IMU 载体坐标系（b 系），转换矩阵记为 $\boldsymbol{R}_c^b$

$\boldsymbol{R}_c^b$ 的确定取决于 IMU 和成像传感器之间固定的视轴偏心角 (e_x, e_y, e_z)。设 IMU 载体坐标系（b）经过以下三步旋转后，坐标轴与相机坐标系（c）一致：①将 IMU 载体坐标系绕 x_b 轴逆时针旋转 e_x 角；②将经过一次旋转后的 y_b 轴逆时针旋转 e_y 角；③将经过两次旋转后的 z_b 轴逆时针旋转 e_z 角，则 $\boldsymbol{R}_c^b$ 可表示为

$$\boldsymbol{R}_c^b = \boldsymbol{R}_{\text{MIS}}(e_x, e_y, e_z) = \begin{bmatrix} 1 & 0 & 0 \\ 0 & \cos e_x & -\sin e_x \\ 0 & \sin e_x & \cos e_x \end{bmatrix} \begin{bmatrix} \cos e_y & 0 & \sin e_y \\ 0 & 1 & 0 \\ -\sin e_y & 0 & \cos e_y \end{bmatrix} \begin{bmatrix} \cos e_z & -\sin e_z & 0 \\ \sin e_z & \cos e_z & 0 \\ 0 & 0 & 1 \end{bmatrix}$$

$$(7.1)$$

2）由 IMU 载体坐标系（b 系）转换到导航坐标系（n 系），转换矩阵记为 $\boldsymbol{R}_b^n$

由导航坐标系 n-xyz 到 IMU 载体坐标系 b-xyz 的旋转矩阵 $\boldsymbol{R}_b^n$ 由 IMU 姿态角（航偏角 Ψ、俯仰角 Θ、侧滚角 Φ）形成，即

$$\boldsymbol{R}_b^n = \boldsymbol{R}_Z(\Psi) \cdot \boldsymbol{R}_Y(\Theta) \cdot \boldsymbol{R}_X(\Phi)$$

$$= \begin{bmatrix} \cos\Psi & -\sin\Psi & 0 \\ \sin\Psi & \cos\Psi & 0 \\ 0 & 0 & 1 \end{bmatrix} \begin{bmatrix} \cos\Theta & 0 & \sin\Theta \\ 0 & 1 & 0 \\ -\sin\Theta & 0 & \cos\Theta \end{bmatrix} \begin{bmatrix} 1 & 0 & 0 \\ 0 & \cos\Phi & -\sin\Phi \\ 0 & \sin\Phi & \cos\Phi \end{bmatrix} \quad (7.2)$$

3）由导航坐标系（n 系）转换到地心地固坐标系（e 系），转换矩阵记为 $\boldsymbol{R}_n^e$

将地心地固坐标系 e-XYZ 旋转到导航坐标系 n-xyz 需经过以下两个步骤：

（1）将地心地固坐标系 e-XYZ 绕其 Z_E 轴逆时针旋转 L 度；

（2）绕经过一次旋转后的 Y_e 轴顺时针旋转（90+B）度。由此构成的旋转矩阵为

$$\boldsymbol{R}_n^e = \begin{bmatrix} \cos L & -\sin L & 0 \\ \sin L & \cos L & 0 \\ 0 & 0 & 1 \end{bmatrix} \begin{bmatrix} \cos(90+B) & 0 & -\sin(90+B) \\ 0 & 1 & 0 \\ \sin(90+B) & 0 & \cos(90+B) \end{bmatrix}$$

$$= \begin{bmatrix} -\sin B \cos L & -\sin L & -\cos B \cos L \\ -\sin B \sin L & \cos L & -\cos B \sin L \\ \cos B & 0 & -\sin B \end{bmatrix} \quad (7.3)$$

式中，L、B 为成像瞬间 IMU 中心的经度和纬度，由 GPS/IMU 数据的后处理得到。

4）由地心地固坐标系（e 系）转换到切面直角坐标系（m 系），转换矩阵记为 $\boldsymbol{R}_e^m$

设切面直角坐标系的原点选择为测区中央，其地心大地坐标为 $(B_0, L_0, 0)$，则切面直角坐标系（m）到地心地固坐标系（e）的旋转矩阵 $\boldsymbol{R}_e^m$ 可表示为

$$\boldsymbol{R}_e^m = \begin{bmatrix} 1 & 0 & 0 \\ 0 & \cos(\pi/2 - B_0) & \sin(\pi/2 - B_0) \\ 0 & -\sin(\pi/2 - B_0) & \cos(\pi/2 - B_0) \end{bmatrix} \begin{bmatrix} \cos(\pi/2 + L_0) & \sin(\pi/2 + L_0) & 0 \\ -\sin(\pi/2 + L_0) & \cos(\pi/2 + L_0) & 0 \\ 0 & 0 & 1 \end{bmatrix} \quad (7.4)$$

$$= \begin{bmatrix} -\sin L_0 & \cos L_0 & 0 \\ -\cos L_0 \sin B_0 & -\sin L_0 \sin B_0 & \cos B_0 \\ \cos L_0 \cos B_0 & \sin L_0 \cos B_0 & \sin B_0 \end{bmatrix}$$

综合以上步骤，可得物方坐标系（m）到相机坐标系（c）的旋转矩阵 $\boldsymbol{R}_c^m(\omega, \varphi, \kappa)$ 为

$$\boldsymbol{R}_c^m(\omega, \varphi, \kappa) = \boldsymbol{R}_e^m(B_0, L_0) R_n^e(B, L) \boldsymbol{R}_b^n(\Psi, \Theta, \Phi) \boldsymbol{R}_c^b(e_x, e_y, e_z) \quad (7.5)$$

以上采取的是分步骤转换的方法，另一种途径是将物方坐标系 $S\text{-}XYZ$（m）直接旋转与相机坐标系 $S\text{-}xyz$（c）重合，若采用 $\omega\text{-}\varphi\text{-}\kappa$ 系统，则将依次绕 $X\text{-}Y\text{-}Z$ 轴连续旋转 ω、φ、κ 角，由此构成的旋转矩阵为

$$\boldsymbol{R}_c^m(\omega, \varphi, \kappa) = \boldsymbol{R}(\omega) \boldsymbol{R}(\varphi) \boldsymbol{R}(\kappa) \quad (7.6)$$

依据式（7.5），如果确定出旋转矩阵 $\boldsymbol{R}_e^m$、$\boldsymbol{R}_n^e$、$\boldsymbol{R}_b^n$、$\boldsymbol{R}_c^b$，即可求得 $\boldsymbol{R}_c^m(\omega, \varphi, \kappa)$。若令

$$\boldsymbol{R}_c^m(\omega, \varphi, \kappa) = \begin{pmatrix} a_1 & a_2 & a_3 \\ b_1 & b_2 & b_3 \\ c_1 & c_2 & c_3 \end{pmatrix} \quad (7.7)$$

则当采用 $\omega\text{-}\varphi\text{-}\kappa$ 系统时，可根据 $\boldsymbol{R}_c^m(\omega, \varphi, \kappa)$ 计算出外方位角元素 $(\omega, \varphi, \kappa)$：

$$\begin{cases} \omega = -\arctan\left(\dfrac{b_3}{c_3}\right) \\ \varphi = \arcsin(a_3) \\ \kappa = -\arctan\left(\dfrac{a_2}{a_1}\right) \end{cases} \quad (7.8)$$

3. 外方位线元素的转换

线元素的转换是确定传感器镜头透视中心在物方坐标系 m 中的坐标 (X_S, Y_S, Z_S)。在机载 POS 中，IMU 与 GPS 数据经卡尔曼滤波处理后，已将 GPS 观测值归算到 IMU 几何中心，即此时得到的线元素为 IMU 载体坐标系原点在地心地固坐标系中的坐标，记为 $(X_{\text{IMU}}, Y_{\text{IMU}}, Z_{\text{IMU}})$，不等同于真正意义上的外方位线元素 (X_S, Y_S, Z_S)。由于 IMU 几何中心与透视中心不可能重合，设透视中心在 IMU 载体坐标系 b 中的偏心矢量为 (x_l, y_l, z_l)，则 (X_S, Y_S, Z_S) 可利用下式计算：

$$\begin{bmatrix} X_S \\ Y_S \\ Z_S \end{bmatrix} = \boldsymbol{R}_e^m \left(\begin{bmatrix} X_{\text{IMU}} \\ Y_{\text{IMU}} \\ Z_{\text{IMU}} \end{bmatrix}^e + \boldsymbol{R}_n^e \boldsymbol{R}_b^n(\Psi, \Theta, \Phi) \begin{bmatrix} x_l \\ y_l \\ z_l \end{bmatrix}^b - \begin{bmatrix} X_0 \\ Y_0 \\ Z_0 \end{bmatrix} \right) \quad (7.9)$$

式中，(X_0, Y_0, Z_0) 为物方坐标系原点相应的地心地固坐标；IMU 偏心矢量 (x_l, y_l, z_l) 可通

过地面手段测量得到,也可作为平差未知数在空中三角测量过程中联合求解得到(刘军,2007)。

7.1.3　几何成像模型构建

　　线阵传感器采用推扫式成像,每一个采样瞬间获得的扫描行影像与被摄物体之间具有严格的中心投影关系,即行中心投影,且各自对应自己的一组外方位元素。若以飞行方向为 x 方向、以扫描行方向为 y 方向建立瞬时像平面坐标系,则瞬时构像方程为

$$\begin{bmatrix} x \\ y \\ -f \end{bmatrix} = \frac{1}{\lambda} \boldsymbol{R}^{\mathrm{T}} \begin{bmatrix} X - X_{Si} \\ Y - Y_{Si} \\ Z - Z_{Si} \end{bmatrix} \tag{7.10}$$

　　用式(7.10)的前两式去除第三式,消除比例因子 λ ,得

$$\begin{cases} x = -f \dfrac{a_1(X-X_{Si}) + b_1(Y-Y_{Si}) + c_1(Z-Z_{Si})}{a_3(X-X_{Si}) + b_3(Y-Y_{Si}) + c_3(Z-Z_{Si})} \\ y = -f \dfrac{a_2(X-X_{Si}) + b_2(Y-Y_{Si}) + c_2(Z-Z_{Si})}{a_3(X-X_{Si}) + b_3(Y-Y_{Si}) + c_3(Z-Z_{Si})} \end{cases} \tag{7.11}$$

式中,(x,y) 为像点在瞬时像平面坐标系中的坐标。对于某时刻线阵传感器获取的影像,所有像点的 x 坐标都是相同的,下视影像的 x 坐标为 0。对于 ADS40 影像来说,ADS40 所附带的相机文件中记录了各条 CCD 线阵上每个 CCD 像元中心在焦平面坐标系中的坐标,(x,y) 可直接从相机文件中查询得到。(X,Y,Z) 为某 CCD 像元对应的地面成像点 $P(X,Y,Z)$ 的物方空间坐标;$(X_{Si},Y_{Si},Z_{Si},\omega_i,\varphi_i,\kappa_i)$ 为第 i 扫描行的外方位元素;$\boldsymbol{R}$ 是由角元素构成的旋转矩阵;a_i、b_i、$c_i(i=1,2,3)$ 是 $\boldsymbol{R}$ 中的元素。本书采用 ω-φ-κ 角元素系统构建旋转矩阵。

7.2　机载线阵影像几何校正

　　机载线阵影像的几何校正是将原始影像(L0)的每个像点投影到指定高度的平面上(一般采用测区的平均高程面),之后根据 L0 影像的地面分辨率进行灰度重采样,消除因外方位元素的不平稳变化产生的扭曲变形,生成可进行立体观测和匹配的校正影像(L1)。其关键是要解决 L0 像点与 L1 像点之间的映射问题。

　　几何校正的过程类似于正射纠正,区别仅在于正射纠正需要描述地面真实起伏状况的数字高程模型支持,而此时尚无可用的数字高程模型,因此将起伏的地面简化为平均高程面处理。几何校正采用的坐标变换函数为共线条件方程。

7.2.1　校正影像的参数计算

　　校正影像(L1 影像)的范围可通过将 L0 影像的四边投影到校正平面上得到。如图 7.6 所示,将图 7.6(a)所示的原始影像,即矩形窗口 abcd 依据成像关系投影到校正平面上,得到图 7.6(b)中的 ABCD 区域。

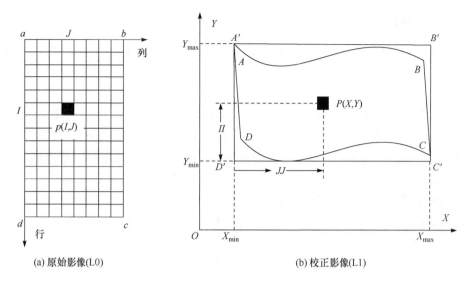

(a) 原始影像(L0)   (b) 校正影像(L1)

图 7.6　校正影像（L1）覆盖范围计算

投影计算采用的坐标变换函数为反解形式的共线条件方程，即

$$\begin{cases} X = X_S + (Z_0 - Z_S)\dfrac{a_1 x + a_2 y - a_3 f}{c_1 x + c_2 y - c_3 f} \\ Y = Y_S + (Z_0 - Z_S)\dfrac{b_1 x + b_2 y - b_3 f}{c_1 x + c_2 y - c_3 f} \end{cases}$$ （7.12）

式中，Z_0 为用户指定的校正高度。由于线阵传感器的成像特性，投影后的窗口变成不规则的几何形状。

通过比较 $ABCD$ 区域边界的平面坐标，可得到 L1 影像的地面覆盖范围，即 $[X_{\min}\ X_{\max}]$ 和 $[Y_{\min}\ Y_{\max}]$，如果 L1 影像仍采用原始影像的地面分辨率，则可计算出其宽度和高度：

$$\begin{cases} \text{WIDTH} = \text{int}\left(\dfrac{X_{\max} - X_{\min}}{\text{GSD}} + 0.5\right) \\ \text{HEIGHT} = \text{int}\left(\dfrac{Y_{\max} - Y_{\min}}{\text{GSD}} + 0.5\right) \end{cases}$$ （7.13）

式中，GSD 为原始影像的地面采样间隔，即地面像元的空间分辨率。如果飞机相对于平均地面的高度为 H，传感器镜头的焦距为 f，CCD/CMOS 探测器件的物理尺寸为 ps，则 GSD 的计算公式为

$$\text{GSD} = \text{ps}\frac{H}{f}$$ （7.14）

几何校正过程中生成的 $X_{\min}$、$Y_{\min}$、HEIGHT、WIDTH 及 GSD 是 L1 影像的关键参数，在校正过程中需要将其写入 L1 影像相应的辅助信息文件中。针对更一般的情况，如果航线不是沿着南北方向，此时还需要利用平均航偏角 α 将校正影像进一步变换到东西方向，以便进行立体观测，此时 α 也成为 L1 影像的关键参数。

7.2.2 灰度重采样

根据灰度重采样方法的不同,可将几何校正分为直接法几何校正和间接法几何校正。

1. 直接法几何校正

直接法几何校正是从原始影像像点 $p(I,J)$ 出发,计算其对应的地面点坐标 $P(X,Y,Z)$,并将像点 $p(I,J)$ 的灰度值赋给校正影像像点 $P(X,Y,Z)$。直接法几何校正的坐标变换函数为式(7.12)所示共线条件方程的反解形式,其中的外方位元素可根据像点 p 的扫描行号 I 直接在 GPS/IMU 定向数据文件中取得,像点 $p(I,J)$ 对应的焦平面坐标 (x,y),可利用其列号 J 在相机检校文件中内插得到。

根据地面点 P 的平面坐标 (X,Y),可确定其在 L1 影像上的像素坐标 (II,JJ):

$$\begin{cases} II = \dfrac{Y - Y_{\min}}{\text{GSD}} \\ JJ = \dfrac{X - X_{\min}}{\text{GSD}} \end{cases} \tag{7.15}$$

按照式(7.15)计算出的 L1 像点坐标 (II,JJ) 一般不是整数值,所以 L1 影像上整数像点位置的灰度值必须通过内插得到。由于直接计算出的校正影像像点坐标排列不规则,采用常规的重采样方法面临着巨大的搜索量,校正效率很低。本书采用按照面积进行灰度加权分配的方法。

如图 7.7 所示,如果原始影像上的像点 p 所计算出的地面点 P 位于校正影像的 4 个像元 A、B、C、D 之间,则可认为像点 p 是 A、B、C、D 共同作用的结果,因此将像点 p 的灰度值按照 P 位于像元 A、B、C、D 中的面积进行分配,如图中分配给像元 B 的灰度比例为 $w = dx \times dy$。

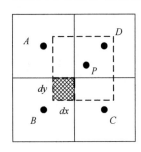

图 7.7　灰度面积加权分配示意图

2. 间接法几何校正

间接法几何校正根据 L1 影像像点 P 的坐标 (X,Y,Z),反求其在原始影像上的像点 $p(I,J)$,并将 p 的灰度值赋给 P。间接法几何校正的坐标变换函数采用共线条件方程:

$$\begin{cases} x = -f\dfrac{a_1(X - X_S) + b_1(Y - Y_S) + c_1(Z - Z_S)}{a_3(X - X_S) + b_3(Y - Y_S) + c_3(Z - Z_S)} \\ y = -f\dfrac{a_2(X - X_S) + b_2(Y - Y_S) + c_2(Z - Z_S)}{a_3(X - X_S) + b_3(Y - Y_S) + c_3(Z - Z_S)} \end{cases} \tag{7.16}$$

同样地,按照式(7.16)计算出的像点坐标一般也不是整数值,也必须进行灰度重采样。原始影像是规则排列的,因此重采样过程较直接法几何校正简单,常用的方法有最临近点法、双线性内插法、双三次卷积法等。

7.2.3　实例与分析

将 PHI 影像及 POS/AV 510 系统同步采集的行方位数据作为实验资料。PHI 是由中国科学院上海技术物理研究所研制的高光谱成像仪,其各波段均采用线阵推扫成像,在 1000m 航高下相应的地面分辨率为 0.6m。图 7.8 是 PHI 获取的常州洪庄机场影像,共 650 条扫描行,图 7.9 是 POS 系统同步获取的各扫描行的姿态参数记录曲线图。从图 7.8 可明显看出原始影像存在严重的扭曲,判读性能很差。

图 7.8　常州洪庄机场 PHI 影像

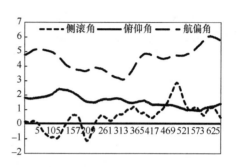

图 7.9　PHI 姿态变化曲线图

从图 7.9 可进一步分析成像期间传感器的姿态变化情况。PHI 传感器每个扫描行的积分时间为 0.02s,获取图 7.8 中的影像用时 13s,从图 7.9 可知在这 13s 内传感器航偏角先减小后增大,在 325～410 行的 1.7s 内增大约 1.9°;侧滚角变化更加剧烈,尤其在 165～205 行的 0.8s 内连续减小了约 1.7°,相当于机下点在扫描方向摆动了 29.6m。对于传感器姿态这种无规律的、不可预知的变化,难以采用数学公式进行描述,必须采用如 GPS/IMU 系统的辅助仪器直接获取各扫描行的外方位数据。实验首先利用 POSProc 模块输出的导航解计算出各扫描行的外方位数据,然后分别采用直接法和间接法进行几何校正,结果如图 7.10 所示。从图 7.10 可以看出,直接法几何校正和间接法几何校正都可有效地消除原始影像的扭曲变形,校正结果可满足立体观测和影像匹配的要求。此外,间接法几何校正的计算量小,执行速度较快,可更好地保持影像边缘的清晰度;直接法几何校正占

(a) 直接法几何校正

(b) 间接法几何校正

图 7.10　PHI 影像的直接法和间接法校正结果

用系统资源较多，运算量大，校正速度较缓慢，且结果影像较模糊。因此，机载线阵影像的几何预处理适宜采用间接法几何校正。

为了定量分析校正的精度，在机场跑道上量测了 6 个明显地物点作为检查点。经统计，直接法几何校正检查点的精度为 $M_X = 1.46\,\text{m}$、$M_Y = 1.15\,\text{m}$，约 3.1 个地面像元，检查点间相对点位误差约 0.7m。间接法几何校正的精度与此相当。这表明，POS/AV 系统获取的位置和姿态参数具有较高的外部精度和内部精度。

经过几何校正生成的 L1 影像是依据地面坐标重采样得到的，因此具有地理编码的性质，其定位误差主要来自 GPS/IMU 测算的外方位数据以及利用平均高程面取代数字高程模型导致的未完全消除的投影误差。L1 影像上的所有像点具有相同的高程，因此在地势较为平坦的情况下，L1 影像非常接近正射影像。

7.3 GPS/IMU 辅助机载线阵影像直接定位

通过集成 GPS/IMU 系统，机载线阵传感器具有直接对地定位的能力。以三线阵传感器为例，如果已利用 GPS/IMU 系统获得各采样周期的外方位元素，并通过实验室和外场检校得到相机参数，即可依据构像模型直接利用前视、下视和后视影像的像点坐标 (x_f, y_f)、(x_n, y_n) 和 (x_b, y_b) 交会地面坐标。

7.3.1 构像模型的线性化

式（7.12）的共线条件方程是非线性的，因此要利用其计算地面坐标 (X, Y, Z)，必须首先进行线性化。我国摄影测量定位基本都采用 $\varphi\text{-}\omega\text{-}\kappa$ 系统，这与国际上广泛采用的 $\omega\text{-}\varphi\text{-}\kappa$ 系统不统一，从而在对国外某些遥感影像如 ADS40 的应用上造成一定的不便。本书有关三线阵影像定位的实验中采用了 ADS40 影像作为实验数据，因此需要先推导出 $\omega\text{-}\varphi\text{-}\kappa$ 系统的线性化共线方程。

式（7.12）的共线条件方程可写成如下形式：

$$\begin{cases} x = -f\dfrac{\overline{X}}{\overline{Z}} \\[2mm] y = -f\dfrac{\overline{Y}}{\overline{Z}} \end{cases} \tag{7.17}$$

式中，

$$\begin{cases} \overline{X} = a_1(X - X_S) + b_1(Y - Y_S) + c_1(Z - Z_S) \\ \overline{Y} = a_2(X - X_S) + b_2(Y - Y_S) + c_2(Z - Z_S) \\ \overline{Z} = a_3(X - X_S) + b_3(Y - Y_S) + c_3(Z - Z_S) \end{cases}$$

式（7.17）的线性化结果可表示为

$$\begin{cases} v_x = a_{11}\Delta X_S + a_{12}\Delta Y_S + a_{13}\Delta Z_S + a_{14}\Delta\omega + a_{15}\Delta\varphi + a_{16}\Delta\kappa - a_{11}\Delta X - a_{12}\Delta Y - a_{13}\Delta Z - l_x \\ v_y = a_{21}\Delta X_S + a_{22}\Delta Y_S + a_{23}\Delta Z_S + a_{24}\Delta\omega + a_{25}\Delta\varphi + a_{26}\Delta\kappa - a_{21}\Delta X - a_{22}\Delta Y - a_{23}\Delta Z - l_y \end{cases}$$

$$\tag{7.18}$$

式中，$l_x = x + f\dfrac{\overline{X}}{\overline{Z}}$；$l_y = y + f\dfrac{\overline{Y}}{\overline{Z}}$。

式（7.18）中的偏导数可参照王之卓（2007）的方法推导。计算出 $(\overline{X},\overline{Y},\overline{Z})$ 对 (ω,φ,κ) 的偏导数为

$$
\frac{\partial}{\partial \omega}\begin{bmatrix}\overline{X}\\ \overline{Y}\\ \overline{Z}\end{bmatrix}=\begin{bmatrix}\overline{Y}\sin\varphi+\overline{Z}\sin\kappa\cos\varphi\\ -\overline{X}\sin\varphi+\overline{Z}\cos\kappa\cos\varphi\\ -\overline{X}\sin\kappa\cos\varphi-\overline{Y}\cos\kappa\cos\varphi\end{bmatrix},\quad
\frac{\partial}{\partial \varphi}\begin{bmatrix}\overline{X}\\ \overline{Y}\\ \overline{Z}\end{bmatrix}=\begin{bmatrix}-\overline{Z}\cos\kappa\\ \overline{Z}\sin\kappa\\ \overline{X}\cos\kappa-\overline{Y}\sin\kappa\end{bmatrix},\quad
\frac{\partial}{\partial \kappa}\begin{bmatrix}\overline{X}\\ \overline{Y}\\ \overline{Z}\end{bmatrix}=\begin{bmatrix}\overline{Y}\\ -\overline{X}\\ 0\end{bmatrix}
$$

于是：

$$
a_{11}=\frac{\partial x}{\partial X_S}=-\frac{f}{\overline{Z}^2}\cdot\left(\frac{\partial \overline{X}}{\partial X_S}\cdot\overline{Z}-\overline{X}\cdot\frac{\partial \overline{Z}}{\partial X_S}\right)=-f\cdot\frac{-a_1\cdot\overline{Z}+a_3\cdot\overline{X}}{\overline{Z}^2}=\frac{1}{\overline{Z}}(a_1 f+a_3 x)
$$

$$
a_{12}=\frac{\partial x}{\partial Y_S}=-\frac{f}{\overline{Z}^2}\cdot\left(\frac{\partial \overline{X}}{\partial Y_S}\cdot\overline{Z}-\overline{X}\cdot\frac{\partial \overline{Z}}{\partial Y_S}\right)=-f\cdot\frac{-b_1\cdot\overline{Z}+b_3\cdot\overline{X}}{\overline{Z}^2}=\frac{1}{\overline{Z}}(b_1 f+b_3 x)
$$

$$
a_{13}=\frac{\partial x}{\partial Z_S}=-\frac{f}{\overline{Z}^2}\cdot\left(\frac{\partial \overline{X}}{\partial Z_S}\cdot\overline{Z}-\overline{X}\cdot\frac{\partial \overline{Z}}{\partial Z_S}\right)=-f\cdot\frac{-c_1\cdot\overline{Z}+c_3\cdot\overline{X}}{\overline{Z}^2}=\frac{1}{\overline{Z}}(c_1 f+c_3 x)
$$

$$
a_{14}=\frac{\partial x}{\partial \omega}=-\frac{f}{\overline{Z}^2}\cdot\left(\frac{\partial \overline{X}}{\partial \omega}\cdot\overline{Z}-\overline{X}\cdot\frac{\partial \overline{Z}}{\partial \omega}\right)=y\sin\varphi-f\sin\kappa\cos\varphi-\frac{x^2}{f}\sin\kappa\cos\varphi-\frac{xy}{f}\cos\kappa\cos\varphi
$$

$$
a_{15}=\frac{\partial x}{\partial \varphi}=-\frac{f}{\overline{Z}^2}\cdot\left(\frac{\partial \overline{X}}{\partial \varphi}\cdot\overline{Z}-\overline{X}\cdot\frac{\partial \overline{Z}}{\partial \varphi}\right)=f\cos\kappa+\frac{x^2}{f}\cos\kappa-\frac{xy}{f}\sin\kappa
$$

$$
a_{16}=\frac{\partial x}{\partial \kappa}=-\frac{f}{\overline{Z}^2}\cdot\left(\frac{\partial \overline{X}}{\partial \kappa}\cdot\overline{Z}-\overline{X}\cdot\frac{\partial \overline{Z}}{\partial \kappa}\right)=\frac{-f}{\overline{Z}^2}(\overline{Z}\cdot\overline{Y})=y
$$

$$
a_{21}=\frac{\partial y}{\partial X_S}=-\frac{f}{\overline{Z}^2}\cdot\left(\frac{\partial \overline{Y}}{\partial X_S}\cdot\overline{Z}-\overline{Y}\cdot\frac{\partial \overline{Z}}{\partial X_S}\right)=-f\cdot\frac{-a_2\cdot\overline{Z}+a_3\cdot\overline{Y}}{\overline{Z}^2}=\frac{1}{\overline{Z}}(a_2 f+a_3 y)
$$

$$
a_{22}=\frac{\partial y}{\partial Y_S}=-\frac{f}{\overline{Z}^2}\cdot\left(\frac{\partial \overline{Y}}{\partial Y_S}\cdot\overline{Z}-\overline{Y}\cdot\frac{\partial \overline{Z}}{\partial Y_S}\right)=-f\cdot\frac{-b_2\cdot\overline{Z}+b_3\cdot\overline{Y}}{\overline{Z}^2}=\frac{1}{\overline{Z}}(b_2 f+b_3 y)
$$

$$
a_{23}=\frac{\partial y}{\partial Z_S}=-\frac{f}{\overline{Z}^2}\cdot\left(\frac{\partial \overline{Y}}{\partial Z_S}\cdot\overline{Z}-\overline{Y}\cdot\frac{\partial \overline{Z}}{\partial Z_S}\right)=-f\cdot\frac{-c_2\cdot\overline{Z}+c_3\cdot\overline{Y}}{\overline{Z}^2}=\frac{1}{\overline{Z}}(c_2 f+c_3 y)
$$

$$
a_{24}=\frac{\partial y}{\partial \omega}=-\frac{f}{\overline{Z}^2}\cdot\left(\frac{\partial \overline{Y}}{\partial \omega}\cdot\overline{Z}-\overline{Y}\cdot\frac{\partial \overline{Z}}{\partial \omega}\right)=-x\sin\varphi-f\cos\kappa\cos\varphi-\frac{y}{f}\cdot\left(x\sin\kappa\cos\varphi+y\cos\kappa\cos\varphi\right)
$$

$$
a_{25}=\frac{\partial y}{\partial \varphi}=-\frac{f}{\overline{Z}^2}\cdot\left(\frac{\partial \overline{Y}}{\partial \varphi}\cdot\overline{Z}-\overline{Y}\cdot\frac{\partial \overline{Z}}{\partial \varphi}\right)=-f\sin\kappa+\frac{y}{f}\cdot\left(x\cos\kappa-y\sin\kappa\right)
$$

$$
a_{26}=\frac{\partial y}{\partial \kappa}=-\frac{f}{\overline{Z}^2}\cdot\left(\frac{\partial \overline{Y}}{\partial \kappa}\cdot\overline{Z}-\overline{Y}\cdot\frac{\partial \overline{Z}}{\partial \kappa}\right)=\frac{-f}{\overline{Z}^2}\cdot\left(\overline{Z}\cdot\left(-\overline{X}\right)\right)=-x
$$

7.3.2　多片前方交会

如果相机的内、外方位元素已知，则式（7.18）可简化为

$$\begin{cases} v_x = -a_{11}\Delta X - a_{12}\Delta Y - a_{13}\Delta Z - l_x \\ v_y = -a_{21}\Delta X - a_{22}\Delta Y - a_{23}\Delta Z - l_y \end{cases} \quad (7.19)$$

式（7.19）即多片最小二乘前方交会的误差方程。在给定坐标初值后，通过迭代计算即可得到地面坐标(X,Y,Z)。下面给出一种地面坐标初始值$(X^{(0)},Y^{(0)},Z^{(0)})$的计算方法（Poli，2005）。

式（7.17）的共线方程可改写为

$$\begin{bmatrix} X \\ Y \\ Z \end{bmatrix} = \begin{bmatrix} X_S \\ Y_S \\ Z_S \end{bmatrix} + \lambda R \begin{bmatrix} x \\ y \\ -f \end{bmatrix} = \begin{bmatrix} X_S \\ Y_S \\ Z_S \end{bmatrix} + \lambda \begin{bmatrix} x_{tr} \\ y_{tr} \\ z_{tr} \end{bmatrix} \quad (7.20)$$

式中，

$$\begin{bmatrix} x_{tr} \\ y_{tr} \\ z_{tr} \end{bmatrix} = R \cdot \begin{bmatrix} x \\ y \\ -f \end{bmatrix} = \begin{bmatrix} a_1 x + a_2 y - a_3 f \\ b_1 x + b_2 y - b_3 f \\ c_1 x + c_2 y - c_3 f \end{bmatrix} \quad (7.21)$$

于是，根据同名像点坐标(x_l,y_l)和(x_r,y_r)，可得如下关系式：

$$\begin{bmatrix} X_{Sl} \\ Y_{Sl} \\ Z_{Sl} \end{bmatrix} + \lambda_l \cdot \begin{bmatrix} x_{tr,l} \\ y_{tr,l} \\ z_{tr,l} \end{bmatrix} = \begin{bmatrix} X_{Sr} \\ Y_{Sr} \\ Z_{Sr} \end{bmatrix} + \lambda_r \cdot \begin{bmatrix} x_{tr,r} \\ y_{tr,r} \\ z_{tr,r} \end{bmatrix} \quad (7.22)$$

整理得

$$V = \begin{bmatrix} x_{tr,l} - x_{tr,r} \\ y_{tr,l} - y_{tr,r} \\ z_{tr,l} - z_{tr,r} \end{bmatrix} \begin{bmatrix} \lambda_l \\ \lambda_r \end{bmatrix} - \begin{bmatrix} X_{Sr} - X_{Sl} \\ Y_{Sr} - Y_{Sl} \\ Z_{Sr} - Z_{Sl} \end{bmatrix} \quad (7.23)$$

通过最小二乘原理答解式（7.23），即可得到尺度因子λ_l和λ_r，将其代入式（7.20）即可求得两个地面坐标，并取其均值作为地面坐标初值。对于三线阵影像，可选择前后视立体同名像点计算坐标初值，以保证高程精度。

7.3.3　实例与分析

1. ADS40 实验数据

在此采用嵩山实验场获取的 ADS40 数据进行实验。ADS40 镜头型号为 SH40，集成了 Applanix 公司的 POS/AV 510 OEM 系统，随机带有 Leica 公司提供的相机初始检校文件。该型号相机未设下视全色波段影像，因此实验采用前视全色波段（PANF28A）、下视绿色波段（GRNN00A）和后视全色波段（PANB14A）来组成三线阵影像。利用相机分别获得了实验场地区相对航高为 600m、1000m、3000m 和 4500m 的影像数据，分别记为 D600、D1000、D3000 和 D4500，对应的影像地面分辨率分别为 6cm、10cm、30cm 和 45cm。

1) D600 数据

航摄时间为 2009 年 8 月 15 日，区域面积约为 3km×3km，共包含 12 条东西向航线，

2 条南北向航线，选择其中 4 条东西向航线和 2 条南北向构架航线，影像覆盖区内共选取控制点 65 个。

2）D1000 数据

航摄时间为 2009 年 8 月 15 日，区域面积约为 5km×5km，共包含 12 条东西向航线，测区两端加飞 4 条南北向构架航线，选择其中 4 条东西向航线和 2 条南北向航线，影像覆盖区内共选取控制点 43 个。

3）D3000 数据

航摄时间为 2009 年 8 月 12 日，区域面积约为 12km×12km，共包含 7 条东西向航线，4 条南北向构架航线，选择其中 2 条东西向航线和 2 条南北向航线，影像覆盖区内共选取控制点 60 个。

4）D4500 数据

航摄时间为 2010 年 3 月 28 日，共包含 8 条东西向长条带航线，选择其中 4 条航线，影像覆盖区内共选取控制点 8 个。

2. 直接定位实验与分析

采用 ADS40 影像直接定位模型和初始相机文件，分别对 D600、D1000、D3000 和 D4500 四组数据进行直接定位实验，结果如表 7.1 所示。

表 7.1 ADS40 数据直接定位误差统计

数据	最大残差/m			中误差/m			中误差/影像地面分辨率		
	X	Y	Z	X	Y	Z	X	Y	Z
D600	0.395	−0.423	−0.815	0.235	0.200	0.408	3.918	3.340	6.792
D1000	−0.518	0.732	−1.261	0.290	0.309	0.527	2.903	3.086	5.274
D3000	−1.463	1.910	−4.331	0.814	0.764	1.258	2.714	2.545	4.195
D4500	−1.797	2.177	−3.970	1.111	1.034	1.811	2.468	2.298	4.025

从表 7.1 可以看出，基于 POS 数据的 ADS40 影像直接定位虽然可以达到较高精度，但离像素级精度仍有较大差距，未能充分体现甚高分辨率的航摄影像在精确定位方面的优势。例如，以绝对精度来衡量，D600 的精度最高，X、Y、Z 三个方向检查点中误差分别为 0.235m、0.200m 和 0.408m；而 D1000、D3000 和 D4500 的精度依次降低，表明在正常情况下，ADS40 影像直接定位精度随着影像地面分辨率的降低而降低。

如果将检查点残差换算为影像地面分辨率，则情况恰恰相反，绝对精度最差的 D4500 此时精度最高，在 X、Y、Z 三个方向分别为 2.468 个、2.298 个和 4.025 个影像地面分辨率；以 D600 的精度最低，在 X、Y、Z 三个方向分别为 3.918 个、3.340 个和 6.792 个影像地面分辨率。图 7.11 分别是以米和影像地面分辨率为单位的 ADS40 直接定位结果，结果反映了两种计量方式下截然相反的变化趋势。

总体来看，ADS40 影像直接定位的精度在平面 X、Y 方向上比较接近，在 2~4 个影像地面分辨率，明显优于 Z 方向 4~7 个影像地面分辨率；四组数据在三轴方向上具有大致相同的变化趋势，表明直接定位具有明显的系统误差影响。分析其原因主要有二：一是采用的初始相机检校文件，部分实验室已测定参数可能发生了变化；二是 IMU 视轴偏心角已偏离由厂商提供的初始值，出现了一定程度的改正量。

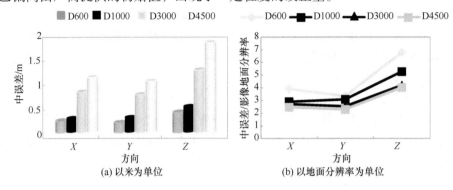

图 7.11　ADS40 数据直接定位误差比较

7.4　GPS/IMU 辅助机载线阵影像光束法平差

2000 年以来，随着 GPS/IMU 组合导航技术的迅速发展和不断完善，机载三线阵传感器得到广泛应用，包括瑞士 Leica 公司的 ADS40、DLR 的 HRSC-A 以及日本东京大学的 TLS 等，同时对 GPS/IMU 辅助机载三线阵影像解析定位的研究也受到更多关注。Leica 公司在其推出的 ORIMA 软件中为 ADS40 量身定做了影像空中三角测量模块（Hinsken et al.，2002）；美国 BAE Systems 公司的 SOCET SET 和法国 ISTAR 公司的 Pixel Factory 软件也都开发了 ADS40 影像的空三和测图模块（Bignone，2003）；瑞士苏黎士联邦理工学院（ETH）的 Gruen、Zhang、Poli 等针对 TLS 三线阵相机进行了平差实验，设计并验证了直接定向模型（DGR）、分段多项式模型（piecewise polynomial model，PPM）和拉格朗日内插模型（LIM）几种平差模型（Gruen and Zhang，2002；Poli，2002）。

国内的研究主要针对引入的 ADS40 传感器，如赵双明采用分段多项式模型和定向片模型对 ADS40 影像进行光束法平差试验（赵双明和李德仁，2006；赵双明，2007）；刘军对机载线阵 CCD 影像的后处理技术进行了比较系统的研究，引入多项式模型、分段多项式模型和定向片模型进行光束法平差（刘军，2007；刘军等，2009）；王涛等对 ADS40 影像自检校区域网平差进行研究，针对三线阵传感器特点建立了自检校平差模型，并实现了基于等效误差方程的自检校平差快速解算（王涛等，2011，2012a，2012b，2012c）；此外，孙海燕等对机载三线阵影像数据及相应的 GPS/IMU 数据的模拟方法、直接定位的模型和机载三线阵影像的平差进行了有关研究（孙海燕等，2003；孙海燕，2003）。

7.4.1　三线阵影像平差的数学模型

对于线阵传感器，成像期间各扫描行的外方位元素连续变化，每个采样周期都对应一套外方位元素，显然解算过程中不可能也没有必要一一求解，因此选择合适的描述传感器位置和姿态变化的数学模型十分关键，即要求建立传感器轨道模型，从而在进行平差时将平差目标从每个采样周期外方位元素的求解转化为求解轨道模型参数，可大大减少待求未知数个数。目前，常用的有低阶多项式模型（low-order polynomial model，LPM）、分段多项式模型（piecewise polynomial model，PPM）和定向片内插模型（orientation image interpolation model，OIM）。

1. 低阶多项式模型

低阶多项式模型是用低阶多项式来拟合传感器一段时间内的位置和姿态变化，即将各扫描行的外方位元素描述为飞行时间 t（或扫描行坐标）的低阶多项式，在平差时主要求解多项式系数，从而大大减少了未知数个数，其中经常采用的是线性多项式。低阶多项式模型拟合的精度主要取决于传感器位置和姿态的变化情况。在航空摄影条件下，由于受到气流、飞机震颤等多种因素的影响，传感器的位置、姿态往往变化剧烈且无规律可循，利用低阶多项式模型拟合难以达到理想的精度，此时必须考虑引入较高精度的外方位元素初始值，而机载 GPS/IMU 系统完全可以满足这一要求。GPS/IMU 系统可以获取较高精度的外方位元素，且其残存的测量误差主要是系统性的，因此可利用低阶多项式模型描述 GPS/IMU 的测量误差，而不再直接拟合外方位元素本身。此时，瞬时外方位元素可表示为

$$\begin{cases} X_S = X_{\mathrm{GPS}} + a_X + b_X \cdot (t - t_0) \\ Y_S = Y_{\mathrm{GPS}} + a_Y + b_Y \cdot (t - t_0) \\ Z_S = Z_{\mathrm{GPS}} + a_Z + b_Z \cdot (t - t_0) \\ \omega = \omega_{\mathrm{IMU}} + a_\omega + b_\omega \cdot (t - t_0) \\ \varphi = \varphi_{\mathrm{IMU}} + a_\varphi + b_\varphi \cdot (t - t_0) \\ \kappa = \kappa_{\mathrm{IMU}} + a_\kappa + b_\kappa \cdot (t - t_0) \end{cases} \quad （7.24）$$

将式（7.24）代入式（7.18）中，得

$$\begin{cases} v_x = \left(a_{11} \Delta a_X + a_{12} \Delta a_Y + a_{13} \Delta a_Z + a_{14} \Delta a_\omega + a_{15} \Delta a_\varphi + a_{16} \Delta a_\kappa \right) \\ \quad + \overline{t} \left(a_{11} \Delta b_X + a_{12} \Delta b_Y + a_{13} \Delta b_Z + a_{14} \Delta b_\omega + a_{15} \Delta b_\varphi + a_{16} \Delta b_\kappa \right) \\ \quad - a_{11} \Delta X - a_{12} \Delta Y - a_{13} \Delta Z - l_x \\ v_y = \left(a_{21} \Delta a_X + a_{22} \Delta a_Y + a_{23} \Delta a_Z + a_{24} \Delta a_\omega + a_{25} \Delta a_\varphi + a_{26} \Delta a_\kappa \right) \\ \quad + \overline{t} \left(a_{21} \Delta b_X + a_{22} \Delta b_Y + a_{23} \Delta b_Z + a_{24} \Delta b_\omega + a_{25} \Delta b_\varphi + a_{26} \Delta b_\kappa \right) \\ \quad - a_{21} \Delta X - a_{22} \Delta Y - a_{23} \Delta Z - l_y \end{cases} \quad （7.25）$$

式中，$\overline{t} = t - t_0$，t_0 为起始扫描行的采样时刻；$(X_{\mathrm{GPS}}, Y_{\mathrm{GPS}}, Z_{\mathrm{GPS}}, \omega_{\mathrm{GPS}}, \varphi_{\mathrm{GPS}}, \kappa_{\mathrm{GPS}})$ 为 t 时刻外方位元素初始观测值，由 GPS/IMU 数据转化而来；$a_X, a_Y, a_Z, a_\omega, a_Y, a_\kappa$ 和 $b_X, b_Y, b_Z, b_\omega, b_Y, b_\kappa$ 分别为 GPS/IMU 系统的平移和漂移改正参数。视 GPS、IMU 漂移参数为观测值并结合式（7.25），得到低阶多项式模型平差的误差方程：

$$\begin{cases} \boldsymbol{V}_{\mathrm{X}} = & \boldsymbol{A}\boldsymbol{x}_{\mathrm{c}} & +\boldsymbol{B}\boldsymbol{x}_{\mathrm{a}} & +\boldsymbol{C}\boldsymbol{x}_{\mathrm{g}} & -\boldsymbol{L}_{\mathrm{X}} & \boldsymbol{P}_{\mathrm{X}} \\ \boldsymbol{V}_{\mathrm{C}} = & \boldsymbol{E}\boldsymbol{x}_{\mathrm{c}} & & & -\boldsymbol{L}_{\mathrm{C}} & \boldsymbol{P}_{\mathrm{C}} \\ \boldsymbol{V}_{\mathrm{A}} = & & \boldsymbol{E}\boldsymbol{x}_{\mathrm{a}} & & -\boldsymbol{L}_{\mathrm{A}} & \boldsymbol{P}_{\mathrm{A}} \\ \boldsymbol{V}_{\mathrm{G}} = & & & \boldsymbol{E}\boldsymbol{x}_{\mathrm{g}} & -\boldsymbol{L}_{\mathrm{G}} & \boldsymbol{P}_{\mathrm{G}} \end{cases} \quad （7.26）$$

式中，$\boldsymbol{x}_c$ 为 GPS 漂移参数列向量；$\boldsymbol{x}_a$ 为 IMU 角元素漂移参数列向量；$\boldsymbol{x}_g$ 为地面坐标列向量；V_X 为像点坐标观测值残差向量；V_C、V_A 和 V_G 分别为 GPS 漂移参数、IMU 漂移参数和地面坐标观测值残差向量；A、B、C 为相应的设计矩阵；P_X, P_C, P_A, P_G 为相应的权矩阵。低阶多项式模型仅包括 12 个系统误差参数，形式最为简单。

2. 分段多项式模型

低阶多项式模型在整个飞行轨道建立同一多项式模型，如果将整个轨道按一定的时间间隔分成若干段，而在每一段采用一个低阶多项式来描述 GPS/IMU 的测量误差，即称为分段多项式模型。对于第 i 个轨道分段内的时刻 t，分段多项式模型可表示为

$$\begin{cases} X_S = X_{\text{GPS}} + X_0^i + X_1^i \cdot \overline{t} + X_2^i \cdot \overline{t}^2 \\ Y_S = Y_{\text{GPS}} + Y_0^i + Y_1^i \cdot \overline{t} + Y_2^i \cdot \overline{t}^2 \\ Z_S = Z_{\text{GPS}} + Z_0^i + Z_1^i \cdot \overline{t} + Z_2^i \cdot \overline{t}^2 \\ \omega = \omega_{\text{IMU}} + \omega_0^i + \omega_1^i \cdot \overline{t} + \omega_2^i \cdot \overline{t}^2 \\ \varphi = \varphi_{\text{IMU}} + \varphi_0^i + \varphi_1^i \cdot \overline{t} + \varphi_2^i \cdot \overline{t}^2 \\ \kappa = \kappa_{\text{IMU}} + \kappa_0^i + \kappa_1^i \cdot \overline{t} + \kappa_2^i \cdot \overline{t}^2 \end{cases} \tag{7.27}$$

如果将轨道分成 n_s 段，则分段多项式模型中的定向参数未知数个数为 $18 \times n_s$。将式（7.27）代入式（7.18）中，得

$$\begin{cases} v_x = \left(a_{11}\Delta X_0^i + a_{12}\Delta Y_0^i + a_{13}\Delta Z_0^i + a_{14}\Delta\omega_0^i + a_{15}\Delta\varphi_0^i + a_{16}\Delta\kappa_0^i \right) \\ \qquad + \overline{t}\left(a_{11}\Delta X_1^i + a_{12}\Delta Y_1^i + a_{13}\Delta Z_1^i + a_{14}\Delta\omega_1^i + a_{15}\Delta\varphi_1^i + a_{16}\Delta\kappa_1^i \right) \\ \qquad + \overline{t}^2\left(a_{11}\Delta X_2^i + a_{12}\Delta Y_2^i + a_{13}\Delta Z_2^i + a_{14}\Delta\omega_2^i + a_{15}\Delta\varphi_2^i + a_{16}\Delta\kappa_2^i \right) \\ \qquad - a_{11}\Delta X - a_{12}\Delta Y - a_{13}\Delta Z - l_x \\ v_y = \left(a_{21}\Delta X_0^i + a_{22}\Delta Y_0^i + a_{23}\Delta Z_0^i + a_{24}\Delta\omega_0^i + a_{25}\Delta\varphi_0^i + a_{26}\Delta\kappa_0^i \right) \\ \qquad + \overline{t}\left(a_{21}\Delta X_1^i + a_{22}\Delta Y_1^i + a_{23}\Delta Z_1^i + a_{24}\Delta\omega_1^i + a_{25}\Delta\varphi_1^i + a_{26}\Delta\kappa_1^i \right) \\ \qquad + \overline{t}^2\left(a_{21}\Delta X_2^i + a_{22}\Delta Y_2^i + a_{23}\Delta Z_2^i + a_{24}\Delta\omega_2^i + a_{25}\Delta\varphi_2^i + a_{26}\Delta\kappa_2^i \right) \\ \qquad - a_{21}\Delta X - a_{22}\Delta Y - a_{23}\Delta Z - l_y \end{cases} \tag{7.28}$$

在分段边界处，由相邻分段多项式 i 和 $i+1$ 计算出的外方位元素应满足相等的约束条件，于是有

$$\begin{cases} X_0^i + X_1^i \cdot \overline{t} + X_2^i \cdot \overline{t}^2 = X_0^{i+1} + X_1^{i+1} \cdot \overline{t} + X_2^{i+1} \cdot \overline{t}^2 \\ Y_0^i + Y_1^i \cdot \overline{t} + Y_2^i \cdot \overline{t}^2 = Y_0^{i+1} + Y_1^{i+1} \cdot \overline{t} + Y_2^{i+1} \cdot \overline{t}^2 \\ Z_0^i + Z_1^i \cdot \overline{t} + Z_2^i \cdot \overline{t}^2 = Z_0^{i+1} + Z_1^{i+1} \cdot \overline{t} + Z_2^{i+1} \cdot \overline{t}^2 \\ \omega_0^i + \omega_1^i \cdot \overline{t} + \omega_2^i \cdot \overline{t}^2 = \omega_0^{i+1} + \omega_1^{i+1} \cdot \overline{t} + \omega_2^{i+1} \cdot \overline{t}^2 \\ \varphi_0^i + \varphi_1^i \cdot \overline{t} + \varphi_2^i \cdot \overline{t}^2 = \varphi_0^{i+1} + \varphi_1^{i+1} \cdot \overline{t} + \varphi_2^{i+1} \cdot \overline{t}^2 \\ \kappa_0^i + \kappa_1^i \cdot \overline{t} + \kappa_2^i \cdot \overline{t}^2 = \kappa_0^{i+1} + \kappa_1^{i+1} \cdot \overline{t} + \kappa_2^{i+1} \cdot \overline{t}^2 \end{cases} \tag{7.29}$$

此外，如果考虑到轨道光滑，也可附加一阶导数相等的条件，即

$$\begin{cases} X_1^i + 2X_2^i \cdot \bar{t} = X_1^{i+1} + 2X_2^{i+1} \cdot \bar{t} \\ Y_1^i + 2Y_2^i \cdot \bar{t} = Y_1^{i+1} + 2Y_2^{i+1} \cdot \bar{t} \\ Z_1^i + 2Z_2^i \cdot \bar{t} = Z_1^{i+1} + 2Z_2^{i+1} \cdot \bar{t} \\ \omega_1^i + 2\omega_2^i \cdot \bar{t} = \omega_1^{i+1} + 2\omega_2^{i+1} \cdot \bar{t} \\ \varphi_1^i + 2\varphi_2^i \cdot \bar{t} = \varphi_1^{i+1} + 2\varphi_2^{i+1} \cdot \bar{t} \\ \kappa_1^i + 2\kappa_2^i \cdot \bar{t} = \kappa_1^{i+1} + 2\kappa_2^{i+1} \cdot \bar{t} \end{cases} \quad (7.30)$$

将多项式系数作为观测值，同时顾及约束条件，得到分段多项式模型平差的数学模型为

$$\begin{cases} V_X = & Ax_d & +Cx_g & -L_X & P_X \\ V_1 = & A_1 x_d & & -L_1 & P_1 \\ V_2 = & A_2 x_d & & -L_2 & P_2 \\ V_D = & Dx_d & & -L_D & P_D \\ V_G = & & Ex_g & -L_G & P_G \end{cases} \quad (7.31)$$

式中，x_d 为多项式系数向量；x_g 为地面坐标改正数向量；V_X 为像点坐标观测值残差向量；V_1、V_2 分别为 1 阶和 2 阶连续性观测值残差向量；V_D 和 V_G 分别为多项式系数和地面坐标观测值残差向量；A_1、A_2、A、C、D 为相应的设计矩阵。

3. 定向片内插模型

在针对三线阵相机的早期研究中，Hofmann 提出了利用等间隔定向点的外方位元素来重建各采样周期外方位元素的思想；在此基础上，Ebner 和 Hofmann 等又进一步提出在飞行轨道上以一定的时间间隔抽取若干离散的曝光时刻，如图 7.12 中的 K 和 $K+1$，将这些时刻获得的线阵影像称为定向片。而定向片光束法平差，就是将定向片对应的外方位元素作为待求未知数引入平差计算，其他采样时刻的外方位元素则利用定向片时刻的外方位元素通过内插得到，这就是三线阵影像平差经常采用的定向片法（Hofmann and Muller，1988）。设有下视影像点 P_N，其扫描行为 j，位于定向片 K 与 $K+1$ 之间，其对应外方位元素为（X_s^j，Y_s^j，Z_s^j，ω^j，φ^j，κ^j），若采用三次拉格朗日多项式内插模型，则可以利用相邻 4 个定向片（$K-1$、K、$K+1$、$K+2$）的外方位元素来内插：

$$P(t_j) = \sum_{i=K-1}^{K+2} \left(P(t_i) \cdot \prod_{\substack{k=K-1 \\ k \neq i}}^{K+2} \frac{t - t_k}{t_i - t_k} \right) \quad (7.32)$$

式中，$P(t)$ 表示 t 时刻某一外方位元素分量。

ORIMA 软件在进行 ADS40 影像的空中三角测量时采用了改进的拉格朗日线性内插模型，其基本思想如图 7.12 所示（Poli，2002）。

由此可见，ORIMA 软件的定向片内插方法实际上是在常规拉格朗日线性内插的基础上，加上了由 POS 数据计算得出的内插修正项，即

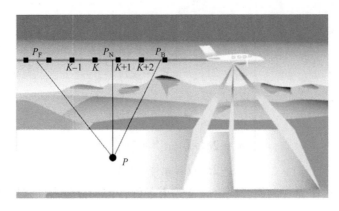

图 7.12 等时间间隔抽取的离散定向片

$$\begin{cases} X_S^j = c_j X_S^k + (1-c_j) X_S^{k+1} - \delta X_j \\ Y_S^j = c_j Y_S^k + (1-c_j) Y_S^{k+1} - \delta Y_j \\ Z_S^j = c_j Z_S^k + (1-c_j) Z_S^{k+1} - \delta Z_j \\ \omega^j = c_j \omega^k + (1-c_j) \omega^{k+1} - \delta\omega_j \\ \varphi^j = c_j \varphi^k + (1-c_j) \varphi^{k+1} - \delta\varphi_j \\ \kappa^j = c_j \kappa^k + (1-c_j) \kappa^{k+1} - \delta\kappa_j \end{cases} \tag{7.33}$$

式中，$c_j = \dfrac{t_{k+1} - t_j}{t_{k+1} - t_k}$；$\delta X_j$、$\delta Y_j$、$\delta Z_j$、$\delta\omega_j$、$\delta\varphi_j$、$\delta\kappa_j$ 为改正项，可利用 POS 观测值计算。

$$\begin{cases} \delta X_j = c_j X_{\text{GPS}}^k + (1-c_j) X_{\text{GPS}}^{k+1} - X_{\text{GPS}}^j \\ \delta Y_j = c_j Y_{\text{GPS}}^k + (1-c_j) Y_{\text{GPS}}^{k+1} - Y_{\text{GPS}}^j \\ \delta Z_j = c_j Z_{\text{GPS}}^k + (1-c_j) Z_{\text{GPS}}^{k+1} - Z_{\text{GPS}}^j \\ \delta\omega_j = c_j \omega_{\text{IMU}}^k + (1-c_j) \omega_{\text{IMU}}^{k+1} - \omega_{\text{IMU}}^j \\ \delta\varphi_j = c_j \varphi_{\text{IMU}}^k + (1-c_j) \varphi_{\text{IMU}}^{k+1} - \varphi_{\text{IMU}}^j \\ \delta\kappa_j = c_j \kappa_{\text{IMU}}^k + (1-c_j) \kappa_{\text{IMU}}^{k+1} - \kappa_{\text{IMU}}^j \end{cases} \tag{7.34}$$

将式（7.34）的线性化结果代入式（7.18），并以定向片的外方位元素和地面坐标为未知数，得到定向片法光束法平差时像点坐标观测值的误差方程为

$$\begin{cases} v_x = c_j \cdot (a_{11}\Delta X_S^{\,k} + a_{12}\Delta Y_S^{\,k} + a_{13}\Delta Z_S^{\,k} + a_{14}\Delta\omega^k + a_{15}\Delta\varphi^k + a_{16}\Delta\kappa^k) \\ \quad + (1-c_j) \cdot (a_{11}\Delta X_S^{\,k+1} + a_{12}\Delta Y_S^{\,k+1} + a_{13}\Delta Z_S^{\,k+1} + a_{14}\Delta\omega^{k+1} + a_{15}\Delta\varphi^{k+1} + a_{16}\Delta\kappa^{k+1}) \\ \quad - a_{11}\Delta X - a_{12}\Delta Y - a_{13}\Delta Z - l_x \\ v_y = c_j \cdot (a_{21}\Delta X_S^{\,k} + a_{22}\Delta Y_S^{\,k} + a_{23}\Delta Z_S^{\,k} + a_{24}\Delta\omega^k + a_{25}\Delta\varphi^k + a_{26}\Delta\kappa^k) \\ \quad + (1-c_j) \cdot (a_{21}\Delta X_S^{\,k+1} + a_{22}\Delta Y_S^{\,k+1} + a_{23}\Delta Z_S^{\,k+1} + a_{24}\Delta\omega^{k+1} + a_{25}\Delta\varphi^{k+1} + a_{26}\Delta\kappa^{k+1}) \\ \quad - a_{21}\Delta X - a_{22}\Delta Y - a_{23}\Delta Z - l_y \end{cases}$$

$$\tag{7.35}$$

对于每一个像点，均可按照式（7.35）列出两个误差方程式。

定向片法平差的一个明显优势在于可直接引入 GPS/IMU 观测值，以保证平差系统的稳定。GPS/IMU 观测值有多种引入方式，可以直接将 GPS/IMU 测算的位置和姿态参数作为外方位元素观测值，也可同时考虑其系统性误差的改正。将定向片的外方位元素及 GPS/IMU 系统漂移参数作为未知数，利用式（7.35），同时视 IMU、GPS 漂移参数为观测值，可得到定向片法平差的总误差方程为

$$\begin{cases} V_X = & Ax & +Bx_g & -L_X & P_X \\ V_E = & Ex & +Cx_d & -L_E & P_E \\ V_D = & & Ex_d & -L_D & P_D \\ V_G = & & Ex_g & -L_G & P_G \end{cases} \tag{7.36}$$

式中，x 为定向片外方位元素列向量；x_g 为地面坐标列向量；x_d 为 GPS/IMU 系统漂移参数向量；V_X 为像点坐标观测值残差向量；V_E、V_D 和 V_G 分别为外方位元素、漂移参数和地面坐标观测值残差向量；A、B、C 为相应的设计矩阵；P_X、P_E、P_D、P_G 为相应的权矩阵。

7.4.2 区域网平差的精度评定

1. 理论精度

按最小二乘法原理进行平差时，除了可计算所要求的未知参数外，还可进行精度的估计，即求出平差值的权系数以及由平差值所导出的某些函数值的权系数。

设间接观测平差的误差方程组为

$$Ax = L + V \qquad 权阵 \ P \tag{7.37}$$

其相应的法方程式为

$$A^T PAx = A^T PL \tag{7.38}$$

或简记为

$$Nx = u \tag{7.39}$$

式中，$N = A^T PA$；$u = A^T PL$；A 是误差方程组的系数矩阵；L 是其常数项向量；P 是观测值的权矩阵。

由法方程式解出未知参数向量 x 为

$$x = N^{-1}u = N^{-1}A^T PL \tag{7.40}$$

再按广义方差传播定律，可得平差参数向量 x 的权系数矩阵为

$$Q_{xx} = (N^{-1}A^T P)(P^{-1})(N^{-1}A^T P)^T = (N^{-1}A^T PP^{-1}P^T AN^{-1}) = N^{-1}NN^{-1} = N^{-1} \tag{7.41}$$

由权系数矩阵的对角线元素，可以求得各点平差坐标的权系数 $Q_{X_iX_i}$、$Q_{Y_iY_i}$ 和 $Q_{Z_iZ_i}$。而其相应的标准误差为

$$\begin{cases} \sigma_{X_i} = \sigma_0\sqrt{\boldsymbol{Q}_{X_iX_i}} \\ \sigma_{Y_i} = \sigma_0\sqrt{\boldsymbol{Q}_{Y_iY_i}} \\ \sigma_{Z_i} = \sigma_0\sqrt{\boldsymbol{Q}_{Z_iZ_i}} \end{cases} \qquad (7.42)$$

式中，σ_0 为单位权标准误差，其按下式计算。

$$\sigma_0 = \sqrt{\frac{\boldsymbol{V}^{\mathrm{T}}\boldsymbol{P}\boldsymbol{V}}{r}} \qquad (7.43)$$

式中，r 为多余观测的数目，σ_0 需要由实践获得的数据求出。

有时，我们对于 σ_0 值的确定并不很感兴趣，而只着重于研究下列比值：σ_{X_i}/σ_0、σ_{Y_i}/σ_0 和 σ_{Z_i}/σ_0，它们是衡量区域网空中三角测量精度的一组相对指标。

此外，还可以取区域网平差坐标的最大标准误差来描述区域网的精度，即 $(\sigma_{X_i})_{\max}$、$(\sigma_{Y_i})_{\max}$ 和 $(\sigma_{Z_i})_{\max}$。

2. 实验精度

研究区域网平差精度问题的另一种方法是实验法。这就要求有一个很好的实验场，且具有大量的地面控制点。为了取得可靠的精度数据，需要进行较大数量的实验。把每个点上用摄影测量方法得到的坐标值与已知坐标相比较，将其差值当作"真误差"来看待，于是可以写出其中误差为

$$\mathrm{RMS}_X = \sqrt{\frac{\sum_{i=1}^{n_c}(X_i^c - X_i^p)^2}{n_c}} \qquad (7.44)$$

$$\mathrm{RMS}_Y = \sqrt{\frac{\sum_{i=1}^{n_c}(Y_i^c - Y_i^p)^2}{n_c}} \qquad (7.45)$$

$$\mathrm{RMS}_Z = \sqrt{\frac{\sum_{i=1}^{n_c}(Z_i^c - Z_i^p)^2}{n_c}} \qquad (7.46)$$

式中，n_c 为检查点的数目；X_i^c、Y_i^c 和 Z_i^c 为真实地面坐标值；X_i^p、Y_i^p 和 Z_i^p 为定标后的地面坐标值。

7.4.3　实例与分析

选取 D600、D1000 和 D3000 三组数据进行光束法平差实验，对每组数据分别采用低阶多项式模型、分段多项式模型和定向片内插模型，并设定了数量不等的地面控制点/独立检查点配置方案，实验区其余控制点作为独立检查点评估定位精度，其结果如表 7.2～表 7.4 所示。

表 7.2　D600 光束法平差结果

地面控制点/独立检查点	低阶多项式模型（中误差/m）			分段多项式模型（中误差/m）			定向片内插模型（中误差/m）		
	X	Y	Z	X	Y	Z	X	Y	Z
0/65	0.236	0.219	0.273	0.243	0.189	0.234	0.230	0.182	0.177
1/64	0.129	0.210	0.183	0.132	0.209	0.167	0.148	0.166	0.163
4/61	0.072	0.179	0.178	0.078	0.177	0.145	0.067	0.158	0.126
8/57	0.061	0.174	0.176	0.059	0.172	0.151	0.064	0.16	0.125
12/53	0.065	0.176	0.169	0.057	0.168	0.144	0.062	0.161	0.126

表 7.3　D1000 光束法平差结果

地面控制点/独立检查点	低阶多项式模型（中误差/m）			分段多项式模型（中误差/m）			定向片内插模型（中误差/m）		
	X	Y	Z	X	Y	Z	X	Y	Z
0/43	0.201	0.271	0.299	0.224	0.277	0.268	0.238	0.284	0.268
1/42	0.121	0.223	0.259	0.119	0.223	0.254	0.121	0.237	0.221
4/39	0.096	0.189	0.224	0.089	0.182	0.219	0.093	0.198	0.214
8/35	0.110	0.168	0.216	0.106	0.179	0.209	0.087	0.126	0.206
12/31	0.093	0.170	0.217	0.094	0.169	0.211	0.085	0.122	0.199

表 7.4　D3000 光束法平差结果

地面控制点/独立检查点	低阶多项式模型（中误差/m）			分段多项式模型（中误差/m）			定向片内插模型（中误差/m）		
	X	Y	Z	X	Y	Z	X	Y	Z
0/60	0.703	0.802	0.721	0.644	0.798	0.701	0.612	0.709	0.654
1/59	0.643	0.661	0.678	0.512	0.651	0.503	0.456	0.561	0.477
4/54	0.494	0.593	0.443	0.489	0.587	0.434	0.454	0.522	0.438
8/52	0.486	0.567	0.421	0.477	0.567	0.421	0.441	0.517	0.379
12/48	0.484	0.572	0.423	0.469	0.537	0.401	0.439	0.511	0.372

从三组数据的实验结果来看，ADS40 数据采用 GPS/IMU 辅助光束法平差可以获得较好的定位精度。在无控制情况下，精度虽不够理想，但相比直接定位仍有较大的提升；同时，仅加入 1 个控制点即可有效改善精度，随着控制点数量的增加，平差精度稳中有升，当控制点达到一定数量时，平差结果趋于稳定，再增加控制点的意义不大；从绝对精度来看，影像地面分辨率越高，平差精度也相应增高，反之亦然。

为便于比对，分别选取几组实验中平差稳定（GCP＝12）的结果，并将检查点残差换算为影像地面分辨率，得到三组数据采用三种模型平差的结果，如图 7.13 所示。由图可以看出，三种平差模型均较适用于 ADS40 数据的光束法平差；总体来看，定向片内插模型精度最高，分段多项式模型次之，低阶多项式模型最差，但相互间差距不大，以最优的定向片内插模型和最差的低阶多项式模型做比较，两者最小差别为 0.05 个像元，最大为 0.48 个像元,平均约 0.19 个像元;从平差解算过程来看,低阶多项式模型简单实用,计算速度快,定向片内插模型最为复杂,解算速度稍慢,但平差最为稳健,且在精度上占有一定优势,是 ADS40 影像平差较理想的一种模型。

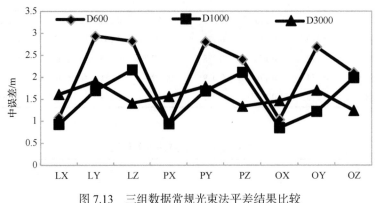

图 7.13　三组数据常规光束法平差结果比较

为进一步分析验证,将定向片内插模型平差结果与直接定位结果进行比对,情况如图 7.14 所示,可见三组数据在三轴方向上相比直接定位精度均有提升,但幅度并不相同,最大为 4.7 个像元,最小仅为 0.7 个像元,平均约 2.3 个像元;从总体来看,除个别方向外(如 D600 的 Y 方向),同方向相比较 D600、D1000 和 D3000 精度改善幅度呈逐次下降趋势,这与对图 7.13 的分析相同。

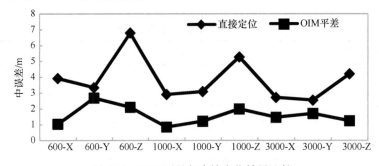

图 7.14　OIM 平差与直接定位结果比较

参 考 文 献

刘军. 2007. GPS/IMU 辅助机载线阵 CCD 影像定位技术研究. 郑州:解放军信息工程大学博士学位论文.

刘军,王冬红,刘敬贤,等. 2009. IMU/DGPS 辅助 ADS40 三线阵影像的区域网平差. 测绘学报,38(1): 55-60.

孙海燕. 2003. 机载三线阵 CCD 摄影测量的直接解模型与精度分析.徐州师范大学学报(自然科学版), 21(4):28-31.

孙海燕,李瑞明,闫利. 2003. 机载三线阵 CCD 摄影中心轨迹及姿态拟合的半参数法.武汉大学学报(信息科学版),28(6):706-709.

王惠南. 2003. GPS 导航原理与应用. 北京:科学出版社.

王涛,谢华,张艳,等. 2011. GPS/IMU 辅助 ADS40 影像自检校区域网平差. 西安:第一届全国高分辨率遥感数据处理与应用研讨会论文集.

王涛,张艳,潘申林,等. 2012a. 机载三线阵 CCD 传感器影像自检校区域网平差. 武汉大学学报(信息科学版),37(9):1073-1077.

王涛, 张永生, 张艳, 等. 2012b. POS 辅助机载三线阵影像自检校区域网平差. 测绘通报, 专刊: 288-291.

王之卓. 2007. 摄影测量原理. 武汉: 武汉大学出版社.

赵双明. 2007. 机载三线阵传感器影像区域网联合平差研究. 武汉: 武汉大学博士学位论文.

赵双明, 李德仁. 2006. ADS40 机载数字传感器平差数学模型及其试验. 测绘学报, 35 (4): 342-346.

Bignone F. 2003. Processing of Stereo Scanner: from Stereo Plotter to Pixel Factory. Stuttgart: Photogrammetric Week 2003.

Hinsken L, Miller S, Tempelmann U, et al. 2002. Triangulation of LH Systems'ADS40 imagery using ORIMA GPS/IMU. International Archives of the Photogrammetry, Remote Sensing and Spatial Information Sciences, 34 (Part 3A): 156-162.

Hofmann O, Muller F. 1988. Combined Point Determination Using Digital Data of Three Line Scanner Systems. Kyoto: IAPRS, 27 (B11): 567-577.

Poli D. 2002. General model for airborne and spaceborne linear array sensors. International Archives of Photogrammetry and Remote Sensing, Vol. 34, Part B: 177-182.

Poli D. 2005. Modelling of Spaceborne Linear Array Sensors. Institute of Geodesy and Photogrammetry, Swiss Federal Institute of Technology Zurich (ETH).

第8章 机载线阵传感器几何飞行定标

航测相机几何定标是航空摄影测量作业全过程的一个重要组成部分。国内外针对传统胶片式模拟相机开展了大量研究和实践，形成了较为成熟的理论和方法。但数字航测相机类型多样，结构复杂，特别是线阵传感器在成像特性和作业流程上与传统方式存在较大区别，集成 GPS/IMU 系统也带来传感器空间关系测定等问题，定标内容多，解算难度大，以框幅式模拟相机为主体形成的技术和方法难以适用。一些引进的数字航测相机甚至要交由相机提供商进行定期检定，如 ADS40 相机要求每两年返厂检定一次，实际操作难度很大，给数字航测相机的推广和使用造成极大不便，因此亟待开展传感器几何定标的相关研究。本章以 ADS40 三线阵 CCD 相机和国产大视场三线阵 CMOS 相机 GFHK-02 为研究对象，对机载三线阵传感器系统实验场几何定标的方法、流程、模型及算法进行深入研究。

8.1 几何定标内容分析

以 ADS40 相机为例，几何定标的内容包括 ADS40 相机和机载 GPS/IMU 系统，前者检校的参数包括相机内方位元素 $(x_0, y_0, -f)$、物镜光学畸变参数以及 CCD 变形和位移参数；后者主要检校 IMU 视轴偏心角。

具体而言，ADS40 有两个随机配套文件：一是相机检校文件（*.cam），文件记录了 12000 个 CCD 像元的焦平面坐标，它是在实验室检定的基础上，综合考虑各种误差因素后，各个 CCD 像元在焦平面上的理想成像位置，而非实际安置位置。图 8.1 为根据某

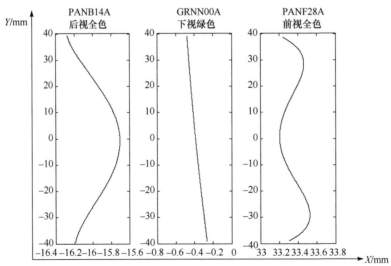

图 8.1　ADS40 相机 CCD 线阵形状示意图

款 ADS40 相机 cam 文件提供的 CCD 像元坐标绘制的线阵形状示意图，可见完全呈曲线特征，前、后视尤其明显，显然对各 CCD 像元按直线实际安置不可能出现如此大的变形，但在加入各种误差因素后，其理想成像位置会明显偏离实际安置位置，由此可见改正误差影响的重要性。ADS40 几何定标的任务之一就是通过定标得到相机各项参数的更新值，并重写相机检校文件。二是 IMU 视轴偏心角文件（misalignment.dat），文件记录了 IMU 视轴偏心角的出厂检定值，其经过一定时期后会发生某种程度的改变，须经过几何定标获取 IMU 视轴偏心角改正量。

8.2 自检校几何定标模型

8.2.1 相机误差模型

为实现基于自检校的传感器几何定标，建立合理有效的相机误差模型尤为关键。针对三线阵传感器，鉴于其成像方式与一般框幅式相机存在很大区别，因此可以考虑两种思路：思路一是建立虚拟框幅式影像，采用传统框幅式相机误差模型进行建模，将各个线阵看作虚拟影像的组成单元，则相机参数模型适用于任一线阵影像；思路二是将各个线阵得到的影像独立看待，分别设置各自的误差参数。

针对思路一，可以采用 Brown 设计的应用广泛的 29 参数模型，虽然 Brown 模型最初是为胶片式模拟相机设计的，但对于线阵 CCD/CMOS 相机仍然适用。在欧洲空间数据研究中心数字相机检校试验中即采用了 Brown 模型进行 DMC 和 UCD 影像的自检校光束法平差，ORIMA 软件自检校模块采用的也是 Brown 附加参数模型，并对其进行了改化，表达式如下（Tempelmann et al., 2003）：

$$
\begin{cases}
\begin{aligned}
\Delta x = {} & a_1 x + a_2 y + a_3 x^2 + a_4 xy + a_5 y^2 + a_6 x^2 y + a_7 xy^2 \\
& + \frac{x}{r}\left(c_1 x^2 + c_2 xy + c_3 y^2 + c_4 x^3 + c_5 x^2 y + c_6 xy^2 + c_7 y^3 \right) \\
& + x\left(k_1 r^2 + k_2 r^4 + k_3 r^6 \right) + p_1\left(y^2 + 3x^2 \right) + 2p_2 xy + \delta x_c + (x/f)\Delta_f \\
\Delta y = {} & b_1 x + b_2 y + b_3 x^2 + b_4 xy + b_5 y^2 + b_6 x^2 y + b_7 xy^2 \\
& + \frac{y}{r}\left(c_1 x^2 + c_2 xy + c_3 y^2 + c_4 x^3 + c_5 x^2 y + c_6 xy^2 + c_7 y^3 \right) \\
& + y\left(k_1 r^2 + k_2 r^4 + k_3 r^6 \right) + p_2\left(x^2 + 3y^2 \right) + 2p_1 xy + \delta y_c + (y/f)\Delta_f
\end{aligned}
\end{cases}
\tag{8.1}
$$

式中，(x, y) 为像点坐标；r 为像点辐射距离，即 $r^2 = x^2 + y^2$；29 个参数中，f 表示主距；(x_0, y_0) 为像主点坐标；$a_1, a_2, \cdots, a_7$ 和 $b_1, b_2, \cdots, b_7$ 是描述底片变形的参数；$c_1, c_2, \cdots, c_7$ 是描述底片弯曲的参数；k_1, k_2, k_3 为径向畸变参数；p_1, p_2 为偏心畸变参数。

针对思路二，基于 4.2 节对线阵传感器误差分析及建模的结果，主要考虑沿 y 轴方向的比例尺变化影响、线阵在焦平面内的平移影响、沿 x 轴方向的旋转影响及线阵列弯曲影响，由此建立单线阵传感器误差模型为

$$\begin{cases} \Delta x = \left(\Delta x_p + dc_c\right) - \dfrac{\Delta f}{f}\overline{x} + \left(k_1 \cdot r^2 + k_2 \cdot r^4 + k_3 \cdot r^6\right)\overline{x} + p_1\left(r^2 + 2\overline{x}^2\right) + 2p_2\overline{xy} + b_1\overline{x} + b_2\overline{y} + \overline{y}\sin\theta + \overline{y}r^2b \\ \Delta y = \left(\Delta y_p + dy_c\right) - \dfrac{\Delta f}{f}\overline{y} + \left(k_1 \cdot r^2 + k_2 \cdot r^4 + k_3 \cdot r^6\right)\overline{y} + 2p_1\overline{xy} + p_2\left(r^2 + 2\overline{y}^2\right) + \overline{y}s_y \end{cases}$$

$$(8.2)$$

式中，θ 为线阵 CCD/CMOS 在焦平面内旋转的角度；s_y 为沿线阵扫描方向比例尺因子，其余参数参见 4.2 节。简便起见，可将 dc_c 和 dy_c 合并到主点坐标偏移量 Δx_p 和 Δy_p 中，并令式（8.2）中

$$b_2\overline{y} + \overline{y}\sin\theta + \overline{y}r^2b = \left(b_2 + \sin\theta + r^2b\right)\overline{y} = s_x\overline{y} \qquad (8.3)$$

于是有

$$\begin{cases} \Delta x = \Delta x_p - \dfrac{\Delta f}{f}\overline{x} + \left(k_1 \cdot r^2 + k_2 \cdot r^4 + k_3 r^6\right)\overline{x} + p_1\left(r^2 + 2\overline{x}^2\right) + 2p_2\overline{xy} + b_1\overline{x} + s_x\overline{y} \\ \Delta y = \Delta y_p - \dfrac{\Delta f}{f}\overline{y} + \left(k_1 \cdot r^2 + k_2 \cdot r^4 + k_3 r^6\right)\overline{y} + 2p_1\overline{xy} + p_2\left(r^2 + 2\overline{y}^2\right) + s_y\overline{y} \end{cases}$$

$$(8.4)$$

对单镜头三线阵传感器，各线阵安置在同一焦平面上，共用一套光学系统，因此可采用同一组光学畸变系数。设线阵列 $j(j=1,2,3)$，则自检校附加参数模型表达式为

$$\begin{cases} \Delta x_j = \Delta x_{pj} - \dfrac{\Delta f}{f}\overline{x} + \left(k_1 \cdot r^2 + k_2 \cdot r^4 + k_3 r^6\right)\overline{x} + p_1\left(r^2 + 2\overline{x}^2\right) + 2p_2\overline{xy} + b_{1j}\overline{x} + s_{xj}\overline{y} \\ \Delta y_j = \Delta y_{pj} - \dfrac{\Delta f}{f}\overline{y} + \left(k_1 \cdot r^2 + k_2 \cdot r^4 + k_3 r^6\right)\overline{y} + 2p_1\overline{xy} + p_2\left(r^2 + 2\overline{y}^2\right) + s_{yj}\overline{y} \end{cases}$$

$$(8.5)$$

式中，$\overline{x} = (x - x_0), \overline{y} = (x - y_0), r^2 = \overline{x}^2 + \overline{y}^2$；$(x_0, y_0)$ 为像主点坐标；k_1, k_2, k_3 为径向畸变系数；p_1，p_2 为偏心畸变系数；f 为传感器焦距；Δf 为焦距变化量；s_{xj} 为线阵 j 飞行方向的旋转角度因子；b_1 为像平面内畸变系数；s_{yj} 为扫描方向的比例因子；Δx_{pj}、Δy_{pj} 为主点坐标偏移量。

8.2.2　GPS 观测值数学模型

如图 8.2 所示，在机载 POS 和航摄仪集成安装时，GPS 天线相位中心 A 与投影中心 S 不可能重合，两者之间存在偏心矢量 $\vec{SA}$。设 $M\text{-}XYZ$ 是以 M 为原点的地面坐标系，A 和 S 的坐标分别为 (X_A, Y_A, Z_A) 和 (X_S, Y_S, Z_S)，$S\text{-}uvw$ 是以 S 为原点的像空间辅助坐标系，A 的坐标为 (u, v, w)，则有

$$\begin{bmatrix} X_A \\ Y_A \\ Z_A \end{bmatrix} = \begin{bmatrix} X_S \\ Y_S \\ Z_S \end{bmatrix} + \boldsymbol{R} \cdot \begin{bmatrix} u \\ v \\ w \end{bmatrix} \qquad (8.6)$$

式中，$\boldsymbol{R}$ 是由外方位角元素构成的旋转矩阵。

基于载波相位观测量的动态 GPS 定位，在时间不太长的航摄飞行中，会产生随航摄时间线性变化的系统误差（Friess，1999）。A 为 GPS 天线相位中心位置，A_1 为 GPS 的实际测量位置，两者间存在漂移误差 $\vec{AA_1}$，且有 $\vec{AA_1} = \vec{AA_0} + \vec{A_0A_1}$，其中 $\vec{AA_0}$ 表示漂移误差

中的常量部分，$\vec{A_0 A_1}$ 表示漂移误差中的随时间变化部分。在式（8.6）中引入 GPS 漂移误差改正模型，则有

$$\begin{bmatrix} X_A \\ Y_A \\ Z_A \end{bmatrix} = \begin{bmatrix} X_S \\ Y_S \\ Z_S \end{bmatrix} + \boldsymbol{R} \cdot \begin{bmatrix} u \\ v \\ w \end{bmatrix} + \begin{bmatrix} a_X \\ a_Y \\ a_Z \end{bmatrix} + \begin{bmatrix} b_X \\ b_Y \\ b_Z \end{bmatrix} \cdot (t - t_0) \tag{8.7}$$

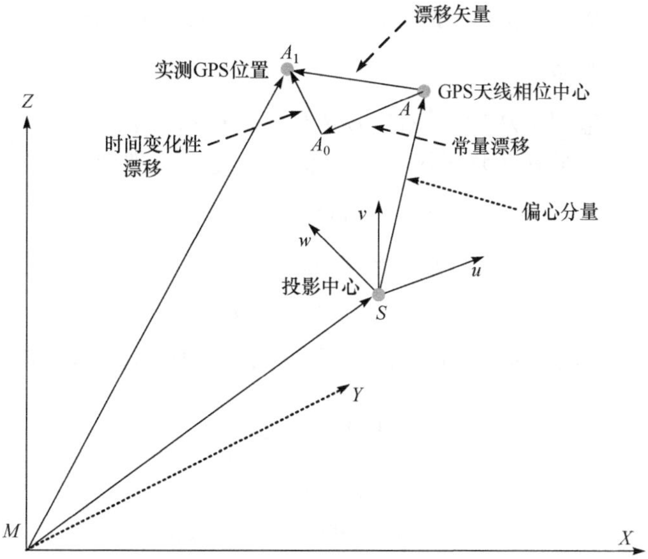

图 8.2　GPS 定位航摄原理图

式中，t_0 为参考时刻；$a_X, a_Y, a_Z, b_X, b_Y, b_Z$ 统称为摄站坐标的系统漂移参数；a_X, a_Y, a_Z 表示常量漂移误差参数；b_X, b_Y, b_Z 表示随时间变化的漂移误差参数。将式（8.7）线性化后可得 GPS 摄站坐标误差方程形式为

$$\begin{bmatrix} v_{X_A} \\ v_{Y_A} \\ v_{Z_A} \end{bmatrix} = A \cdot \begin{bmatrix} \Delta\varphi \\ \Delta\omega \\ \Delta k \end{bmatrix} + \begin{bmatrix} \Delta X_S \\ \Delta Y_S \\ \Delta Z_S \end{bmatrix} + \boldsymbol{R} \cdot \begin{bmatrix} \Delta u \\ \Delta v \\ \Delta w \end{bmatrix} + \begin{bmatrix} \Delta a_X \\ \Delta a_Y \\ \Delta a_Z \end{bmatrix} + (t - t_0) \cdot \begin{bmatrix} \Delta b_X \\ \Delta b_Y \\ \Delta b_Z \end{bmatrix} - \begin{bmatrix} X_A \\ Y_A \\ Z_A \end{bmatrix} + \begin{bmatrix} X_A \\ Y_A \\ Z_A \end{bmatrix} \tag{8.8}$$

式中，$A = \dfrac{\partial X_A, Y_A, Z_A}{\partial \omega, \varphi, \kappa}$，为 GPS 摄站坐标 (X_A, Y_A, Z_A) 对外方位角元素 ω, φ, κ 的一阶偏导数；$[X_A \ Y_A \ Z_A]^\mathrm{T}$ 为计算得到的 GPS 摄站坐标近似值。写成矩阵形式为

$$V_G = \overline{A}t + Rr + Dd - L_G \tag{8.9}$$

　　式（8.9）是 GPS 摄站坐标的观测方程，式中，V_G 为 GPS 摄站观测坐标值的改正数向量；t 为像片外方位元素未知数的增量向量；r 为偏心分量未知数的增量向量；d 为线性漂移误差改正数向量；$\overline{A}$ 为对应于 t 的系数矩阵；R 为对应于 r 的系数矩阵；D 为对应于 d 的系数矩阵；L_G 为 GPS 摄站坐标观测值的常数项向量。

8.2.3　IMU 观测值数学模型

　　如图 8.3 所示，$M\text{-}XYZ$ 是以 M 为原点的地面坐标系，$S\text{-}uvw$ 是以 S 为原点的像空间

坐标系（等同于传感器坐标系），设像空间坐标系到地面坐标系的外方位角元素(ω,φ,κ)构成的旋转矩阵为$\boldsymbol{R}_{\mathrm{AT}}$；$O\text{-}x_by_bz_b$是 IMU 几何中心为原点的 IMU 载体坐标系，$O\text{-}x_by_bz_b$与$S\text{-}uvw$之间存在 IMU 视轴偏心角(e_x,e_y,e_z)，构成旋转矩阵$\boldsymbol{R}_{\mathrm{MIS}}$；由 GPS/IMU 导航解直接测量的的姿态角为$(\alpha,\beta,\gamma)$，其构成的旋转矩阵为$\boldsymbol{R}_{\mathrm{IMU}}$，则三个旋转矩阵之间满足如下数学关系：

$$\boldsymbol{R}_{\mathrm{AT}}(\omega,\varphi,\kappa) = \boldsymbol{R}_{\mathrm{IMU}}(\alpha,\beta,\gamma) \cdot \boldsymbol{R}_{\mathrm{MIS}}(\omega_{\mathrm{MIS}},\varphi_{\mathrm{MIS}},\kappa_{\mathrm{MIS}}) \tag{8.10}$$

式（8.10）可改写为

$$\boldsymbol{R}_{\mathrm{IMU}}(\alpha,\beta,\gamma) = \boldsymbol{R}_{\mathrm{AT}}(\omega,\varphi,\kappa) \cdot \boldsymbol{R}_{\mathrm{MIS}}(\omega_{\mathrm{MIS}},\varphi_{\mathrm{MIS}},\kappa_{\mathrm{MIS}})^{\mathrm{T}} \tag{8.11}$$

假定式（8.11）中各旋转角均采用$\omega\text{-}\varphi\text{-}\kappa$系统，考虑到一般数值较小，可求出$(\alpha,\beta,\gamma)$：

$$\begin{cases} \alpha = -\arctan(r_{23}/r_{33}) \\ \beta = \arcsin(r_{13}) \\ \gamma = n\pi - \arctan(r_{12}/r_{11}) \end{cases} \tag{8.12}$$

式中，$r_{i,j}$为$\boldsymbol{R}_{\mathrm{IMU}}(\alpha,\beta,\gamma)$的矩阵元素，对于$\gamma$角，可根据$r_{12}$和$r_{11}$确定整数$n$的数值。

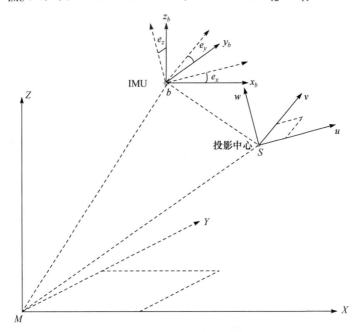

图 8.3　IMU 与投影中心关系示意图

式（8.11）和式（8.12）为 IMU 偏心角检校的数学模型。利用该模型求解偏心角有两种方法：一是先利用传统空三方法求解出外方位角元素ω,φ,κ，然后将其与 IMU 姿态角(α,β,γ)同时代入式（8.10）求出偏心角，即"两步法"；二是依据式（8.11）在光束法平差系统中引入 IMU 姿态角观测值，通过联合平差同时求解外方位元素和 IMU 视轴偏心角，即"一步法"（Skaloud and Schaer, 2003; Pinto and Forlani, 2002; Mostafa, 2001）。两步法偏心角检校的优点是不需要对现有的光束法平差软件进行修改，只需增加一个单独的偏心角检校模块即可，一步法偏心角检校则在理论上更加严格，也是本书采用的检校方法。

8.2.4 自检校联合定标模型

如果将 GPS 观测值的数学模型引入自检校平差中，则平差的基本误差方程式在式（5.2）的基础上变为

$$
\begin{cases}
V_X = Bx + At + Ca & & & -L_X & P_X \\
V_C = E_x x & & & -L_C & P_C \\
V_A = & E_a a & & -L_A & P_A \\
V_G = & \overline{A}t & + Rr + Dd & -L_G & P_G
\end{cases}
\tag{8.13}
$$

式中，r 为偏心分量未知数的增量向量；d 为漂移误差改正数向量；$\overline{A}$、R、D 为 GPS 摄站坐标误差方程式对应于 t、r、d 未知数的系数矩阵。如果 GPS 偏心分量事先用地面测量手段精确测得，则 $r = 0$，仅需考虑 GPS 漂移误差；如果进行 IMU 偏心角的联合定标，直接应用式（8.11）的偏心角模型较为复杂，其中涉及大量的三角函数计算。同时，当航偏角 κ 接近 90°时，式（8.12）中的 $r_{11} \approx 0$，此时 r_{11} 较小的误差或数值舍入会使结果偏差很大，误差方程状态较不稳定，极有可能出现迭代不收敛的情况。简单起见，可采用类似于 GPS 系统误差改正的方式，将 IMU 视准轴误差视为系统偏移和漂移处理，此时 IMU 测量误差的改正模型可表示为

$$
\begin{bmatrix} \omega \\ \varphi \\ \kappa \end{bmatrix} = \begin{bmatrix} \omega_{\mathrm{IMU}} \\ \varphi_{\mathrm{IMU}} \\ \kappa_{\mathrm{IMU}} \end{bmatrix} + \begin{bmatrix} a_\omega \\ a_\varphi \\ a_\kappa \end{bmatrix} + \begin{bmatrix} b_\omega \\ b_\varphi \\ b_\kappa \end{bmatrix} \cdot (t - t_0)
\tag{8.14}
$$

式中，$(a_\omega, a_\varphi, a_\kappa, b_\omega, b_\varphi, b_\kappa)$ 统称为 IMU 姿态角的漂移误差改正参数。在式（8.13）的基础上再引入 IMU 测量误差的改正模型，则平差的基本误差方程式为

$$
\begin{cases}
V_X = Bx + At + Ca & & & -L_X & P_X \\
V_C = E_x x & & & -L_C & P_C \\
V_A = & E_a a & & -L_A & P_A \\
V_G = & \overline{A}t & + Rr + Dd & -L_G & P_G \\
V_{\mathrm{INS}} = & \overline{A}_l t & + Qq + Ee & -L_{\mathrm{INS}} & P_{\mathrm{INS}}
\end{cases}
\tag{8.15}
$$

式中，q 为偏心角分量未知数的增量向量；e 为线性漂移误差改正数向量；$\overline{A}_l$、Q、E 为 IMU 观测值误差方程式对应于 t、q、e 未知数的系数矩阵。

8.3　几何定标方案设计

以机载线阵 CCD 传感器为例，基于自检校的传感器几何定标的总体流程如图 8.4 所示，主要步骤有输入数据的准备、建立机载线阵 CCD 传感器严格成像模型、进行自检校区域网联合平差、定标结果的综合验证与精度评价以及数据的输出等。具体步骤如下：①选取地面控制点并从影像数据上进行相应像点坐标的精确量测，实现区域网内影像连

接点的自动选取；②从 GPS/IMU 信息中提取外方位数据，建立 GPS 观测值数学模型和 IMU 视轴偏心角模型；③建立机载线阵 CCD 传感器严格成像模型；④建立用于定标的自检校区域网联合平差模型并进行迭代运算；⑤判断迭代中止后对解算的参数进行综合验证与精度评价，经确认后输出各项标定结果。

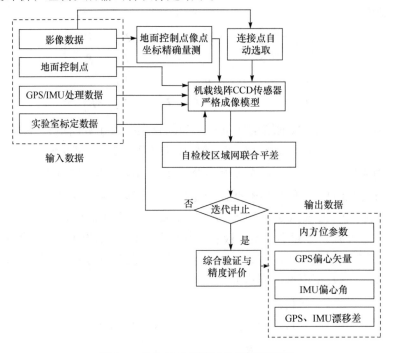

图 8.4　自检校几何定标的技术流程图

其中，自检校区域网联合平差是整个定标工作的核心，其设计流程如图 8.5 所示，主要分为以下三个阶段：首先，按常规平差方法进行不带附加参数的区域网平差，可获

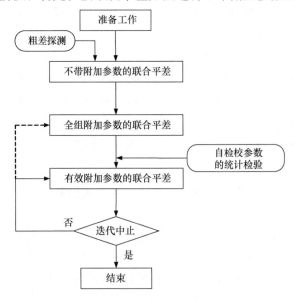

图 8.5　自检校区域网联合平差的技术流程图

取比较接近的近似值，同时采用粗差探测技术初步剔除观测数据和控制数据中可能含有的粗差；其次，通过成像误差分析设置自检校参数，并使用完整的参数组进行区域网平差，在此过程中须进行自检校附加参数的统计检验，通过合并相关项和剔除不显著参数，保证最终采用的附加参数合适、有效；最后，利用保留的附加参数再进行区域网平差，并对平差的结果进行评估，如有问题则须查明原因，返回前面步骤，直至迭代计算达到满意。

8.4　ADS40 机载线阵传感器几何定标

ADS40 机载线阵传感器几何定标的内容为相机误差参数和 IMU 视轴偏心角，采用自检校定标可以考虑两种思路，思路一是进行联合定标，即将相机误差参数、IMU 视轴偏心角误差参数同时引入自检校区域网联合平差中进行联合答解；思路二是进行单项定标，即分别只考虑相机误差或 IMU 视轴偏心角，分别进行自检校平差解算。

8.4.1　联合定标实验

1. 实验方法与步骤

步骤 1：直接定位及误差分析。

分别利用厂商提供的相机原始检校文件（记为 cam0）和摄影同时获取的 POS 数据进行影像直接定位实验，评定定位精度，分析系统误差状况，该项工作已在 7.3 节直接定位实验中完成，精度统计结果如表 7.1 所示。

步骤 2：用于定标的自检校区域网联合平差。

对 ADS40 数据进行不同控制条件下的常规光束法平差，评定定位精度（该项工作已在前面实验中完成）；在此基础上，引入相机误差模型和 IMU 视轴偏心角模型，进行用于定标的自检校区域网联合平差，对平差结果进行比对分析，观察精度改善情况。

步骤 3：相机检校文件更新。

分别从各组自检校区域网联合平差中选取最优项，并从中提取检校参数。利用相机误差参数，根据相机误差模型的函数形式来计算像点坐标的附加值 $(\Delta x, \Delta y)$，进而计算和生成新的相机文件，所采用公式如下：

$$\begin{cases} x' = \dfrac{x - \Delta x}{f + df} \cdot f \\ y' = \dfrac{y - \Delta y}{f + df} \cdot f \end{cases} \tag{8.16}$$

式中，(x, y) 为原始相机文件的坐标值；(x', y') 为新生成相机文件的坐标值；f 为原始主距；df 为主距改正值。同时，利用 IMU 视准轴误差改正值得到新的 IMU 视轴偏心角。

步骤 4：定标参数的有效性验证。

直接定位精度验证：以更新的相机文件分别代替原始相机文件，并保持其他条件不变，再次对同组数据进行影像直接定位实验，与步骤 1 所得结果进行比较分析，验证定标参数的有效性。

光束法平差精度验证：以更新的相机文件分别代替原始相机文件，并保持其他条件不变，再次对同组数据进行常规光束法平差，与步骤 2 所得结果进行比较分析，验证定标参数的有效性。

步骤 5：定标参数的时效性验证。

定标参数的时效性验证包括短时间间隔验证和长时间间隔验证，在同机拍摄的 D600、D1000、D3000 和 D4500 四组数据中，前三组数据获取时间间隔较短（2009 年 8 月 12～15 日），而后一组数据获取时间间隔较长（2010 年 3 月 28 日）。以生成的新相机检校文件分别对 D4500 进行直接定位实验，以验证定标参数的有效性。

2. 实验结果与分析

1）用于定标的自检校平差实验

选取数据 D600、D1000 及 D3000 分别进行自检校区域网联合平差，采用 OIM 轨道模型及本书提出的 ADS40 相机误差模型，采用不同控制点配置模式以验证控制点数量对平差精度的影响，并将其余控制点作为独立检查点以进行精度评定，实验结果如表 8.1 所示。

表 8.1　常规区域网平差与自检校区域网联合平差结果

数据	常规区域网平差				自检校区域网联合平差			
	地面控制点/独立检查点	检查点中误差/m			地面控制点/独立检查点	检查点中误差/m		
		X	Y	Z		X	Y	Z
D600	3/62	0.108	0.166	0.163	3/62	0.032	0.043	0.051
	5/60	0.067	0.158	0.126	5/60	0.024	0.039	0.047
	9/56	0.064	0.160	0.125	9/56	0.023	0.034	0.046
	12/53	0.062	0.161	0.126	12/53	0.021	0.035	0.042
D1000	3/40	0.089	0.207	0.221	3/40	0.039	0.062	0.082
	5/38	0.084	0.198	0.211	5/38	0.037	0.055	0.077
	9/34	0.087	0.126	0.205	9/34	0.036	0.045	0.074
	12/31	0.085	0.122	0.199	12/31	0.036	0.041	0.069
D3000	3/57	0.456	0.561	0.477	3/57	0.089	0.125	0.147
	5/55	0.453	0.524	0.437	5/55	0.086	0.122	0.140
	9/51	0.437	0.516	0.378	9/51	0.078	0.119	0.128
	12/48	0.439	0.511	0.372	12/48	0.073	0.120	0.126

从表 8.1 可以看出，自检校区域网联合平差可以有效地削弱系统性误差影响，显著提升定位精度；与常规区域网平差的情况相似，自检校区域网联合平差的精度与控制点数量的改变关联性不是很强，在控制点数量极少的情况下，适当增加控制点可在一定程度上提高自检校区域网联合平差的精度，但幅度不大，当控制点增加到一定数量后，平差趋于稳定，再增加控制点的作用不大。为更直观地表现自检校区域网联合平差对定位精度的改善情况，选取三组数据平差基本稳定的实验项（GCP=12），将检查点残差换算成影像地面分辨率，并将同组数据的直接定位结果与常规区域网平差结果一并考虑，绘

制精度变化曲线如图 8.6 所示。

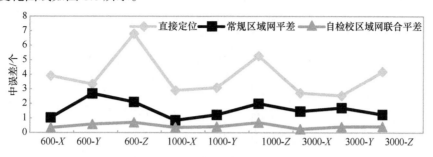

图 8.6 三组数据三种方法的定位精度比较

从图 8.6 可以看出，采用自检校区域网联合平差后，三组实验数据的平差精度在 X、Y、Z 三个方向上均得到显著提高，相比常规区域网平差，最小提高幅度为 0.49 个影像地面分辨率（D1000-X），最大提高幅度为 2.1 个影像地面分辨率（D600-Y），其余在 0.7～1.4 个影像地面分辨率。对比三条变化曲线可以看出，直接定位的精度最差，整条曲线上浮，离开"0"基线最小在 2.5 个影像地面分辨率，系统误差影响明显；经常规区域网平差后，精度得到提升，整条曲线下降，离"0"基线已在 1 个像元左右，说明系统误差已得到部分补偿，但对定位精度仍存在一定影响；再经自检校区域网联合平差后，定位精度得到进一步改善，整条曲线已经基本触底，表明系统误差已得到绝大部分补偿，对定位精度的影响已经很小。从三条精度曲线的形状看，直接定位曲线起伏最大，检查点精度变化幅度为 3.5～7 个像元，而经过常规区域网平差后，曲线跳变的幅度降至 0.8～2.7 个像元；再经自检校区域网联合平差后，精度起伏范围稳定在 0.3～0.7 个像元，整条曲线变得比较流畅平滑。以上实验证实了，自检校区域网联合平差在补偿系统误差、提高定位精度方面的有效性和稳定性。

在 Leica 公司推出的针对 ADS40 的空中三角测量软件 ORIMA 中，自检校区域网联合平差模块采用的是经过改化的 Brown 误差模型[式（8.1）]，本书也将其引入自检校区域网联合平差实验中以和式（8.5）进行比对，实验结果如表 8.2 所示。从表 8.2 可以看出，采用 Brown 模型进行自检校区域网联合平差可以明显提升定位精度，在改善幅度上与自设误差模型大体相当，自设误差模型稍占优势。

表 8.2 采用 Brown 模型自检校区域网联合平差结果

地面控制点数目	D600（中误差/m）			D1000（中误差/m）			D3000（中误差/m）		
	X	Y	Z	X	Y	Z	X	Y	Z
5	0.059	0.048	0.054	0.048	0.051	0.071	0.078	0.122	0.131
9	0.034	0.037	0.052	0.044	0.049	0.071	0.073	0.120	0.126
12	0.028	0.039	0.045	0.039	0.047	0.067	0.069	0.121	0.125

2）相机检校文件的更新

分别从 D600、D1000 和 D3000 三组自检校局域网联合平差实验中选取最优项，提取检校参数，以原始相机文件 cam0 为基础生成三个新的相机检校文件，分别标记为 cam600、cam1000、cam3000。为更直观地显示新旧相机检校文件的区别，分别绘制 cam0

与 cam600、cam1000、cam3000 三组新旧相机文件的坐标曲线图，如图 8.7 所示，Y 轴从上向下分别对应三组相机文件，X 轴从左到右分别对应各组中的前视、下视、后视 CCD。

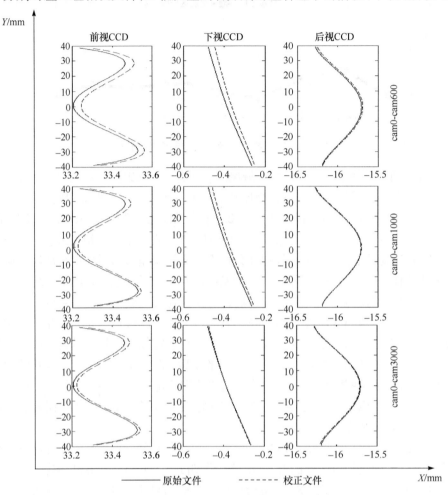

图 8.7　定标前后 CCD 线阵形状对比图

　　从图 8.7 可以看出，在同等显示比例下，定标前后 CCD 像元理想成像位置在 X 方向（飞行方向）变化较大，而在 Y 方向（CCD 阵列方向）比较稳定。在 X 方向上，前视与下视 CCD 改变更为明显，而后视 CCD 改变幅度要小很多；观察三组曲线可以发现，cam600位置改变最大，cam1000 与 cam600 的曲线变化较接近，但幅度要稍小一些，cam3000的改变主要体现在前视 CCD 上，且幅度最小，而下视和后视 CCD 则与 cam0 仍基本保持一致。

　　从三组数据的自检校区域网联合平差实验中提取 IMU 视轴偏心角改正数，结果如图8.8 所示。从图 8.8 可以看出，三组数据获取的改正数存在较大差异，基本没有规律可言，相比之下，cam600 与 cam3000 的差异及变化趋势更为接近。

　　3）定标参数有效性验证实验

　　第一，直接定位验证。

　　分别采用新生成的相机检校文件对三组数据再次进行直接定位实验，以评估相机参数改变给定位精度带来的影响，结果如表 8.3 所示。

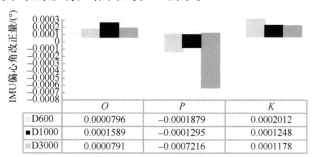

	O	P	K
D600	0.0000796	−0.0001879	0.0002012
D1000	0.0001589	−0.0001295	0.0001248
D3000	0.0000791	−0.0007216	0.0001178

图 8.8　IMU 视轴偏心角改正量

O、P、K 表示 3 个视轴偏心角

表 8.3　定标后直接定位精度统计

检校文件	D600（中误差/m）			D1000（中误差/m）			D3000（中误差/m）		
	X	Y	Z	X	Y	Z	X	Y	Z
Cam0	0.235	0.200	0.408	0.293	0.309	0.523	0.814	0.763	1.258
Cam600	0.164	0.121	0.132	0.146	0.244	0.201	0.249	0.354	0.723
Cam1000	0.155	0.102	0.128	0.137	0.242	0.190	0.256	0.322	0.686
Cam3000	0.242	0.186	0.184	0.298	0.352	0.290	0.770	0.522	1.172

从表 8.3 可以看出，与采用 cam0 相比，采用 cam600、cam1000 和 cam3000 对三组数据进行直接定位，定位精度得到明显改善，说明更新后的相机参数可以有效提高影像定位精度；但也应看到，三组参数在实际应用效果上不尽相同，cam600 和 cam1000 要明显优于 cam3000。为便于比对，将检查点残差换算为影像地面分辨率，结果如图 8.9 所示。

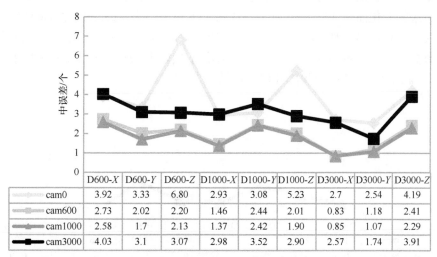

	D600-X	D600-Y	D600-Z	D1000-X	D1000-Y	D1000-Z	D3000-X	D3000-Y	D3000-Z
cam0	3.92	3.33	6.80	2.93	3.08	5.23	2.7	2.54	4.19
cam600	2.73	2.02	2.20	1.46	2.44	2.01	0.83	1.18	2.41
cam1000	2.58	1.7	2.13	1.37	2.42	1.90	0.85	1.07	2.29
cam3000	4.03	3.1	3.07	2.98	3.52	2.90	2.57	1.74	3.91

图 8.9　采用不同检校文件直接定位结果比较

由图 8.9 可以看出，cam3000 的改善效果较差，cam600 和 cam1000 的效果较好且基本相当，两者在平面 X、Y 方向改善幅度较接近，平均在 1.3 个像元左右，而在 Z 方向上

改善最为明显,最大为 4.67 个像元,最小为 1.9 个像元;cam0 对应的曲线起伏变化较大,而新检校文件对应的精度曲线则比较平缓,特别是 cam600 和 cam1000,两条曲线极为近似且比较平滑,定位精度趋于稳定;D600 和 D1000 两组数据的定标结果比较理想,且 D1000 的效果更好一些。

第二,常规光束法平差验证。

从表 8.4 可以看出,采用新相机文件再次对几组数据进行常规光束法平差,在其他条件不变的情况下,三组数据的平差精度有了明显提高;与直接定位的验证结果相似,cam600 和 cam1000 效果最好且精度相当,与自检校区域网联合平差的精度比较接近,且对几组数据均表现出很好的适用性;cam3000 的效果相对较差,对 D600、D1000 两组数据的平差效果不佳,与采用 cam0 的平差结果相比,精度提高不显著,个别方向甚至略有下降,但 D3000 数据自身采用 cam3000 进行平差,则效果很显著,仅略低于 cam600 和 cam1000,大体处于同一水平。

表 8.4　定标后常规光束法平差结果

| 检校文件 | D600（中误差/m） | | | D1000（中误差/m） | | | D3000（中误差/m） | | |
| | 地面控制点/独立检查点=9/56 | | | 地面控制点/独立检查点=9/34 | | | 地面控制点/独立检查点=9/51 | | |
	X	Y	Z	X	Y	Z	X	Y	Z
Cam0	0.062	0.161	0.126	0.085	0.122	0.199	0.439	0.511	0.372
Cam600	0.023	0.034	0.053	0.042	0.053	0.089	0.064	0.097	0.119
Cam1000	0.021	0.034	0.048	0.037	0.044	0.089	0.067	0.104	0.122
Cam3000	0.064	0.157	0.108	0.076	0.104	0.143	0.075	0.124	0.130

为更好地进行比对和分析,将检查点残差换算为影像地面分辨率,绘出四组数据常规平差结果的变化曲线如图 8.10 所示。从图 8.10 可以看出,cam600 和 cam1000 的精度变化曲线非常相近,且起伏变化不大;而 cam3000 仅应用于 D3000 数据时才有较好效果,对其他数据基本没有效果,因此整条曲线的起伏依然较大,表明 cam3000 的适用性不强,cam600、cam1000 是比较理想的几何定标结果。

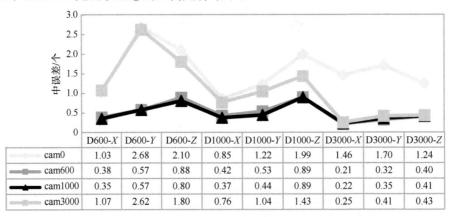

	D600-X	D600-Y	D600-Z	D1000-X	D1000-Y	D1000-Z	D3000-X	D3000-Y	D3000-Z
cam0	1.03	2.68	2.10	0.85	1.22	1.99	1.46	1.70	1.24
cam600	0.38	0.57	0.88	0.42	0.53	0.89	0.21	0.32	0.40
cam1000	0.35	0.57	0.80	0.37	0.44	0.89	0.22	0.35	0.41
cam3000	1.07	2.62	1.80	0.76	1.04	1.43	0.25	0.41	0.43

图 8.10　采用不同检校文件常规平差的结果比较

第三，定标参数时效性验证实验。

以 cam0、cam600、cam1000 及 cam3000 分别对数据 D4500 进行直接定位实验，其结果如图 8.11 所示。从图 8.11 可以看出，定标后生成的三组检校文件进行直接定位，其定位精度与采用 cam0 的直接定位精度相比，仅在 Z 方向上有一定效果且提升幅度不大，在 X、Y 方向上则基本维持原有水平，甚至稍有下降，说明几组检校参数，包括前面应用效果良好的 cam600 和 cam1000，都已经失去了作用。这表明，在航摄时间间隔较短的情况下（如本次实验的 3～5 天），定标结果对不同航高、不同架次的航摄飞行是非常有效的；但在时间间隔较长的情况下（如本次实验的 7 个多月），定标结果基本失去效力，说明传感器参数又有新的改变，需重新进行几何定标。具体定标参数的有效性随时间衰减情况有待通过更多实验进一步验证。

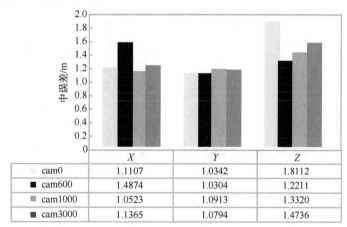

	X	Y	Z
cam0	1.1107	1.0342	1.8112
cam600	1.4874	1.0304	1.2211
cam1000	1.0523	1.0913	1.3320
cam3000	1.1365	1.0794	1.4736

图 8.11　D4500 采用不同检校文件直接定位的结果比较

8.4.2　单项定标实验

1. 实验数据与方法

单项定标是指在用于定标的自检校区域网联合平差中仅设置相机误差参数或只考虑 IMU 视轴偏心角误差。为验证这种思路的定标效果，首先选取 D600 和 D4500 两组数据，分别进行常规光束法平差、只考虑 IMU 视轴偏心角误差的自检校区域网联合平差、只考虑内定向误差参数的自检校区域网联合平差，以及同时考虑内定向误差参数和 IMU 视轴偏心角误差的自检校区域网联合平差，方便起见分别标记为 normal、self-IMU、self-inner 和 self-all，self-all 平差后生成的检校文件分别记为 cam600 和 cam4500，self-inner 平差后生成的新相机文件记为 cam-inner，self-IMU 平差后相机文件保持不变；然后分别利用原始及新检校文件对两组数据进行直接定位实验以验证定标效果。

2. 实验结果与分析

自检校区域网联合平差及直接定位的实验结果如表 8.5 所示。为更直观地进行比对和评估，分别将两组数据采用不同模式进行自检校区域网联合平差的结果绘成图 8.12，将采用不同相机文件进行直接定位的结果绘成图 8.13。

表 8.5　多模式自检校区域网联合平差及直接定位结果统计

数据	自检校区域网联合平差（中误差/m）				直接定位（中误差/m）			
	平差模式	X	Y	Z	相机文件	X	Y	Z
D600	normal	0.062	0.161	0.126	cam0	0.235	0.200	0.408
	self-IMU	0.053	0.167	0.112	—	—	—	—
	self-inner	0.041	0.063	0.052	cam-inner	0.229	0.211	0.395
	self-all	0.021	0.035	0.042	cam600	0.164	0.121	0.132
D4500	normal	0.570	0.677	0.517	cam0	1.111	1.034	1.811
	self-IMU	0.558	0.683	0.509	—	—	—	—
	self-inner	0.275	0.348	0.338	cam-inner	1.124	1.306	2.173
	self-all	0.158	0.224	0.172	cam4500	1.088	0.894	1.763

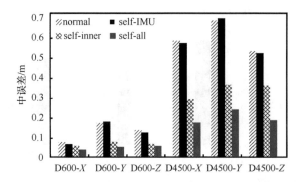

图 8.12　不同自检校区域网联合平差模式的结果比较

可以看出，与常规平差 normal 相比，self-IMU 的定位精度基本与常规平差 normal 一致，但在个别方向甚至稍有下降；self-inner 在精度上虽比 normal 有较大程度的提高，但相比效果最好 self-all 仍有一定差距，self-all 的效果要明显优于其他自检校区域网联合平差模式。在直接定位实验中，虽然 self-inner 平差处理后定位精度得到了提升，但是其平差后生成的相机文件 cam-inner 却在直接定位实验中应用效果不佳，在 D600 实验中对定位精度的改善幅度十分有限，在 D4500 实验中的定位精度甚至低于采用 cam0 的直接定位精度，说明生成的检校参数存在一定问题；而采用 cam4500 进行直接定位的效果同样不佳，也仅比 cam0 的直接定位精度有小幅提高，表明检校参数也不理想，这与 8.4.1 节定标参数时间性验证实验中 cam3000 的情况比较类似。

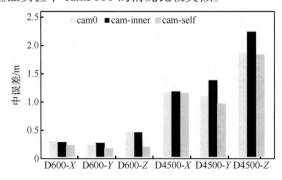

图 8.13　不同相机文件直接定位的结果比较

8.4.3　标定实验结论

（1）自检校技术适用于机载线阵 CCD 传感器的实验场几何定标。8.2.1 节提出的 ADS40 相机误差模型、8.2.4 节提出的自检校联合定标模型是适用有效的，设计的定标方案合理可行，可用于航测生产作业实践。

（2）对机载集成传感器而言，采用内外联合定标方式是合理的选择，而分开进行单项定标的效果不理想。分析认为，ADS40 影像定位的系统性误差主要源于相机误差参数和外方位误差参数（如 IMU 视轴偏心角），两者虽有内外之分，但并非完全割裂开来，参数间往往存在一定的相关性并相互影响。如果只进行单项定标，则通过平差解算，内外系统误差影响将会被或内或外的单向误差参数所吸收，此时虽然自检校区域网联合平差精度可能会提高（如实验中的 self-inner），但解算出的参数值反映的是内外系统误差综合作用的结果，不符合传感器实际误差分布状况，其稳定性和有效性都很难判定，这也是 self-inner 自检校区域网联合平差精度有效提高，但生成的 cam-inner 用于直接定位实验效果不佳的原因。

（3）采用内外联合定标的方式可以综合和平衡各种误差因素，能够更有效地剔除或削弱内外两方面系统误差影响，因此效果较好。但即便如此，自检校区域网联合平差过程中系统误差也不可能做到完全内外分开、各项参数分开，其具体结果受航线架构、区域网几何强度、控制点数量及分布、像点坐标的量测质量、各项观测值权值的设定，以及解算方法和过程等多种因素的影响。因此，最终定标结果的体现应是一组可用的定标参数，而不是某个定标参数的具体量值。从 8.4.1 节 D600 和 D1000 两组数据的定标实验可以看出，尽管两组数据的实验效果均不错，而且定位精度水平相当，但解算的 IMU 视轴偏心角的改正量却有较大差别。

（4）用于几何定标的影像数据应进行区分和选择，应特别注意控制点在影像上的点位是否能被清晰识别和精确量测。在 8.4 节 ADS40 机载线阵传感器几何定标实验中，共选取了四组不同航高的 ADS40 数据，单从数据本身的自检校区域网联合平差效果来看，均能有效提升定位精度，但利用定标参数生成检校文件后，实用效果却有明显差距。cam1000 适用性和有效性最好，cam600 稍差一些，cam3000 及后来实验的 cam4500 除了可用于自身数据以外，对其他数据基本没有效果，甚至起到他作用。

分析认为，这与定标所用影像上控制点对应像点坐标的量测精度具有直接关系。定标实验场的控制点是人工埋石的永久性地面标志点，如图 8.14（a）所示，并在靶标设计上充分顾及便于识别和高精度量测等因素，但 ADS40 的 L0 级影像由于存在较大变形，给点位精确量测造成一定困难，在分辨率较高的 D600 和 D1000 影像上问题还不突出，而在分辨率较低的 D3000、D4500 影像上则具有不容忽视的影响，如图 8.14（b）～图 8.14（d）所示。在控制点不能精确量测的情况下，将额外引入量测误差，尽管自检校区域网联合平差仍有一定效果，但不适于用来检定传感器成像参数。从嵩山摄影测量与遥感定标综合实验场 ADS40 多架次的摄影情况来看，在相对航高为 500～2000m 时，控制点靶标均能在影像上清晰识别，可以用作几何定标数据，而考虑航飞限制等因素，1000～1500m 应该是比较理想的选择。

（5）实验场定标参数的有效性仅限于一定时间周期内。在较短的时间内，一次定标的参数对同一相机不同飞行架次、不同航高的数据是适用有效的,但有效性随时间衰减,超过一定期限后基本失去效力。

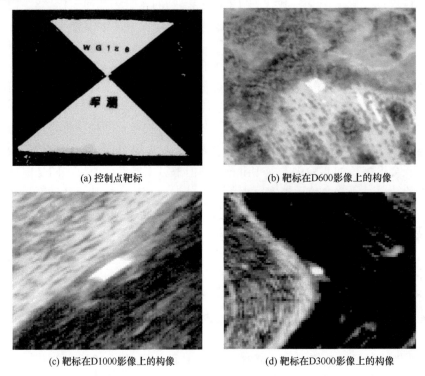

| (a) 控制点靶标 | (b) 靶标在D600影像上的构像 |
| (c) 靶标在D1000影像上的构像 | (d) 靶标在D3000影像上的构像 |

图 8.14 嵩山摄影测量与遥感综合定标验场地面靶标及其成像

8.5 国产机载线阵传感器几何定标

GFXJ 相机是在我国高分辨率对地观测系统重大专项支持下自行研制的首台机载大视场三线阵相机。它采用三线阵推扫方式成像,在航摄过程中可同时从前视、下视、后视 3 个不同角度对地面目标进行推扫成像,提供 3 个视角的全色影像与 4 个波段的多光谱(R、G、B、NIR)影像。每条 CMOS 线阵列达 32756 个像元,且为整条而非多片拼接,是目前已知像元最多的单线阵传感器。与 ADS 系列相机相比,GFXJ 相机焦距长,视场大,镜头畸变、线阵变形等误差因素对几何定位精度的影响更为显著。

8.5.1 基于探元指向角的分段自检校定标模型

与 ADS40 相机类似,GFXJ 相机可建立物理几何变形模型。其优势是对每一项几何变形误差来源都有清晰的解释和定义,缺点是参数过多可能导致过参数化,且参数间不可避免地存在相关性,包括相机参数与外方位元素间的强相关性,主点偏移和偏心畸变参数 p_1、p_2 间的强相关性,以及焦距和畸变参数 b_1 间的强相关性等,导致相机定标难以获得稳定可靠的定标值。因此,借鉴航天线阵相机定标的研究成果(王密等,2017;Tang,2015;孟伟灿等,2015);不考虑各几何畸变具体的物理意义,采用一种数学意义上的经验模型综合描述各种几何畸变的影响，并将这种综合影响归算为每个探元指向角的变化。基于指向角的标定模型不考虑相机内部畸变的具体类型，仅对相机内部畸变的总体结果进行拟合，可涉及各种潜在的、不易建模的物理畸变。考虑到相机主距与某些相机参数（如线阵缩放）间具有很强的相关性，对主距和其他相机参数进行联合平差，容易导致方程无解。因此，采用主距归一化的处理方式，建立描述像点 p 像空间坐标值 (x',y',z') 的指向角模型：

$$\begin{cases} x' = \dfrac{x}{f} = \tan \Psi_x \\[2mm] y' = \dfrac{y}{f} = \tan \Psi_y \\[2mm] z' = -1 \end{cases} \tag{8.17}$$

式中，(x,y) 是像平面坐标系下的像点坐标；(x',y',z') 是归一化后的像空间坐标；$p(x',y',z')$ 与地面点 $P(X,Y,Z)$ 满足共线条件模型；Ψ_x 和 Ψ_y 为 CCD/CMOS 探元的指向角，其中 Ψ_x 表示沿轨方向的指向角，Ψ_y 表示垂轨方向的指向角。

星载线阵传感器视场角较小，焦距较长，线阵列平移旋转缩放、主距变化和低阶径向畸变等几何误差变形可采用低阶几何畸变曲线描述，高阶畸变可以忽略不计。但 GFXJ 相机 CMOS 探元数目多，视场大，几何变形因素更为复杂，为了准确地描述其几何变形，在此提出基于探元指向角的分段自检校标定模型。式（8.18）描述了线阵列上每一探元的指向角变化：

$$\begin{cases} \tan \Psi_x = \tan \Psi_{x0} + ax_0^i + ax_1^i \times (s-s_i) + ax_2^i \times (s-s_i)^2 + ax_3^i \times (s-s_i)^3 \\ \tan \Psi_y = \tan \Psi_{y0} + bx_0^i + bx_1^i \times (s-s_i) + bx_2^i \times (s-s_i)^2 + bx_3^i \times (s-s_i)^3 \end{cases} \quad (i=1,2,3\cdots) \tag{8.18}$$

式中，s 为探元的列号；s_i 为 CMOS 线阵第 i 分段的起始列号，对于线阵上的探元 s 其像空间坐标为 $(\tan \Psi_x, \tan \Psi_y, -1)$，其初值为实验室测量值 $(\tan \Psi_{x0}, \tan \Psi_{y0}, -1)$；$\Psi_{x0}$ 为沿轨方向指向角初值，即实验室标定的相机交会角；Ψ_{y0} 为垂轨方向的指向角初值，由探元尺寸和列号计算。各种变形因素的综合影响为

$$\begin{cases} ax_0^i + ax_1^i \times (s-s_i) + ax_2^i \times (s-s_i)^2 + ax_3^i \times (s-s_i)^3 \\ bx_0^i + bx_1^i \times (s-s_i) + bx_2^i \times (s-s_i)^2 + bx_3^i \times (s-s_i)^3 \end{cases}$$

其中，ax_0^i、ax_1^i、ax_2^i、bx_0^i、bx_1^i、bx_2^i 为自检校标定模型中该分段的待标定参数，对于 GFXJ 相机，前视/下视/后视阵列的待标定参数互不相同，各自独立。

在 CMOS 分段边界处，相邻分段 i 和 $i+1$ 计算出的指向角应满足等值约束条件：

$$\begin{cases} ax_0^i + ax_1^i \times (s-s_i) + ax_2^i \times (s-s_i)^2 + ax_3^i \times (s-s_i)^3 \\ \quad = ax_0^{i+1} + ax_1^{i+1} \times (s-s_{i+1}) + ax_2^{i+1} \times (s-s_{i+1})^2 + ax_3^{i+1} \times (s-s_{i+1})^3 \\ bx_0^i + bx_1^i \times (s-s_i) + bx_2^i \times (s-s_i)^2 + bx_3^i \times (s-s_i)^3 \\ \quad = bx_0^{i+1} + bx_1^{i+1} \times (s-s_{i+1}) + bx_2^{i+1} \times (s-s_{i+1})^2 + bx_3^{i+1} \times (s-s_{i+1})^3 \end{cases} \quad (i=1,2,3\cdots) \tag{8.19}$$

式中，ax_0^i、ax_1^i、ax_2^i、ax_3^i、bx_0^i、bx_1^i、bx_2^i、bx_3^i 是第 i 分段的待标定变形参数；ax_0^{i+1}、ax_1^{i+1}、ax_2^{i+1}、ax_3^{i+1}、bx_0^{i+1}、bx_1^{i+1}、bx_2^{i+1}、bx_3^{i+1} 是 $i+1$ 分段的待标定参数。

此外，如果考虑到曲线光滑，还应附加一阶导数相等的条件，即

$$\begin{cases} ax_1^i + 2ax_2^i \times (s-s_i) + 3ax_3^i \times (s-s_i)^2 \\ = ax_1^{i+1} + 2ax_2^{i+1} \times (s-s_{i+1}) + 3ax_3^{i+1} \times (s-s_{i+1})^2 \\ bx_1^i + 2bx_2^i \times (s-s_i) + 3bx_3^i \times (s-s_i)^2 \\ = bx_1^{i+1} + 2bx_2^{i+1} \times (s-s_{i+1}) + 3bx_3^{i+1} \times (s-s_{i+1})^2 \end{cases} \quad (i=1,2,3\cdots) \qquad (8.20)$$

8.5.2 循环二步法几何定标方案

基于式（8.18）～式（8.20），建立机载线阵影像的严格几何成像模型：

$$\begin{cases} \tan \Psi_x = -\dfrac{a_1(X-X_S^j) + b_1(Y-Y_S^j) + c_1(Z-Z_S^j)}{a_3(X-X_S^j) + b_3(Y-Y_S^j) + c_3(Z-Z_S^j)} \\[3mm] \tan \Psi_y = -\dfrac{a_2(X-X_S^j) + b_2(Y-Y_S^j) + c_2(Z-Z_S^j)}{a_3(X-X_S^j) + b_3(Y-Y_S^j) + c_3(Z-Z_S^j)} \end{cases} \qquad (8.21)$$

式中，(X,Y,Z) 为地面点坐标；(X_S^j, Y_S^j, Z_S^j) 为第 j 扫描行的外方位线元素；a_i、b_i、c_i $(i=1,2,3)$ 为外方位角元素所构旋转矩阵的系数。采用定向片模型对 GFXJ 相机进行空中三角测量平差和相机标定。定向片的外方位元素模型为式（7.33），将其代入式（8.21），得到：

$$\begin{cases} \tan \Psi_x = -\dfrac{a_1(X-(c_jX_S^k+(1-c_j)X_S^{k+1}-\delta X_j)) + b_1(Y-(c_jY_S^k+(1-c_j)Y_S^{k+1}-Y_S^j)) + c_1(Z-(c_jZ_S^k+(1-c_j)Z_S^{k+1}-\delta Z_j))}{a_3(X-(c_jX_S^k+(1-c_j)X_S^{k+1}-\delta X_j)) + b_3(Y-(c_jY_S^k+(1-c_j)Y_S^{k+1}-Y_S^j)) + c_3(Z-(c_jZ_S^k+(1-c_j)Z_S^{k+1}-\delta Z_j))} \\[3mm] \tan \Psi_y = -\dfrac{a_2(X-(c_jX_S^k+(1-c_j)X_S^{k+1}-\delta X_j)) + b_2(Y-(c_jY_S^k+(1-c_j)Y_S^{k+1}-Y_S^j)) + c_2(Z-(c_jZ_S^k+(1-c_j)Z_S^{k+1}-\delta Z_j))}{a_3(X-(c_jX_S^k+(1-c_j)X_S^{k+1}-\delta X_j)) + b_3(Y-(c_jY_S^k+(1-c_j)Y_S^{k+1}-Y_S^j)) + c_3(Z-(c_jZ_S^k+(1-c_j)Z_S^{k+1}-\delta Z_j))} \end{cases}$$

$$(8.22)$$

将式（8.22）线性化，得到方程：

$$\begin{cases} v_x = c_j \cdot (a_{11}dX_S^k + a_{12}dY_S^k + a_{13}dZ_S^k + a_{14}d\omega^k + a_{15}d\varphi^k + a_{16}d\kappa^k) \\ \quad + (1-c_j) \cdot (a_{11}dX_S^{k+1} + a_{12}dY_S^{k+1} + a_{13}dZ_S^{k+1} + a_{14}d\omega^{k+1} + a_{15}d\varphi^{k+1} + a_{16}d\kappa^{k+1}) \\ \quad - a_{11}dX - a_{12}dY - a_{13}dZ - l_x \\ v_y = c_j \cdot (a_{21}dX_S^k + a_{22}dY_S^k + a_{23}dZ_S^k + a_{24}d\omega^k + a_{25}d\varphi^k + a_{26}d\kappa^k) \\ \quad + (1-c_j) \cdot (a_{21}dX_S^{k+1} + a_{22}dY_S^{k+1} + a_{23}dZ_S^{k+1} + a_{24}d\omega^{k+1} + a_{25}d\varphi^{k+1} + a_{26}d\kappa^{k+1}) \\ \quad - a_{21}dX - a_{22}dY - a_{23}dZ - l_y \end{cases} \qquad (8.23)$$

式中，l_x、l_y 为常数项，dX、dY、dZ 为控制点坐标的改正数，对于高精度的控制点，此项可不考虑。组合式（8.18）、式（8.19）、式（8.20）、式（8.23），提出适用于 GFXJ 相机标定的整体标定方程如下：

$$\begin{cases} V_x &= AX &+BX_g &+CX_s &-L_x & P_x \\ V_s &= & & E_sX_s &-L_s & P_s \\ V_1 &= & & A_1X_s &-L_1 & P_1 \\ V_2 &= & & A_2X_s &-L_2 & P_2 \\ V_g &= & E_gX_g & &-L_g & P_g \end{cases} \tag{8.24}$$

式中，X 为外方位元素改正数向量；X_g 为控制点坐标的改正数向量；X_s 为待标定相机参数 ax_0^i、ax_1^i、ax_2^i、ax_3^i、bx_0^i、bx_1^i、bx_2^i、bx_3^i 构成的参数向量；V_s 为相机参数观测值残差向量；V_x 为像点坐标观测值残差向量；V_1、V_2 为等值约束条件和 1 阶连续约束条件下的观测值残差向量；V_g 为地面坐标观测值残差向量；(A,B,C,A_1,A_2,E_s,E_g) 为相应的设计矩阵；L_x 为像点坐标的观测值矢量；L_g 为控制点坐标观测值矢量；L_s、L_1、L_2 为相应的常数项矢量；P_x 为像点坐标的权矩阵；P_s 为待标定参数的权矩阵；P_1 和 P_2 为约束条件的权矩阵；P_g 为控制点坐标的权矩阵。

式（8.24）考虑了相机外方位元素和前视、下视、后视传感器的变形因素，比较全面地描述了 GFXJ 相机的各种变形误差。但在实验中发现，直接利用式（8.24）对 GFXJ 相机一体化整体标定，虽然标定后的定位精度较高，但不同实验数据获得的相机标定参数不够稳定。分析认为，采用一体化整体标定，外方位元素和待标定相机参数一起答解，存在一些不可避免的相关性，造成定位误差在标定过程中的随机配赋，难以获得稳定可靠的相机待标定参数。因此，将外方位元素改正数和相机变形参数进行分开独立标定，迭代进行，外方位元素平差按照式（8.25）进行，相机变形参数按照式（8.26）标定。

$$\begin{cases} V_x &= AX &+BX_g &-L_x & P_x \\ V_g &= & E_gX_g &-L_g & P_g \end{cases} \tag{8.25}$$

$$\begin{cases} V_s &= E_sX_s &-L_s & P \\ V_1 &= A_1X_s &-L_1 & P_1 \\ V_g &= A_2X_s &-L_g & P_2 \end{cases} \tag{8.26}$$

据此提出针对 GFXJ 相机的循环两步法标定步骤如下。

步骤 1：对 GFXJ 影像建立以每条扫描行为中心的严格成像模型，将 GNSS/IMU 观测数据转换到 UTM 地图投影坐标系下（也可采用局部地面辅助坐标系或空间地心直角坐标系）。

步骤 2：对 GFXJ 影像实施基于图形处理通用并行运算架构（graphics processing unit computer unified device architecture，GPU-CUDA）加速处理的多航线影像匹配，提取大量连接点数据。

步骤 3：以式（8.25）为基础，利用控制点数据和影像匹配获得的连接点数据，构建多航线的区域网。采用定向片模型，建立 GFXJ 影像的大规模平差区域网，进行空中三角测量处理。以每条扫描行的 GNSS/IMU 观测值为初值，获得定向片的外方位元素值和每条扫描行的外方位元素改正数 $(\Delta X_S, \Delta Y_S, \Delta Z_S, \Delta\omega, \Delta\varphi, \Delta\kappa)$。

步骤 4：固定步骤 3 获得的外方位元素值不变，以每个定向片为采样数据，依据式（8.26）进行相机参数标定，获得相机参数 ax_0^i、ax_1^i、ax_2^i、bx_0^i、bx_1^i、bx_2^i（$i=1,2,3\cdots$）的标定值。

步骤 5：以分段 CMOS 的相机参数标定值 ax_0^i、ax_1^i、ax_2^i、bx_0^i、bx_1^i、bx_2^i 为基础，利用式（8.18）计算前视、下视、后视 CMOS 阵列上每一探元的像点坐标 $\left(\tan\varPsi_x, \tan\varPsi_y\right)$，反求探元指向角 $\left(\varPsi_x, \varPsi_y\right)$ 并写入文件。

步骤 6：以探元指向角文件为基础，重新计算控制点和连接点的像平面坐标，设像点 p_0 的像素坐标为 (s,l)，用 S 表示 p_0 的整数列号，用 d 表示像点 p_0 列数的小数，d 在 $0\sim1$，即

$$\begin{cases} S = \text{int}\left(p_0(s)\right) \\ d = p_0(s) - S \end{cases} \qquad （8.27）$$

在探元指向角文件中，如果第 S 个和第 $S+1$ 个 CMOS 探元的探元指向角分别为 $\left(\varPsi_{x1}, \varPsi_{y1}\right)$ 和 $\left(\varPsi_{x2}, \varPsi_{y2}\right)$，则 p_0 的探元指向角 $\left(\varPsi_x, \varPsi_y\right)$ 为

$$\begin{cases} \varPsi_x = \varPsi_{x1} + d \cdot \left(\varPsi_{x2} - \varPsi_{x1}\right) \\ \varPsi_y = \varPsi_{y1} + d \cdot \left(\varPsi_{y2} - \varPsi_{y1}\right) \end{cases} \qquad （8.28）$$

再重新计算像坐标 $\left(\tan\varPsi_x, \tan\varPsi_y\right)$，利用更新后的像平面坐标，再次进行步骤 3 中的区域网平差。

步骤 7：利用区域网平差的结果，再次进行步骤 4～步骤 6 中的相机参数标定和像点坐标计算。迭代循环步骤 3～步骤 6，直至外方位元素的改正数 $\left(\Delta X_S, \Delta Y_S, \Delta Z_S, \Delta\omega, \Delta\varphi, \Delta\kappa\right)$ 和相机标定参数 ax_0^i、ax_1^i、ax_2^i、ax_3^i、bx_0^i、bx_1^i、bx_2^i、bx_3^i 的改正数趋于稳定，前后两次迭代改正数之差小于阈值，则迭代结束，跳出循环。

步骤 8：由前视、下视、后视 CMOS 阵列上每一探元的指向角 $\left(\varPsi_x, \varPsi_y\right)$ 生成像点坐标标定文件（cam 文件）。

8.5.3 实例与分析

1. 实验数据

利用 GFXJ 相机分别在河南登封嵩山摄影测量与遥感定标综合实验场和黑龙江鹤岗地区进行了两次标定校飞。2017 年 5 月 23 日、25 日在嵩山摄影测量与遥感综合定标实验场区域组织了两次飞行，获取了两组数据进行区域网平差和标定实验。图 8.15 所示为嵩山摄影测量与遥感综合定标实验场覆盖区域、飞行实验区域和控制点分布图，两次实验飞行高度均为 2000m。其中，白色折线框表示 5 月 23 日飞行获取的四条十字交叉航线，影像覆盖区域内分布 108 个控制点，50 个控制点位于多条航线重叠范围内（简称数据 A），白色实线框表示 5 月 25 日飞行获取的两条往返航线数据，影像覆盖区域内分布 85 个控制点，13 个控制点位于多条航线重叠范围内（简称数据 B）。控制点像点坐标采用人工量测，精度约 0.3 个像元。

2017 年 10 月 17 日在黑龙江鹤岗区域进行了标定校飞（图 8.16）。红色#型半透明区域是 2600m 航高的四条航线飞行区域，绿色实线标注的#型区域是 1700m 高度的四条规

划航线飞行区域。该城市地区主要地貌为平原，在该区域采用 GPS 野外量测的方式采集了 200 个控制点。选用 2600m 高度的飞行数据（简称数据 C）进行区域网平差和标定研究。

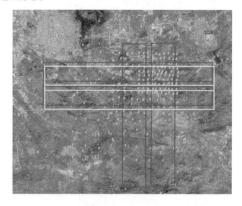

图 8.15　嵩山摄影测量与遥感定标综合实验场及
飞行数据和控制点分布

图 8.16　黑龙江鹤岗标定校飞实验区域

2. 实验与分析

实验包括以下四部分：

（1）采用机载线阵相机分段自检校定标模型和循环两步法标定方案，对三组飞行数据进行定标处理，获得三组前视、下视、后视 CMOS 上每一探元的指向角标定值，并由此生成相机检校 cam 文件；

（2）利用实验室初始检定参数对三组数据进行无控直接定位及精度评价；

（3）利用 cam 文件再次实施无控直接定位，验证 cam 文件的有效性；

（4）基于 cam 文件，辅以少量控制点进行区域网平差，进一步检核 cam 文件的精度和可靠性。

1）像点坐标文件 cam 定标实验

利用三组实验数据得到的前视、下视、后视 CMOS 阵列的探元指向角定标值如图 8.17～图 8.19 所示。三组数据在图例中分别标记为 DataA、DataB 和 DataC。

从图 8.17～图 8.19 可以看出，得到的三组定标值中，在 CMOS 阵列方向上，前视、

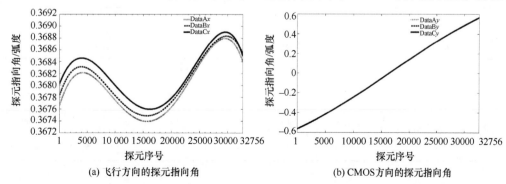

(a) 飞行方向的探元指向角　　　　　　　　(b) CMOS 方向的探元指向角

图 8.17　三组实验数据定标得到的前视 CMOS 上的每一探元指向角

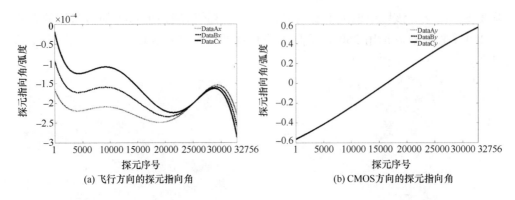

(a) 飞行方向的探元指向角 　　　　　　　　(b) CMOS方向的探元指向角

图 8.18　三组实验数据定标得到的下视 CMOS 上的每一探元指向角

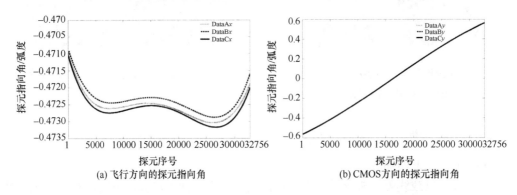

(a) 飞行方向的探元指向角 　　　　　　　　(b) CMOS方向的探元指向角

图 8.19　三组实验数据定标得到的后视 CMOS 上的每一探元指向角

下视、后视的指向角差别极小，趋势高度一致；在飞行方向上，前视和后视 CMOS 定标值曲线基本保持一致，差别很小，而下视 CMOS 阵列的指向角定标值曲线在 CMOS 阵列左侧差别较为明显。以数据 B 为参考,统计其相对于数据 A 和数据 C 的标定值差异。统计结果如表 8.6 所示，其中统计了沿飞行方向和 CMOS 阵列扫描方向的 32756 个探元的指向角差异大小，并将其转换到像元尺寸，以像元个数为衡量单位。

表 8.6　指向角定标值的统计分析　　　　　　　　　（单位：像元）

定标对象	比较对象	飞行方向的探元位置差异				CMOS 方向的探元位置差异			
		最大值	最小值	均值	均方根误差	最大值	最小值	均值	均方根误差
前视 CMOS	数据 A	4.446	0.702	2.067	0.771	1.898	0	1.266	0.604
	数据 C	5.096	0	2.852	1.283	1.066	0	3.998	1.283
下视 CMOS	数据 A	1.924	0	0.756	0.538	4.654	0.003	2.343	1.468
	数据 C	1.898	0	0.758	0.542	4.628	0.003	2.343	1.466
后视 CMOS	数据 A	7.514	2.99	4.608	0.598	4.498	0	1.988	0.999
	数据 C	10.660	5.122	7.357	0.942	11.93	0	5.275	3.862

数据 B 和数据 A 相对比：飞行方向的探元位置差异，前视、下视、后视探元位置差异均值分别为 2.067 个、0.756 个和 4.608 个像元，均方根误差分别为 0.771 个、0.538 个和 0.598 个像元；CMOS 方向的探元位置差异，前视、下视、后视均值分别为 1.266 个、2.343 个和 1.988 个像元，均方根误差分别为 0.604 个、1.468 个和 0.999 个像元。表明 A、B 两组数据定标的探元指向角差异很小，非常稳定。数据 B 和数据 C 相对比：飞行方向的探元位置差异，前视、下视、后视 CMOS 均值分别为 2.852 个、0.758 个和 7.357 个像元，均方根误差分别为 1.283 个、0.542 个和 0.942 个像元；CMOS 方向的探元位置差异，前视、下视、后视 CMOS 均值分别为 3.998 个、2.343 个和 5.275 个像元，均方根误差分别为 1.283 个、1.466 个和 3.862 个像元。可以看出，数据 B 和数据 C 的差异要明显大于数据 A 和数据 B 的差异，后视 CMOS 尤为明显，分析其原因有四：①数据 A、数据 B 获取时间、地点基本一致，而数据 C 与数据 A、数据 B 获取时间间隔长达 5 个月，且数据获取区域不同，成像环境和条件完全不同；②数据 C 的航高是 2600m，降低了地面分辨率；③数据 C 用于定标的 200 个控制点是飞行后进行刺点和野外量测的，因在城市区域，控制点点位选择受到很大限制，部分点位于房屋、花坛、水池角点等高程突变的地方，控制点采集精度低于数据 A 和数据 B；④数据 C 的后视影像成像质量有下降，控制点刺点精度受到影响。以上四个因素中，因素 3、因素 4 的影响最为突出。

对数据 A、B、C 三组指向角定标值取均值，对前视、下视、后视 CMOS 上每一探元，根据指向角计算其像坐标 $(\tan \varPsi_x, \tan \varPsi_y)$，得到标定后的 cam 文件，并通过直接定位和平差实验，验证 cam 文件的有效性、精度和可靠性。

2）基于实验室初始参数的直接定位

利用实验室定标的 GFXJ 相机交会角和 CMOS 探元尺寸计算指向角初值，同时利用 GNSS/IMU 测量值，对数据 A、B、C 进行直接定位实验，实验结果统计如表 8.7 所示。从均值和中误差指标中可以看出，GFXJ 相机的定位精度较差，三组数据平面精度相当，在 3～4m，数据 A 和数据 B 高程精度约为 6m，数据 C 高程精度仅为 9m。

表 8.7　直接定位实验　　　　　　　　（单位：m）

实验内容	X 方位定位精度				Y 方位定位精度				Z 方位定位精度			
	最大值	最小值	均值	均方根误差	最大值	最小值	均值	均方根误差	最大值	最小值	均值	均方根误差
数据 A	6.340	−4.739	1.402	3.897	5.073	−4.980	1.438	3.654	−2.803	−8.932	−6.930	6.487
数据 B	4.625	−3.186	0.880	3.256	4.634	−4.020	0.369	3.344	−3.777	−7.806	−6.386	6.218
数据 C	8.312	−6.113	2.611	4.855	7.724	−8.943	1.880	3.719	12.671	6.571	8.928	9.037

3）基于 cam 文件的再次直接定位

采用 cam 文件和 GNSS/IMU 测量值再次进行直接定位实验，得到实验结果如表 8.8 所示。

表 8.8　基于 cam 像点坐标文件的直接定位实验　　　　　（单位：m）

实验内容	X 方位定位精度				Y 方位定位精度				Z 方位定位精度			
	最大值	最小值	均值	均方根误差	最大值	最小值	均值	均方根误差	最大值	最小值	均值	均方根误差
数据 A	4.813	−4.414	0.722	3.543	4.363	−4.686	0.354	3.571	1.768	−0.798	0.560	0.823
数据 B	4.181	−2.797	0.458	3.161	1.821	−2.197	−0.140	1.751	1.589	−1.599	0.454	0.779
数据 C	6.501	−6.156	1.600	4.404	6.969	−6.231	1.138	3.552	3.259	−3.099	−0.200	0.908

从表 8.8 可以看出，采用 cam 像点坐标文件进行直接定位，X 和 Y 方向的平面精度略有提高，而高程精度的均方根误差分别为 0.823m、0.779m 和 0.908m，提高非常显著。这说明镜头畸变、线阵旋转、缩放等几何变形因素主要影响 GFXJ 相机的高程精度，对平面精度略有影响。同时证实采用本书提出的基于探元指向角的分段自检校定标模型和循环两步法定标方案可以有效地定标 GFXJ 相机的镜头和 CMOS 等畸变误差。

4）基于 cam 文件的光束法区域网平差

cam 像点坐标定标文件对 GFXJ 相机的内部固有误差进行了有效标定，但是 GNSS/IMU 测量值中还存在影响定位精度的系统误差和偶然误差，需要利用控制点进行区域网平差，对 GNSS/IMU 测量值中的系统误差和偶然误差进行消除，以进一步提高无控或少控条件下的定位精度。

以数据 B（有两条航线）为研究对象，利用 cam 文件，采用不同的控制点布设方案进行实验：

方案①每条航线中央布设 1 个控制点，整个区域网 2 个控制点参与平差；

方案②每条航线两端布设 1 个控制点，每条航线 2 个控制点参与平差，整个区域网 4 个控制点参与平差；

方案③每条航线首、中、末端各布设 1 个控制点，每条航线 3 个控制点参与平差，整个区域网 6 个控制点参与平差；

方案④每条航线两端布设 2 个控制点，每条航线 4 个控制点参与平差，整个区域网 8 个控制点参与平差，每端的 2 个控制点尽量接近影像的顶边和底边；

方案⑤每条航线两端布设 2 个控制点，中央布设 1 个控制点，每条航线 5 个控制点参与平差，整个区域网 10 个控制点参与平差，每端的 2 个控制点尽量接近图影像的顶边和底边，因为两条航线存在重叠区域，实际参与区域网平差的是 9 个控制点；

方案⑥每条航线首、中、末端各布设 2 个控制点，每条航线 6 个控制点参与平差，整个区域网 12 个控制点参与平差，每端的 2 个控制点尽量接近影像的顶边和底边，实际参与区域网平差的是 10 个控制点；

方案⑦每条航线两端布设 3 个控制点，每条航线 6 个控制点参与平差，整个区域网 12 个控制点参与平差，每端的 3 个控制点尽量接近影像的顶边、底边和中央位置分布，实际参与区域网平差的是 10 个控制点；

方案⑧每条航线首、中、末端各布设 3 个控制点，每条航线 9 个控制点参与平差，整个区域网 18 个控制点参与平差，每端的 3 个控制点尽量接近影像的顶边、底边和中央位置分布，实际参与区域网平差的是 15 个控制点。

不同控制点布设方案的区域网平差实验结果如表 8.9 所示。数据 B 共有 85 个控制点,除了参与平差的控制点,剩余点作为检查点,表 8.9 统计的是全部检查点的精度。

表 8.9　数据 B 基于 cam 文件的区域网平差结果　　　　　　（单位：m）

方案	X 方位定位精度				Y 方位定位精度				Z 方位定位精度			
	最大值	最小值	均值	均方根误差	最大值	最小值	均值	均方根误差	最大值	最小值	均值	均方根误差
方案①	0.077	−0.715	−0.043	0.107	0.887	−0.403	0.109	0.295	5.904	−11.415	−1.938	5.471
方案②	0.138	−0.668	0.016	0.099	0.294	−0.461	−0.067	0.156	2.167	−4.949	−0.648	2.031
方案③	0.129	−0.678	0.001	0.099	0.337	−0.304	−0.027	0.108	1.006	−3.024	−0.350	1.265
方案④	0.151	−0.659	0.008	0.093	0.382	−0.149	0.008	0.081	0.791	−0.701	0.030	0.227
方案⑤	0.161	−0.667	0.010	0.093	0.377	−0.158	0.004	0.080	0.812	−0.754	0.030	0.224
方案⑥	0.150	−0.674	0.005	0.092	0.378	−0.152	0.004	0.081	0.791	−0.698	0.022	0.229
方案⑦	0.155	−0.660	0.016	0.093	0.363	−0.160	−0.015	0.080	0.748	−0.740	0.005	0.231
方案⑧	0.143	−0.673	0.007	0.095	0.363	−0.162	−0.017	0.081	0.777	−0.674	0.032	0.223

从表 8.9 可以看出,在 cam 标定文件的基础上,采用 1 个控制点就能显著提高平面精度,但高程精度恶化,结果不稳定;随着控制点数目的增多高程精度不断提高,平面精度进一步稳定;方案④~方案⑧中,平面精度和高程精度都有显著提高,且结果趋于稳定。这说明采用“四角+中心”的控制点布设方案,可以很好地保证区域网平差的精度,采用更为密集的控制点布设方案区域网平差精度提高不显著。

对数据 A、B、C 采用控制点布设方案④进行区域网平差,结果如表 8.10 所示。

表 8.10　基于 cam 像点坐标文件的区域网平差实验　　　　　　（单位：m）

实验内容	X 方位定位精度				Y 方位定位精度				Z 方位定位精度			
	最大值	最小值	均值	均方根误差	最大值	最小值	均值	均方根误差	最大值	最小值	均值	均方根误差
数据 A	0.288	−0.689	0.018	0.116	0.207	−0.397	−0.019	0.091	0.524	−0.490	−0.022	0.192
数据 B	0.150	−0.659	0.0078	0.093	0.381	−0.149	0.008	0.081	0.790	−0.701	0.030	0.227
数据 C	0.589	−0.724	−0.015	0.252	0.597	−0.542	0.001	0.239	0.859	−0.792	0.147	0.269

表 8.10 的实验结果证实,定标后的 cam 像点坐标文件有效地消除了相机的固有内部变形误差。此时采用少量合理分布的控制点(如方案④),进行光束法区域网平差,就可有效消除 GNSS/IMU 测量值中的观测误差,显著提高几何定位精度。

参 考 文 献

孟伟灿,朱述龙,曹闻,等. 2015. 线阵推扫式相机高精度在轨几何标定. 武汉大学学报(信息科学版),40(10):1392-1399.

王密，杨博，李德仁，等. 2017. 资源三号全国无控制整体区域网平差关键技术及应用. 武汉大学学报（信息科学版），42（4）：427-433.

Friess P. 1999. Aerotriangulation with GPS-Methods，Experiences，Exception. Stuttgart：Photogrammetric Week 91.

Mostafa M M R. 2001. Digital Multi-Sensor System-Calibration and Performance Analysis. OEEPE Workshop Integrated Sensor Orientation，Hannover，2001.

Pinto L，Forlani G. 2002. A Single Step Calibration Procedure for IMU/GPS in Aerial Photogrammetry. Graz：ISPRS Commission III Symposium "Photogrammetric Computer Vision".

Skaloud J，Schaer P. 2003. Towards a More Rigorous Boresight Calibration. Castelldefels：ISPRS Workshop on Theory，Technology and Realities of Inertial/GPS Sensor Orientation.

Tang X M，Zhou P，Zhang G，et al. 2015. Verification of ZY-3 satellite imagery geometric accuracy without ground control points. IEEE Geoscience and Remote Sensing Letters，Vol 12，No.10：2100-2104.

Tempelmann U，Hinsken L，Recker U. 2003. ADS40 Calibration and Verfication Process. Zurich：Proceedings of Optical 3D Measurement Techniques Conference.

第 9 章　星载线阵传感器影像几何定位

实现星载线阵推扫式影像几何定位有直接定位和间接定位两种方式。在遥感卫星可以高精度地获取星历、姿态数据的情况下，经处理、转换、内插后可得到每一扫描行影像的外方位元素，理论上可实现影像的直接定位而无需地面控制。随着卫星定轨测姿技术的发展，高分辨率遥感卫星影像直接定位的精度也在不断提高。直接定位是依赖星历、姿态数据，利用严格成像模型，不依赖地面控制条件，直接实现影像像点的几何定位。间接定位是指利用地面控制点，采用空间后方交会或区域网平差方法解算出影像的外方位元素，然后再进行前交定位。卫星影像的区域网平差一般采用光束法平差方法，如果将星历、姿态数据作为带权观测值纳入区域网平差中进行联合解算，在获取加密点空间坐标的同时可进一步对外方位元素进行精化，则称之为姿轨数据辅助的区域网联合平差。姿轨观测数据辅助的区域网联合平差可大大减少对地面控制的依赖，是实现高精度目标三维定位的有效方法。

9.1　星载线阵传感器严格成像模型

9.1.1　空间坐标系定义

1. 瞬时影像坐标系（Insimage）

瞬时影像坐标系以影像上每条扫描线的中点为原点，沿扫描线方向为 y 轴，垂直扫描线方向即卫星运行方向为 x 轴。在瞬时影像坐标系中，每条扫描线像元的 $x=0$ ， y 值由像元大小及像元位置确定。

2. 影像坐标系（Image）

影像坐标系以影像的左上角为原点，沿扫描线方向为 y 轴，沿卫星运行方向为 x 轴。在影像坐标系中， x 坐标的值可根据影像的行数和每行影像的成像时间计算得到。图 9.1 为影像坐标系与瞬时影像坐标系之间的关系图。

3. 传感器坐标系（Sensor）

传感器坐标系的原点在线阵投影中心， y 轴平行于扫描行方向， x 轴垂直于扫描行指向线阵列推扫方向， z 轴按照右手规则确定。对于瞬时影像坐标系下的坐标 (x,y) ，只需加上 $-f$ （传感器主距）就可转换到传感器坐标系的坐标 $(x,y,-f)$ ，因此可将传感器坐标系看作摄影测量中的像空间坐标系。

4. 本体坐标系（Body）

如图 9.2 所示， O' 为瞬时影像坐标系的原点， x' 和 y' 为瞬时影像坐标系的横轴和纵轴，

O 为影像坐标系的原点，x 和 y 为影像坐标系的横轴和纵轴。本体坐标系又称主轴坐标系，是以卫星的质心为原点，三个坐标轴由卫星姿态控制系统定义，一般取卫星的三个主惯量轴。y 轴与卫星横轴一致，x 轴沿纵轴指向卫星飞行方向，z 轴按照右手法则确定。

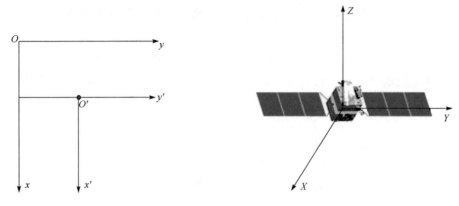

图 9.1　影像坐标系与瞬时影像坐标系关系图　　　　图 9.2　本体坐标系示意图

5. 轨道坐标系（Orbit）

如图 9.3 所示，轨道坐标系的坐标原点在卫星的质心，以卫星轨道平面为坐标平面。Z 轴方向由地心指向卫星质心，X 轴在轨道平面内与 Z 轴垂直并指向卫星运行方向，Y 轴按右手法则确定。

6. 空间固定惯性参考坐标系（CIS）

空间固定惯性参考坐标系，又称协议惯性坐标系（conventional intertial system,CIS），用来描述卫星在其轨道上的运动，它是轨道坐标系中的一种，通常卫星星历参数的计算都是基于该坐标系。空间固定惯性参考坐标系的原点为地球质心，Z 轴指向天球北极，X 轴指向春分点，Y 轴按照右手法则确定，如图 9.4 所示。地球围绕太阳运动，春分点和北极点经常发生变化，因此国际大地测量协会和国际天文学联合会便规定以某个时刻的春分点、北极点为基准，建立协议空间固定惯性系统。空间固定惯性参考坐标系一般采用国际大地测量协会和国际天文学联合会会议于 1984 年启用的协议天球坐标系 J2000。

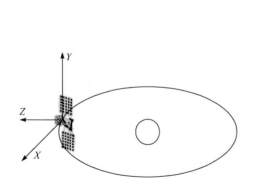

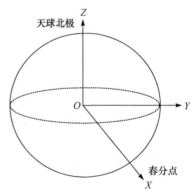

图 9.3　轨道坐标系示意图　　　　图 9.4　空间固定惯性参考坐标系示意图

7. 地心地固坐标系（CTS）

地心地固坐标系（conventional terrestrial system，CTS）一般用来描述地面点位置和卫星监测结果，坐标系定义参见 7.1.1 节，卫星严格成像模型中的物方坐标系一般采用地心地固坐标系，如 WGS84 坐标系。WGS84 与国际地球参考框架 2000（International Terrestrial Reference Frame 2000，ITRF 2000）点坐标的吻合精度为 1cm（魏子卿，2008），因此 WGS84 与 ITRF2000 的点位坐标可视为相等。

9.1.2 严格成像模型的构建

如图 9.5 所示，星载线阵传感器严格成像模型是以共线条件方程为依据，根据传感器几何成像特性，通过一系列坐标转换建立卫星影像像点坐标 p 与相应地面点坐标 P 的正确关系。

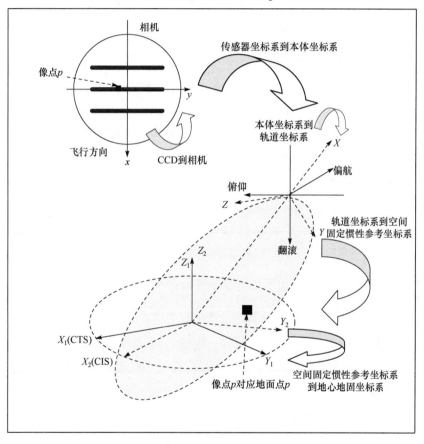

图 9.5　星载线阵传感器严格成像模型坐标示意图

1. 从影像坐标系转换到传感器坐标系

影像像点坐标 $p(x,y)$ 可由下式计算：

$$\begin{cases} x = (l - l_c) \cdot d_x \\ y = (s - s_c) \cdot d_y \end{cases} \tag{9.1}$$

式中，(l,s) 为像元的像素坐标；(l_c,s_c) 为影像中心的像素坐标；d_x、d_y 分别表示在 x 方

向和 y 方向的像元尺寸。设相机主距为 f，于是像元 p 在传感器坐标系中的坐标为 $(x, y, -f)$。

2. 从传感器坐标系转换到本体坐标系，转换关系矩阵记为 $\boldsymbol{R}_{\text{Sensor}}^{\text{Body}}$

$\boldsymbol{R}_{\text{Sensor}}^{\text{Body}}$ 表示摄影机相对卫星本体坐标系的安置矩阵，可由实验室测定给出。高分辨率遥感卫星通常提供每个 CCD 探元在本体坐标系下的两个指向角 ψ_X 和 ψ_Y，其中 ψ_X 为沿轨道方向的倾斜角，ψ_Y 为垂直轨道方向的倾斜角（不同卫星系统可能定义会有区别，以具体定义为准），则像元 p 在本体坐标系下的坐标为

$$\begin{bmatrix} X \\ Y \\ Z \end{bmatrix}_{\text{Body}} = \boldsymbol{R}_{\text{Sensor}}^{\text{Body}} \cdot \begin{pmatrix} x \\ y \\ -f \end{pmatrix} = f \cdot \begin{pmatrix} -\tan \Psi_Y \\ \tan \Psi_X \\ -1 \end{pmatrix} \tag{9.2}$$

3. 从本体坐标系转换到轨道坐标系，转换关系矩阵记为 $\boldsymbol{R}_{\text{Body}}^{\text{Orbit}}$

在遥感对地观测中，对地定向的三轴稳定卫星的姿态通常定义在轨道坐标系，用以表示本体坐标系在轨道坐标系中的空间姿态信息，其中绕 X 轴旋转的姿态角，称为滚动（ω）、绕 Y 轴旋转的姿态角，称为俯仰（φ），绕 Z 轴旋转的姿态角，称为偏航（κ），如该旋角系统采用以 X 轴为第一旋转轴的 ω-φ-κ 系统，则像元 p 对应成像时刻 t 的 $\boldsymbol{R}_{\text{Body}}^{\text{Orbit}}$ 为

$$\boldsymbol{R}_{\text{Body}}^{\text{Orbit}} = \boldsymbol{R}_\omega \boldsymbol{R}_\varphi \boldsymbol{R}_\kappa$$

$$= \begin{bmatrix} 1 & 0 & 0 \\ 0 & \cos \omega_t & -\sin \omega_t \\ 0 & \sin \omega_t & \cos \omega_t \end{bmatrix} \begin{bmatrix} \cos \phi_t & 0 & \sin \varphi_t \\ 0 & 1 & 0 \\ -\sin \varphi_t & 0 & \cos \varphi_t \end{bmatrix} \begin{bmatrix} \cos \kappa_t & -\sin \kappa_t & 0 \\ \sin \kappa_t & \cos \kappa_t & 0 \\ 0 & 0 & 1 \end{bmatrix} \tag{9.3}$$

4. 从轨道坐标系转换到空间固定惯性参考坐标系，转换关系矩阵记为 $\boldsymbol{R}_{\text{Orbit}}^{\text{CIS}}$

$\boldsymbol{R}_{\text{Orbit}}^{\text{CIS}}$ 为轨道坐标系到空间固定惯性参考坐标系的正交变换矩阵，由卫星平台的空间位置和速度矢量决定，其形式为 $\boldsymbol{R}_{\text{Orbit}}^{\text{CIS}} = \left[\bar{\boldsymbol{X}}_O, \bar{\boldsymbol{Y}}_O, \bar{\boldsymbol{Z}}_O \right]^{\text{T}}$，其中 $\bar{\boldsymbol{X}}_O$、$\bar{\boldsymbol{Y}}_O$、$\bar{\boldsymbol{Z}}_O$ 为轨道坐标系各坐标轴的单位矢量，设卫星平台在空间固定惯性参考坐标系中的空间位置和速度矢量分别为 r 和 v，则有

$$\begin{cases} \bar{\boldsymbol{X}}_O = \bar{\boldsymbol{Y}}_O \times \bar{\boldsymbol{Z}}_O \\ \bar{\boldsymbol{Y}}_O = \dfrac{\boldsymbol{v} \times \boldsymbol{r}}{|\boldsymbol{v} \times \boldsymbol{r}|} \\ \bar{\boldsymbol{Z}}_O = \dfrac{\boldsymbol{r}}{|\boldsymbol{r}|} \end{cases} \tag{9.4}$$

5. 从空间固定惯性参考坐标系转换到地心地固坐标系，转换关系矩阵记为 $\boldsymbol{R}_{\text{CIS}}^{\text{CTS}}$

其坐标转换矩阵为

$$\boldsymbol{R}_{\mathrm{CIS}}^{\mathrm{CTS}} = PN(t) \cdot \boldsymbol{R}(t) \cdot \boldsymbol{W}(t) \tag{9.5}$$

式中，$PN(t)$ 为岁差和章动矩阵；$\boldsymbol{R}(t)$ 为地球自转矩阵；$\boldsymbol{W}(t)$ 为极移矩阵。

在实际应用中，地心地固坐标系通常采用的是 WGS84 坐标系，而空间固定惯性参考坐标系采用 J2000 坐标系，于是根据卫星成像关系，有

$$\begin{bmatrix} X \\ Y \\ Z \end{bmatrix}_{\mathrm{WGS84}} = \begin{bmatrix} X_{\mathrm{GPS}} \\ Y_{\mathrm{GPS}} \\ Z_{\mathrm{GPS}} \end{bmatrix} + m \cdot \boldsymbol{R}_{\mathrm{J2000}}^{\mathrm{WGS84}} \cdot \boldsymbol{R}_{\mathrm{Orbit}}^{\mathrm{J2000}} \cdot \boldsymbol{R}_{\mathrm{Body}}^{\mathrm{Orbit}} \cdot \boldsymbol{R}_{\mathrm{Sensor}}^{\mathrm{Body}} \cdot \begin{pmatrix} x \\ y \\ -f \end{pmatrix} \tag{9.6}$$

式中，$[X \quad Y \quad Z]_{\mathrm{WGS84}}^{\mathrm{T}}$ 表示地面点 $PN(t)$ 在 WGS84 下的坐标；$[X_{\mathrm{GPS}} \quad Y_{\mathrm{GPS}} \quad Z_{\mathrm{GPS}}]^{\mathrm{T}}$ 表示星载 GPS 天线相位中心在在 WGS84 下的坐标；m 为比例系数；$\boldsymbol{R}_{\mathrm{J2000}}^{\mathrm{WGS84}}$ 为 J2000 坐标系到 WGS84 坐标系的旋转矩阵；$\boldsymbol{R}_{\mathrm{Orbit}}^{\mathrm{J2000}}$ 为轨道坐标系到 J2000 坐标系的旋转矩阵；$\boldsymbol{R}_{\mathrm{Body}}^{\mathrm{Orbit}}$ 为本体坐标系到轨道坐标系的旋转矩阵；$\boldsymbol{R}_{\mathrm{Sensor}}^{\mathrm{Body}}$ 为传感器坐标系到本体坐标系的旋转矩阵；$[x \quad y \quad -f]^{\mathrm{T}}$ 为像点 p 在传感器坐标系下的坐标。如果采用 CCD 指向角 ψ_X 和 ψ_Y，则有

$$\begin{bmatrix} X \\ Y \\ Z \end{bmatrix}_{\mathrm{WGS84}} = \begin{bmatrix} X_{\mathrm{GPS}} \\ Y_{\mathrm{GPS}} \\ Z_{\mathrm{GPS}} \end{bmatrix} + m \cdot \boldsymbol{R}_{\mathrm{J2000}}^{\mathrm{WGS84}} \cdot \boldsymbol{R}_{\mathrm{Orbit}}^{\mathrm{J2000}} \cdot \boldsymbol{R}_{\mathrm{Body}}^{\mathrm{Orbit}} \cdot \begin{pmatrix} -f \cdot \tan \Psi_Y \\ f \cdot \tan \Psi_X \\ -f \end{pmatrix} \tag{9.7}$$

如果考虑 GPS 天线相位中心相对卫星本体存在固定的空间偏移，坐标偏移量计为 $[D_X \quad D_Y \quad D_Z]^{\mathrm{T}}$，传感器镜头中心相对卫星本体也存在空间偏移，坐标偏移量计为 $[d_X \quad d_Y \quad d_Z]^{\mathrm{T}}$，在不考虑大气折射、姿态矩阵安置误差等因素条件下，可得星载线阵 CCD 传感器严格成像模型：

$$\begin{bmatrix} X \\ Y \\ Z \end{bmatrix}_{\mathrm{WGS84}} = \begin{bmatrix} X_{\mathrm{GPS}} \\ Y_{\mathrm{GPS}} \\ Z_{\mathrm{GPS}} \end{bmatrix} + m \cdot \boldsymbol{R}_{\mathrm{J2000}}^{\mathrm{WGS84}} \times \boldsymbol{R}_{\mathrm{Orbit}}^{\mathrm{J2000}} \cdot \boldsymbol{R}_{\mathrm{Body}}^{\mathrm{Orbit}} \cdot \left\{ \begin{bmatrix} D_X \\ D_Y \\ D_Z \end{bmatrix} + \begin{bmatrix} d_X \\ d_Y \\ d_Z \end{bmatrix} + \boldsymbol{R}_{\mathrm{Sensor}}^{\mathrm{Body}} \cdot \begin{pmatrix} x \\ y \\ -f \end{pmatrix} \right\} \tag{9.8}$$

9.1.3 典型星载线阵传感器严格成像模型

式（9.6）和式（9.7）给出的是星载线阵传感器严格成像模型的一般情况，在实际应用中，不同的高分辨率遥感卫星系统由于传感器性能和特点不同，可能会对严格成像模型进行改进或简化，从而得到适合自身特点的严格成像模型。下面以法国 SPOT-5HRS/HRG、我国资源三号 TLC、日本 ALOS PRISM 为例，分析和构建其传感器严格成像模型。

1. SPOT-5 HRS/HRG 严格成像模型

SPOT-5 HRS/HRG 在附属数据文件 DIM 中给出了线阵 CCD 各个像元在本体坐标系中的指向角，即式（9.2）成立；SPOT 每隔约 0.1s 提供了一组卫星姿态角（φ, w, κ），该姿态角即定义在轨道坐标系中，即有式（9.3）成立；但 SPOT 星历数据所提供的卫星位置和速度直接定义在 ITRF 地面参考系（与 WGS84 基本等同）中，数据记录间隔为

30s，卫星成像时记录的绝对位置精度可达 1m，其中已经融入了空间固定惯性参考坐标系到地心地固坐标系的转换关系，即有 $\boldsymbol{R}_{\text{CIS}}^{\text{ITRF}} \cdot \boldsymbol{R}_{\text{Orbit}}^{\text{CIS}} = \boldsymbol{R}_{\text{Orbit}}^{\text{ITRF}} = \boldsymbol{R}_{\text{Orbit}}^{\text{CTS}}$。

忽略 ITRF 与 WGS84 的区别，可得 SPOT-5 HRS/HRG 的严格成像模型为

$$
\begin{bmatrix} X \\ Y \\ Z \end{bmatrix}_{\text{WGS84}} = \begin{bmatrix} X_{\text{GPS}} \\ Y_{\text{GPS}} \\ Z_{\text{GPS}} \end{bmatrix} + m \cdot \boldsymbol{R}_{\text{Orbit}}^{\text{WGS84}} \cdot \boldsymbol{R}_{\text{Body}}^{\text{Orbit}} \cdot \begin{pmatrix} -f \cdot \tan \Psi_Y \\ f \cdot \tan \Psi_X \\ -f \end{pmatrix} \tag{9.9}
$$

2. 资源三号 TLC 严格成像模型

对资源三号卫星而言，通过实验室测定的是线阵 CCD 上每个像元在传感器坐标系下的指向角 ψ_X 和 ψ_Y，为将其转换到本体坐标系中，还需要测定传感器坐标系到本体坐标系的安置矩阵（记为 $\boldsymbol{R}_{\text{Sensor}}^{\text{Body}}$），则像元 p 在本体坐标系下的坐标为

$$
\begin{bmatrix} X \\ Y \\ Z \end{bmatrix}_{\text{Body}} = \boldsymbol{R}_{\text{Sensor}}^{\text{Body}} \cdot f \cdot \begin{pmatrix} \tan \Psi_Y \\ \tan \Psi_X \\ -1 \end{pmatrix} \tag{9.10}
$$

在资源三号定轨测姿系统中，姿态敏感器直接测定的是星敏感器坐标系（Star）到 J2000 坐标系的旋转矩阵（记为 $\boldsymbol{R}_{\text{Star}}^{\text{J2000}}$），以四元数方式给出，为实现以卫星本体为基准，需要测定星敏感器坐标系到本体坐标系的转换矩阵（记为 $\boldsymbol{R}_{\text{Star}}^{\text{Body}}$），此时有 $\boldsymbol{R}_{\text{Body}}^{\text{J2000}} = \boldsymbol{R}_{\text{Star}}^{\text{J2000}} \cdot \left(\boldsymbol{R}_{\text{Star}}^{\text{Body}} \right)^{\text{T}}$；于是资源三号 TLC 的严格成像模型为

$$
\begin{bmatrix} X \\ Y \\ Z \end{bmatrix}_{\text{WGS84}} = \begin{bmatrix} X_{\text{GPS}} \\ Y_{\text{GPS}} \\ Z_{\text{GPS}} \end{bmatrix} + m \cdot \boldsymbol{R}_{\text{J2000}}^{\text{WGS84}} \cdot \boldsymbol{R}_{\text{Star}}^{\text{J2000}} \cdot \left(\boldsymbol{R}_{\text{Star}}^{\text{Body}} \right)^{\text{T}} \cdot \boldsymbol{R}_{\text{Sensor}}^{\text{Body}} \cdot \begin{pmatrix} f \cdot \tan \Psi_Y \\ f \cdot \tan \Psi_X \\ -f \end{pmatrix} \tag{9.11}
$$

3. ALOS PRISM 严格成像模型

ALOS 卫星在其附属数据文件 SUP 中给出的是每个分片 CCD 首尾两个 CCD 探元在本体坐标系中的指向角 $\psi(p_1)$ 和 $\psi(p_2)$，利用线性内插可求得任一探元的指向角，有如下公式：

$$
\begin{cases} (\psi_X)_p = \dfrac{p_2 - p}{p_2 - p_1} \psi_X(p_1) + \dfrac{p - p_1}{p_2 - p_1} \psi_X(p_2) + a_X (p - \dfrac{p_1 + p_2}{2})^2 - b_X \\ (\psi_Y)_p = \dfrac{p_2 - p}{p_2 - p_1} \psi_Y(p_1) + \dfrac{p - p_1}{p_2 - p_1} \psi_Y(p_2) + a_Y (p - \dfrac{p_1 + p_2}{2})^2 - b_Y \end{cases} \tag{9.12}
$$

$$
\begin{cases} \psi_X(p_i) = \psi_{X0}(i) + \delta \psi_{X0}(i) \\ \psi_Y(p_i) = \psi_{Y0}(i) + \delta \psi_{Y0}(i) \end{cases} (i = 1, \ 2) \tag{9.13}
$$

式中，p_1 和 p_2 为某片 CCD 的首尾像元列号；p 为该 CCD 上任一像元的列号；a_X、a_Y、b_X、b_Y 为考虑 CCD 变形后的变形参数。p_1、p_2、$\psi_{X0}(i)$、$\psi_{Y0}(i)$、$\delta \psi_{X0}(i)$ 和 $\delta \psi_{Y0}(i)$ 均可从辅助数据文件中获得。

ALOS 卫星每隔 0.1s 提供一组卫星姿态，以四元数方式给出，但其代表的是本体坐

标系在空间固定惯性参考坐标系中的姿态信息，中间简化了经由轨道坐标系的转换。考虑卫星姿态变化很小，任意时刻 t 姿态的四元数 q_0、q_1、q_2、q_3 可通过简单的线性内插确定，则从本体坐标系到空间固定惯性参考坐标系的旋转矩阵 $M(q)$ 为

$$M(q) = \begin{pmatrix} 1-2(q_2^2+q_3^2) & 2(q_1q_2-q_0q_3) & 2(q_1q_3+q_0q_2) \\ 2(q_1q_2+q_0q_3) & 1-2(q_1^2+q_3^2) & 2(q_2q_3-q_0q_1) \\ 2(q_1q_3-q_0q_2) & 2(q_2q_3+q_0q_1) & 1-2(q_1^2+q_2^2) \end{pmatrix} \quad （9.14）$$

此外，在 SUP 文件中提供了间隔 60s 的极移矩阵和岁差章动矩阵，用以构建空间固定惯性参考坐标系到地心地固坐标系的旋转矩阵 R_{CIS}^{CTS}。ALOS 辅助数据文件中的 ECEF 坐标系为 ITRF2000，忽略与 WGS84 的区别，于是 ALOS-PRISM 的严格成像模型为

$$\begin{bmatrix} X \\ Y \\ Z \end{bmatrix}_{WGS84} = \begin{bmatrix} X_{GPS} \\ Y_{GPS} \\ Z_{GPS} \end{bmatrix} + m \cdot R_{J2000}^{WGS84} \cdot R_{Body}^{J2000} \cdot \begin{pmatrix} -f \cdot \tan\Psi_Y \\ f \cdot \tan\Psi_X \\ -f \end{pmatrix} \quad （9.15）$$

9.2 星载线阵推扫式影像几何定位方法

9.2.1 单幅影像定位

卫星单幅影像定位是以传感器严格成像模型为基础，从地面点对应像点坐标出发，利用直接获取的影像定向参数来恢复摄影光线，并通过求解摄影光线与地球椭球面的交点来确定地面点物方空间坐标。

如图 9.6 所示，设某像点 p 在地心坐标系 $(O\text{-}X_T Y_T Z_T)$ 内的摄影光线为 $\vec{u}_3$，其与椭球剖面的交点为 M，传感器投影中心的坐标为 (X_S, Y_S, Z_S)，该像点对应的地面点距离参考椭球面的高度为 h，则由下式可得近似地面点坐标 (X, Y, Z)。

$$\begin{cases} X = X_S + m \times (u_3)_X \\ Y = Y_S + m \times (u_3)_Y \\ Z = Z_S + m \times (u_3)_Z \end{cases} \quad （9.16）$$

式中，m 为尺度因子，为解算出点 k 坐标，需引入地球椭球方程。

$$\frac{X^2+Y^2}{A^2} + \frac{Z^2}{B^2} = 1 \quad （9.17）$$

式中，$A=a+h, B=b+h$；a 和 b 分别为地球参考椭球的长短半轴，如采用 WGS84 参考椭球，则有 a=6378137.0m，b=6356752.3m；h 为地面点距离参考椭球面的高，如有数字高程模型数据可直接内差求取，没有数字高程模型数据时可设定为影像覆盖区域的概略高程值。

将式（9.16）代入式（9.17），可得

$$\left[\frac{(u_3)_X^2 + (u_3)_Y^2}{A^2} + \frac{(u_3)_Z^2}{B^2} \right] \cdot m^2 + 2\left[\frac{X_S(u_3)_X + Y_S(u_3)_Y}{A^2} + \frac{Z_P(u_3)_Z}{B^2} \right] \cdot m + \left[\frac{X_S^2 + Y_S^2}{A^2} + \frac{Z_S^2}{B^2} \right] = 1$$

$$（9.18）$$

解式（9.18）得 m_1 和 m_2。取其中的较小值 m_1 代入式（9.16），可求得近似地面点坐标。当已知数字高程模型数据时，地面点的三维空间坐标可通过逐次迭代计算的方法求得，如能获取立体影像上的同名像点，则可以同时确定两条甚至多条从不同位置指向同一地面点的视线向量，而其交点就是同名像点对应的地面点。

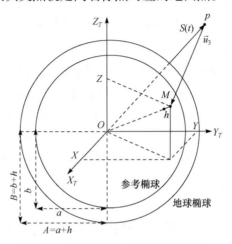

图 9.6　摄影光线与地球椭球交会图

9.2.2　立体影像定位

对于立体影像，对每一个像点利用严格几何模型求出其在指定坐标系下的同名摄影光束，便可利用摄影测量中类似空间前方交会的方法计算地面点坐标，如图 9.7 所示。

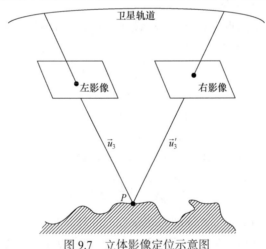

图 9.7　立体影像定位示意图

9.3　星载线阵推扫式影像区域网平差

9.3.1　基于严格成像模型的区域网平差

卫星遥感影像光束法平差的轨道模型可采用低阶多项式模型、分段多项式模型、定向片内插模型，其具体定义参见 7.4.1 节。相对于航空遥感平台，卫星在轨运行比较平稳，因此在较短的飞行时间内，通常采用低阶多项式模型，而如果卫星飞行时间较长，如对长条带卫星影像进行平差，则可采用分段多项式模型和内定片内插模型。

低阶多项式也称一般多项式模型，在卫星影像外方位元素定向计算中经常使用，此时瞬时外方位元素可表示为

$$
\begin{cases}
X_{St} = a_0 + a_1\overline{t} + a_2\overline{t}^2 + \cdots + a_k\overline{t}^k \\
Y_{St} = b_0 + b_1\overline{t} + b_2\overline{t}^2 + \cdots + b_k\overline{t}^k \\
Z_{St} = c_0 + c_1\overline{t} + c_2\overline{t}^2 + \cdots + c_k\overline{t}^k \\
\varphi_t = d_0 + d_1\overline{t} + d_2\overline{t}^2 + \cdots + d_k\overline{t}^k \\
\omega_t = e_0 + e_1\overline{t} + e_2\overline{t}^2 + \cdots + e_k\overline{t}^k \\
\kappa_t = f_0 + f_1\overline{t} + f_2\overline{t}^2 + \cdots + f_k\overline{t}^k
\end{cases}
\tag{9.19}
$$

式中，t_0 为影像中心扫描行成像时刻，$\overline{t} = t - t_0$，为该扫描行相对于中心扫描行的成像时间差；$a_i、b_i、c_i、d_i、e_i、f_i, (i=0,\cdots,k)$ 为多项式系数。通常多项式的阶数越高，拟合精度也越高，但随着模型参数增多，参数间的相关性可能导致平差解算困难，甚至精度下降，因此在进行平差计算时应根据控制点数量、分布等条件灵活设置多项式的阶数。

当前的高分辨率遥感卫星均载有高性能的定轨测姿传感器，可在摄影成像的同时以一定的频率高精度地获取影像外方位元素，此时可将外方位元素精确值视为观测值与相应系统误差之和，可有

$$
\begin{cases}
X_{St} = X_{S0} + a_0 + a_1\overline{t} + a_2\overline{t}^2 + \cdots + a_k\overline{t}^k \\
Y_{St} = Y_{S0} + b_0 + b_1\overline{t} + b_2\overline{t}^2 + \cdots + b_k\overline{t}^k \\
Z_{St} = Z_{S0} + c_0 + c_1\overline{t} + c_2\overline{t}^2 + \cdots + c_k\overline{t}^k \\
\varphi_t = \varphi_0 + d_0 + d_1\overline{t} + d_2\overline{t}^2 + \cdots + d_k\overline{t}^k \\
\omega_t = \omega_0 + e_0 + e_1\overline{t} + e_2\overline{t}^2 + \cdots + e_k\overline{t}^k \\
\kappa_t = \kappa_0 + f_0 + f_1\overline{t} + f_2\overline{t}^2 + \cdots + f_k\overline{t}^k
\end{cases}
\tag{9.20}
$$

式中，$(X_{St}, Y_{St}, Z_{St}, \varphi_t, \omega_t, \kappa_t)$ 为 t 时刻的外方位元素精确值；$(X_{S0}, Y_{S0}, Z_{S0}, \varphi_0, \omega_0, \kappa_0)$ 为 t 时刻外方位元素初始观测值，由轨道姿态观测数据直接转化而来；$a_i、b_i、c_i、d_i、e_i、f_i, (i=0,\cdots,k)$ 此时为用于外方位系统误差补偿的各项参数，其中 $(a_0, b_0, c_0, d_0, e_0, f_0)$ 表示系统误差的常量部分，$(a_1, b_1, c_1, d_1, e_1, f_1)$ 表示系统误差的线性部分，更高次项可拟合系统误差的高频变化部分。在卫星轨道姿态观测值中，定轨数据本身具有高达分米甚至厘米级的精度，其残存系统误差较小。考虑到在较短的飞行时间内卫星姿态变化非常平稳，因此在一般情况下可采用以下外方位元素变化模型：

$$
\begin{cases}
X_{St} = X_{S0} + a_0 \\
Y_{St} = Y_{S0} + b_0 \\
Z_{St} = Z_{S0} + c_0 \\
\varphi_t = \varphi_0 + d_0 + d_1\overline{t} \\
\omega_t = \omega_0 + e_0 + e_1\overline{t} \\
\kappa_t = \kappa_0 + f_0 + f_1\overline{t}
\end{cases}
\tag{9.21}
$$

摄影测量外方位元素用于描述像空间坐标系相对物空间坐标系的位置和姿态,在卫星摄影测量中,通常将传感器坐标系视为严格成像模型中的像空间坐标系,而物方坐标系可采用地心坐标系(WGS84)。定轨测姿系统所测定的传感器位置信息通常定义在WGS84坐标系下,而所测定的传感器姿态通常定义为本体坐标系相对轨道坐标系的旋转关系,显然不等同于摄影测量意义上的外方位元素。如将像空间坐标系传感器坐标系直接相对于物方坐标系 WGS84 的旋转关系记为 $\boldsymbol{R}_{\text{Sensor}}^{\text{WGS84}}$,即代表所求的外方位元素矩阵 $\boldsymbol{R}$。依据式(9.6)得到的严格成像模型,则有

$$\boldsymbol{R} = \boldsymbol{R}_{\text{Sensor}}^{\text{WGS84}} = \boldsymbol{R}_{\text{J2000}}^{\text{WGS84}} \cdot \boldsymbol{R}_{\text{Orbit}}^{\text{J2000}} \cdot \boldsymbol{R}_{\text{Body}}^{\text{Orbit}} \cdot \boldsymbol{R}_{\text{Sensor}}^{\text{Body}} \tag{9.22}$$

如设式(9.22)中的各旋转角均采用 ω-φ-κ 系统,同时将 $\boldsymbol{R}_{\text{Sensor}}^{\text{WGS84}}$ 矩阵的各元素记为 $r_{i,j}$($i=1,2,3$;$j=1,2,3$),则有

$$\begin{cases} \omega = -\arctan\left(\dfrac{r_{23}}{r_{33}}\right) \\ \varphi = \arcsin(r_{13}) \\ \kappa = -\arctan\left(\dfrac{r_{12}}{r_{11}}\right) \end{cases} \tag{9.23}$$

在实际应用中,方法一是首先将卫星影像提供的所有姿态数据进行坐标系统的转换,得到摄影测量意义上的外方位元素,即可直接用于区域网平差,该方法分步骤进行,思路清晰,缺点是工作量大,效率低,即便仅少量控制点和连接点参与平差也需完成所有数据的转换处理。方法二是将姿态转换的系列矩阵引入扩展共线方程中,直接进行线性化处理,该方法易于理解,避免了大批量姿态数据的转换预处理,缺点在于旋转矩阵 $\boldsymbol{R}_{\text{Sensor}}^{\text{WGS84}}$ 中诸元素不仅与卫星姿态有关,还会涉及卫星空间位置及其变化率,以及岁差、章动、极移等,进行线性化处理时会比较复杂。以资源三号 TLC 影像为例,采用方法二建立光束法平差模型过程如下。

对资源三号 TLC 而言,通过传感器坐标系到本体坐标系的安置矩阵 $\boldsymbol{R}_{\text{Sensor}}^{\text{Body}}$,可将线阵 CCD 上各像元在传感器坐标系下的指向角 ψ_X 和 ψ_Y 转换到本体坐标系中,此时有

$$\begin{pmatrix} x \\ y \\ -f \end{pmatrix} = -f \cdot \begin{pmatrix} -\tan\psi_Y \\ \tan\psi_X \\ 1 \end{pmatrix} = \cdot \begin{pmatrix} f \cdot \tan\psi_Y \\ f \cdot \tan\psi_X \\ -f \end{pmatrix} \tag{9.24}$$

令 $\boldsymbol{M} = \boldsymbol{R}_{\text{Body}}^{\text{WGS84}}$,于是:

$$\boldsymbol{M} = \boldsymbol{R}_{\text{J2000}}^{\text{WGS84}} \cdot \boldsymbol{R}_{\text{Star}}^{\text{J2000}} \cdot \left(\boldsymbol{R}_{\text{Star}}^{\text{Body}}\right)^{\text{T}} = \boldsymbol{R}_{\text{J2000}}^{\text{WGS84}} \cdot \boldsymbol{R}_{\text{Body}}^{\text{J2000}}$$

再令

$$\boldsymbol{R}_{\text{J2000}}^{\text{WGS84}} = \boldsymbol{M}_2 = \begin{bmatrix} n_{11} & n_{12} & n_{13} \\ n_{21} & n_{22} & n_{23} \\ n_{31} & n_{32} & n_{33} \end{bmatrix}, \quad \boldsymbol{R}_{\text{Body}}^{\text{J2000}} = \boldsymbol{M}_1 = \begin{bmatrix} t_{11} & t_{12} & t_{13} \\ t_{21} & t_{22} & t_{23} \\ t_{31} & t_{32} & t_{33} \end{bmatrix}$$

则有

$$M = M_2 \cdot M_1 = \begin{bmatrix} n_{11} & n_{12} & n_{13} \\ n_{21} & n_{22} & n_{23} \\ n_{31} & n_{32} & n_{33} \end{bmatrix} \begin{bmatrix} t_{11} & t_{12} & t_{13} \\ t_{21} & t_{22} & t_{23} \\ t_{31} & t_{32} & t_{33} \end{bmatrix}$$

$$= \begin{bmatrix} n_{11}t_{11} + n_{12}t_{21} + n_{13}t_{31} & n_{11}t_{12} + n_{12}t_{22} + n_{13}t_{32} & n_{11}t_{13} + n_{12}t_{23} + n_{13}t_{33} \\ n_{21}t_{11} + n_{22}t_{21} + n_{23}t_{31} & n_{21}t_{12} + n_{22}t_{22} + n_{23}t_{32} & n_{21}t_{13} + n_{22}t_{23} + n_{23}t_{33} \\ n_{31}t_{11} + n_{32}t_{21} + n_{33}t_{31} & n_{31}t_{12} + n_{32}t_{22} + n_{33}t_{32} & n_{31}t_{13} + n_{32}t_{23} + n_{33}t_{33} \end{bmatrix} \quad (9.25)$$

此时，传统共线条件方程形式可写为

$$\begin{bmatrix} x \\ y \\ -f \end{bmatrix} = \frac{1}{\lambda} \begin{bmatrix} m_{11} & m_{12} & m_{13} \\ m_{21} & m_{22} & m_{23} \\ m_{31} & m_{32} & m_{33} \end{bmatrix} \begin{bmatrix} X - X_s \\ Y - Y_s \\ Z - Z_s \end{bmatrix} \quad (9.26)$$

为解算共线条件方程，需要对式（9.26）进行线性化处理，其中的关键在于求出 $m_{11}, m_{12}, \cdots, m_{33}$ 对三个角度 $(\varphi, \omega, \kappa)$ 的一阶偏导数。因为 M_2 由岁差、章动、极移矩阵等决定，与角度无关，仅矩阵 M_1 与角度有关，所以 $m_{11}, m_{12}, \cdots, m_{33}$ 对角度求导，实际是每一项中的 t_{ij} 对角度求导。即有

$$\frac{\partial m_{11}}{\partial \varphi} = n_{11}\frac{\partial t_{11}}{\partial \varphi} + n_{12}\frac{\partial t_{21}}{\partial \varphi} + n_{13}\frac{\partial t_{31}}{\partial \varphi} \qquad \frac{\partial m_{11}}{\partial \omega} = n_{11}\frac{\partial t_{11}}{\partial \omega} + n_{12}\frac{\partial t_{21}}{\partial \omega} + n_{13}\frac{\partial t_{31}}{\partial \omega}$$

$$\frac{\partial m_{11}}{\partial \kappa} = n_{11}\frac{\partial t_{11}}{\partial \kappa} + n_{12}\frac{\partial t_{21}}{\partial \kappa} + n_{13}\frac{\partial t_{31}}{\partial \kappa} \qquad \frac{\partial m_{12}}{\partial \varphi} = n_{11}\frac{\partial t_{12}}{\partial \varphi} + n_{12}\frac{\partial t_{22}}{\partial \varphi} + n_{13}\frac{\partial t_{32}}{\partial \varphi}$$

$$\frac{\partial m_{12}}{\partial \omega} = n_{11}\frac{\partial t_{12}}{\partial \omega} + n_{12}\frac{\partial t_{22}}{\partial \omega} + n_{13}\frac{\partial t_{32}}{\partial \omega} \qquad \frac{\partial m_{12}}{\partial \kappa} = n_{11}\frac{\partial t_{12}}{\partial \kappa} + n_{12}\frac{\partial t_{22}}{\partial \kappa} + n_{13}\frac{\partial t_{32}}{\partial \kappa}$$

$$\frac{\partial m_{13}}{\partial \varphi} = n_{11}\frac{\partial t_{13}}{\partial \varphi} + n_{12}\frac{\partial t_{23}}{\partial \varphi} + n_{13}\frac{\partial t_{33}}{\partial \varphi} \qquad \frac{\partial m_{13}}{\partial \omega} = n_{11}\frac{\partial t_{13}}{\partial \omega} + n_{12}\frac{\partial t_{23}}{\partial \omega} + n_{13}\frac{\partial t_{33}}{\partial \omega}$$

$$\frac{\partial m_{13}}{\partial \kappa} = n_{11}\frac{\partial t_{13}}{\partial \kappa} + n_{12}\frac{\partial t_{23}}{\partial \kappa} + n_{13}\frac{\partial t_{33}}{\partial \kappa} \qquad \frac{\partial m_{21}}{\partial \varphi} = n_{21}\frac{\partial t_{11}}{\partial \varphi} + n_{22}\frac{\partial t_{21}}{\partial \varphi} + n_{23}\frac{\partial t_{31}}{\partial \varphi}$$

$$\frac{\partial m_{21}}{\partial \omega} = n_{21}\frac{\partial t_{11}}{\partial \omega} + n_{22}\frac{\partial t_{21}}{\partial \omega} + n_{23}\frac{\partial t_{31}}{\partial \omega} \qquad \frac{\partial m_{21}}{\partial \kappa} = n_{21}\frac{\partial t_{11}}{\partial \kappa} + n_{22}\frac{\partial t_{21}}{\partial \kappa} + n_{23}\frac{\partial t_{31}}{\partial \kappa}$$

$$\frac{\partial m_{22}}{\partial \varphi} = n_{21}\frac{\partial t_{12}}{\partial \varphi} + n_{22}\frac{\partial t_{22}}{\partial \varphi} + n_{23}\frac{\partial t_{32}}{\partial \varphi} \qquad \frac{\partial m_{22}}{\partial \omega} = n_{21}\frac{\partial t_{12}}{\partial \omega} + n_{22}\frac{\partial t_{22}}{\partial \omega} + n_{23}\frac{\partial t_{32}}{\partial \omega}$$

$$\frac{\partial m_{22}}{\partial \kappa} = n_{21}\frac{\partial t_{12}}{\partial \kappa} + n_{22}\frac{\partial t_{22}}{\partial \kappa} + n_{23}\frac{\partial t_{32}}{\partial \kappa} \qquad \frac{\partial m_{23}}{\partial \varphi} = n_{21}\frac{\partial t_{13}}{\partial \varphi} + n_{22}\frac{\partial t_{23}}{\partial \varphi} + n_{23}\frac{\partial t_{33}}{\partial \varphi}$$

$$\frac{\partial m_{23}}{\partial \omega} = n_{21}\frac{\partial t_{13}}{\partial \omega} + n_{22}\frac{\partial t_{23}}{\partial \omega} + n_{23}\frac{\partial t_{33}}{\partial \omega} \qquad \frac{\partial m_{23}}{\partial \kappa} = n_{21}\frac{\partial t_{13}}{\partial \kappa} + n_{22}\frac{\partial t_{23}}{\partial \kappa} + n_{23}\frac{\partial t_{33}}{\partial \kappa}$$

$$\frac{\partial m_{31}}{\partial \varphi} = n_{31}\frac{\partial t_{11}}{\partial \varphi} + n_{32}\frac{\partial t_{21}}{\partial \varphi} + n_{33}\frac{\partial t_{31}}{\partial \varphi} \qquad \frac{\partial m_{31}}{\partial \omega} = n_{31}\frac{\partial t_{11}}{\partial \omega} + n_{32}\frac{\partial t_{21}}{\partial \omega} + n_{33}\frac{\partial t_{31}}{\partial \omega}$$

$$\frac{\partial m_{31}}{\partial \kappa} = n_{31}\frac{\partial t_{11}}{\partial \kappa} + n_{32}\frac{\partial t_{21}}{\partial \kappa} + n_{33}\frac{\partial t_{31}}{\partial \kappa} \qquad \frac{\partial m_{32}}{\partial \varphi} = n_{31}\frac{\partial t_{12}}{\partial \varphi} + n_{32}\frac{\partial t_{22}}{\partial \varphi} + n_{33}\frac{\partial t_{32}}{\partial \varphi}$$

$$\frac{\partial m_{32}}{\partial \omega} = n_{31}\frac{\partial t_{12}}{\partial \omega} + n_{32}\frac{\partial t_{22}}{\partial \omega} + n_{33}\frac{\partial t_{32}}{\partial \omega} \qquad \frac{\partial m_{32}}{\partial \kappa} = n_{31}\frac{\partial t_{12}}{\partial \kappa} + n_{32}\frac{\partial t_{22}}{\partial \kappa} + n_{33}\frac{\partial t_{32}}{\partial \kappa}$$

$$\frac{\partial m_{33}}{\partial \varphi} = n_{31}\frac{\partial t_{13}}{\partial \varphi} + n_{32}\frac{\partial t_{23}}{\partial \varphi} + n_{33}\frac{\partial t_{33}}{\partial \varphi} \qquad \frac{\partial m_{33}}{\partial \omega} = n_{31}\frac{\partial t_{13}}{\partial \omega} + n_{32}\frac{\partial t_{23}}{\partial \omega} + n_{33}\frac{\partial t_{33}}{\partial \omega}$$

$$\frac{\partial m_{33}}{\partial \kappa} = n_{31}\frac{\partial t_{13}}{\partial \kappa} + n_{32}\frac{\partial t_{23}}{\partial \kappa} + n_{33}\frac{\partial t_{33}}{\partial \kappa}$$

（9.27）

依据式（9.3）：

$$\boldsymbol{R}_{\text{Body}}^{\text{J2000}} = \boldsymbol{R}_{\omega}\boldsymbol{R}_{\varphi}\boldsymbol{R}_{\kappa} = \begin{bmatrix} t_{11} & t_{12} & t_{13} \\ t_{21} & t_{22} & t_{23} \\ t_{31} & t_{32} & t_{33} \end{bmatrix} = \begin{bmatrix} 1 & 0 & 0 \\ 0 & \cos\omega & -\sin\omega \\ 0 & \sin\omega & \cos\omega \end{bmatrix}\begin{bmatrix} \cos\phi & 0 & \sin\varphi \\ 0 & 1 & 0 \\ -\sin\varphi & 0 & \cos\varphi \end{bmatrix}\begin{bmatrix} \cos\kappa & -\sin\kappa & 0 \\ \sin\kappa & \cos k & 0 \\ 0 & 0 & 1 \end{bmatrix}$$

（9.28）

每一项 t_{ij} 对角度求导：

$$\frac{\partial t_{11}}{\partial \varphi} = -\sin\varphi\cos\kappa = t_{13}\cos\kappa \qquad\qquad \frac{\partial t_{12}}{\partial \varphi} = \sin\varphi\sin\kappa = -t_{13}\sin\kappa$$

$$\frac{\partial t_{13}}{\partial \varphi} = -\cos\varphi \qquad\qquad \frac{\partial t_{21}}{\partial \varphi} = \sin\omega\cos\varphi\cos\kappa = t_{11}\sin\omega = t_{23}\cos\kappa$$

$$\frac{\partial t_{22}}{\partial \varphi} = -\sin\omega\cos\varphi\sin\kappa = t_{12}\sin\omega \qquad\qquad \frac{\partial t_{23}}{\partial \varphi} = -\sin\omega\sin\varphi = t_{13}\sin\omega$$

$$\frac{\partial t_{31}}{\partial \varphi} = \cos\omega\cos\varphi\cos\kappa = t_{11}\cos\omega \qquad\qquad \frac{\partial t_{32}}{\partial \varphi} = -\cos\omega\cos\varphi\sin\kappa = t_{12}\cos\omega$$

$$\frac{\partial t_{33}}{\partial \varphi} = -\cos\omega\sin\varphi = t_{13}\cos\omega \qquad\qquad \frac{\partial t_{11}}{\partial \omega} = 0$$

$$\frac{\partial t_{12}}{\partial \omega} = 0 \qquad\qquad \frac{\partial t_{13}}{\partial \omega} = 0$$

$$\frac{\partial t_{21}}{\partial \omega} = -\sin\omega\sin\kappa + \cos\omega\sin\varphi\cos\kappa = t_{31} \qquad \frac{\partial t_{22}}{\partial \omega} = -\sin\omega\cos\kappa - \cos\omega\sin\varphi\sin\kappa = t_{32}$$

$$\frac{\partial t_{23}}{\partial \omega} = \cos\omega\cos\varphi = t_{33} \qquad\qquad \frac{\partial t_{31}}{\partial \omega} = -\cos\omega\sin\kappa - \sin\omega\sin\varphi\cos\kappa = -t_{21}$$

$$\frac{\partial t_{32}}{\partial \omega} = -\cos\omega\cos\kappa + \sin\omega\sin\varphi\sin\kappa = -t_{22} \qquad \frac{\partial t_{33}}{\partial \omega} = -\sin\omega\cos\varphi = -t_{23}$$

$$\frac{\partial t_{11}}{\partial \kappa} = -\cos\varphi\sin\kappa = t_{12} \qquad\qquad \frac{\partial t_{12}}{\partial \kappa} = -\cos\varphi\cos\kappa = -t_{11}$$

$$\frac{\partial t_{13}}{\partial \kappa} = 0 \qquad\qquad \frac{\partial t_{21}}{\partial \kappa} = \cos\omega\cos\kappa - \sin\omega\sin\varphi\sin\kappa = t_{22}$$

$$\frac{\partial t_{22}}{\partial \kappa} = -\cos\omega\sin\kappa - \sin\omega\sin\varphi\cos\kappa = -t_{21} \qquad \frac{\partial t_{23}}{\partial \kappa} = 0$$

$$\frac{\partial t_{31}}{\partial \kappa} = -\sin\omega\cos\kappa - \cos\omega\sin\varphi\sin\kappa = t_{32} \qquad \frac{\partial t_{32}}{\partial \kappa} = \sin\omega\sin\kappa - \cos\omega\sin\varphi\cos\kappa = -t_{31}$$

$$\frac{\partial t_{33}}{\partial \kappa} = 0$$

（9.29）

把式（9.29）中各项 t_{ij} 的偏导数代入式（9.27）中，得到总矩阵偏导数式（9.30）：

$$\frac{\partial m_{11}}{\partial \varphi} = n_{11}\left(t_{13}\cos\kappa\right) + n_{12}\left(t_{23}\cos\kappa\right) + n_{13}\left(t_{11}\cos\omega\right) \qquad \frac{\partial m_{11}}{\partial \omega} = n_{12}t_{31} - n_{13}t_{21}$$

$$\frac{\partial m_{11}}{\partial \kappa} = n_{11}t_{12} + n_{12}t_{22} + n_{13}t_{32} \qquad \frac{\partial m_{12}}{\partial \varphi} = n_{11}\left(-t_{13}\sin\kappa\right) + n_{12}\left(t_{12}\sin\omega\right) + n_{13}\left(t_{12}\cos\omega\right)$$

$$\frac{\partial m_{12}}{\partial \omega} = n_{12}t_{32} - n_{13}t_{22} \qquad \frac{\partial m_{12}}{\partial \kappa} = -n_{11}t_{11} - n_{12}t_{21} - n_{13}t_{31}$$

$$\frac{\partial m_{13}}{\partial \varphi} = n_{11}\left(-\cos\phi\right) + n_{12}\left(t_{13}\sin\omega\right) + n_{13}\left(t_{13}\cos\omega\right) \qquad \frac{\partial m_{13}}{\partial \omega} = n_{12}t_{33} - n_{13}t_{23}$$

$$\frac{\partial m_{13}}{\partial \kappa} = 0 \qquad \frac{\partial m_{21}}{\partial \varphi} = n_{21}\left(t_{13}\cos\kappa\right) + n_{22}\left(t_{23}\cos\kappa\right) + n_{23}\left(t_{11}\cos\omega\right)$$

$$\frac{\partial m_{21}}{\partial \omega} = n_{22}t_{31} - n_{23}t_{21} \qquad \frac{\partial m_{21}}{\partial \kappa} = n_{21}t_{12} + n_{22}t_{22} + n_{23}t_{32}$$

$$\frac{\partial m_{22}}{\partial \varphi} = -n_{21}\left(t_{13}\sin\kappa\right) + n_{22}\left(t_{12}\sin\omega\right) + n_{23}\left(t_{12}\cos\omega\right) \qquad \frac{\partial m_{22}}{\partial \omega} = n_{22}t_{32} - n_{23}t_{22}$$

$$\frac{\partial m_{22}}{\partial \kappa} = -n_{21}t_{11} - n_{22}t_{21} - n_{23}t_{31} \qquad \frac{\partial m_{23}}{\partial \varphi} = -n_{21}\cos\varphi + n_{22}\left(t_{13}\sin\omega\right) + n_{23}\left(t_{13}\cos\omega\right)$$

$$\frac{\partial m_{23}}{\partial \omega} = n_{22}t_{33} - n_{23}t_{23} \qquad \frac{\partial m_{23}}{\partial \kappa} = 0$$

$$\frac{\partial m_{31}}{\partial \varphi} = n_{31}\left(t_{13}\cos\kappa\right) + n_{32}\left(t_{23}\cos\kappa\right) + n_{33}\left(t_{11}\cos\omega\right) \qquad \frac{\partial m_{31}}{\partial \omega} = n_{32}t_{31} - n_{33}t_{21}$$

$$\frac{\partial m_{31}}{\partial \kappa} = n_{31}t_{12} + n_{32}t_{22} + n_{33}t_{32} \qquad \frac{\partial m_{32}}{\partial \varphi} = -n_{31}t_{13}\sin\kappa + n_{32}\left(t_{12}\sin\omega\right) + n_{33}\left(t_{12}\cos\omega\right)$$

$$\frac{\partial m_{32}}{\partial \omega} = n_{32}t_{32} - n_{33}t_{22}$$

$$\frac{\partial m_{32}}{\partial \kappa} = -n_{31}t_{11} - n_{32}t_{21} - n_{33}t_{31}$$

$$\frac{\partial m_{33}}{\partial \varphi} = -n_{31}\cos\varphi + n_{32}\left(t_{13}\sin\omega\right) + n_{33}\left(t_{13}\cos\omega\right) \qquad \frac{\partial m_{33}}{\partial \omega} = n_{32}t_{33} - n_{33}t_{23}$$

$$\frac{\partial m_{33}}{\partial \kappa} = 0 \tag{9.30}$$

9.3.2 基于有理函数模型的区域网平差

基于有理函数模型区域网平差的原理是通过对有理函数模型定位误差的分析，利用像方偏差模型对系统误差进行补偿，在平差时同时解算像方偏差模型参数和待求点的地面点坐标改正数。

考虑像方系统偏差，像点坐标和对应的地面点坐标之间的关系可表示为

$$\begin{cases} l + \delta l = \dfrac{\text{Num}_L\left(B,L,H\right)}{\text{Den}_L\left(B,L,H\right)}l_s + l_0 \\ \\ s + \delta s = \dfrac{\text{Num}_S\left(B,L,H\right)}{\text{Num}_S\left(B,L,H\right)}s_s + s_0 \end{cases} \tag{9.31}$$

$$\delta l = \alpha_0 + \alpha_1 l + \alpha_2 s + \alpha_3 l^2 + \alpha_4 ls + \alpha_5 s^2 + \cdots$$
$$\delta s = \beta_0 + \beta_1 l + \beta_2 s + \beta_3 l^2 + \beta_4 ls + \beta_5 s^2 + \cdots \tag{9.32}$$

式中，l 和 s 为标准化的像点坐标；δl 和 δs 为像点偏差；l_0 和 s_0 为像点坐标的标准化平移参数；l_s 和 s_s 为像点坐标的标准化尺度参数；α_i 和 $\beta_i (i=1,2,3\cdots)$ 为像方偏差模型参数。根据参数的不同选择，像方偏差模型可分为如下几种。

（1）平移模型：

$$\delta l = \alpha_0$$
$$\delta s = f_0 \tag{9.33}$$

（2）平移+漂移模型：

$$\delta l = \alpha_0 + \alpha_1 \cdot l$$
$$\delta s = f_0 + f_1 \cdot l \tag{9.34}$$

（3）仿射变换模型：

$$\delta l = \alpha_0 + \alpha_1 \cdot l + \alpha_2 \cdot s$$
$$\delta s = f_0 + f_1 \cdot l + f_2 \cdot s \tag{9.35}$$

以仿射变换模型为例，对有理函数模型区域网平差进行推导。

$$\begin{cases} l + \alpha_0 + \alpha_1 l + \alpha_2 s = \dfrac{\mathrm{Num}_L(B,L,H)}{\mathrm{Den}_L(B,L,H)} l_s + l_0 \\[3mm] s + \beta_0 + \beta_1 l + \beta_2 s = \dfrac{\mathrm{Num}_S(B,L,H)}{\mathrm{Den}_S(B,L,H)} s_s + s_0 \end{cases} \tag{9.36}$$

令

$$\begin{cases} G_l(\alpha_0, \alpha_1, \alpha_2, B, L, H) = F_l(B,L,H) l_s + l_0 - \alpha_0 - \alpha_1 l - \alpha_2 s = 0 \\ G_s(\beta_0, \beta_1, \beta_2, B, L, H) = F_s(B,L,H) l_s + s_0 - \beta_0 - \beta_1 l - \beta_2 s = 0 \end{cases} \tag{9.37}$$

式中，

$$\begin{cases} F_l(B,L,H) = \dfrac{\mathrm{Num}_L(B,L,H)}{\mathrm{Den}_L(B,L,H)} \\[3mm] F_s(B,L,H) = \dfrac{\mathrm{Num}_S(B,L,H)}{\mathrm{Den}_S(B,L,H)} \end{cases} \tag{9.38}$$

将式（9.37）对未知参数（包括像方偏差模型系数和连接点地面坐标）按照泰勒公式展开，保留至一次项：

$$\begin{cases} G_l = G_l^0 + \dfrac{\partial G_l}{\partial \alpha_0} \mathrm{d}\alpha_0 + \dfrac{\partial G_l}{\partial \alpha_1} \mathrm{d}\alpha_1 + \dfrac{\partial G_l}{\partial \alpha_2} \mathrm{d}\alpha_2 + \dfrac{\partial G_l}{\partial B} \mathrm{d}B + \dfrac{\partial G_l}{\partial L} \mathrm{d}L + \dfrac{\partial G_l}{\partial H} \mathrm{d}H \\[3mm] G_s = G_s^0 + \dfrac{\partial G_s}{\partial \beta_0} \mathrm{d}\beta_0 + \dfrac{\partial G_s}{\partial \beta_1} \mathrm{d}\beta_1 + \dfrac{\partial G_s}{\partial \beta_2} \mathrm{d}\beta_2 + \dfrac{\partial G_s}{\partial B} \mathrm{d}B + \dfrac{\partial G_s}{\partial L} \mathrm{d}L + \dfrac{\partial G_s}{\partial H} \mathrm{d}H \end{cases} \tag{9.39}$$

式中，常数项和系数为

$$G_l^0 = G_l(\alpha_0, \alpha_1, \alpha_2, B, L, H)$$
$$G_s^0 = G_s(\beta_0, \beta_1, \beta_2, B, L, H)$$

α_0、α_1、α_2 分别为 l 坐标方向的像方偏差模型常量、1阶偏差系数、2阶偏差系数；(B, L, H) 为连接点地面坐标；β_0、β_1、β_2 分别为 s 坐标方向的像方偏差模型常量、1阶偏差系数、2阶偏差系数。

$$c_{11}=\frac{\partial G_l}{\partial \alpha_0}=-1, c_{12}=\frac{\partial G_l}{\partial \alpha_1}=-l, c_{13}=\frac{\partial G_l}{\partial \alpha_2}=-s$$

$$c_{14}=\frac{\partial G_l}{\partial B}=l_s \cdot \frac{\dfrac{\partial \mathrm{Num}_L}{\partial B}\cdot \mathrm{Den}_L(B,L,H)-\mathrm{Num}_L(B,L,H)\cdot \dfrac{\partial \mathrm{Den}_L}{\partial B}}{\mathrm{Den}_L^2(B,L,H)}$$

$$c_{15}=\frac{\partial G_l}{\partial L}=l_s \cdot \frac{\dfrac{\partial \mathrm{Num}_L}{\partial L}\cdot \mathrm{Den}_L(B,L,H)-\mathrm{Num}_L(B,L,H)\cdot \dfrac{\partial \mathrm{Den}_L}{\partial L}}{\mathrm{Den}_L^2(B,L,H)}$$

$$c_{16}=\frac{\partial G_l}{\partial H}=l_s \cdot \frac{\dfrac{\partial \mathrm{Num}_L}{\partial H}\cdot \mathrm{Den}_L(B,L,H)-\mathrm{Num}_L(B,L,H)\cdot \dfrac{\partial \mathrm{Den}_L}{\partial H}}{\mathrm{Den}_L^2(B,L,H)}$$

$$c_{21}=\frac{\partial G_s}{\partial \beta_0}=-1, c_{22}=\frac{\partial G_s}{\partial \beta_1}=-l, c_{23}=\frac{\partial G_s}{\partial \beta_2}-s,$$

$$c_{24}=\frac{\partial G_s}{\partial B}=s_s \cdot \frac{\dfrac{\partial \mathrm{Num}_S}{\partial B}\cdot \mathrm{Den}_S(B,L,H)-\mathrm{Num}_S(B,L,H)\cdot \dfrac{\partial \mathrm{Den}_S}{\partial B}}{\mathrm{Den}_S^2(B,L,H)}$$

$$c_{25}=\frac{\partial G_s}{\partial L}=s_s \cdot \frac{\dfrac{\partial \mathrm{Num}_S}{\partial L}\cdot \mathrm{Den}_S(B,L,H)-\mathrm{Num}_S(B,L,H)\cdot \dfrac{\partial \mathrm{Den}_S}{\partial L}}{\mathrm{Den}_S^2(B,L,H)}$$

$$c_{26}=\frac{\partial G_s}{\partial H}=s_s \cdot \frac{\dfrac{\partial \mathrm{Num}_S}{\partial H}\cdot \mathrm{Den}_S(B,L,H)-\mathrm{Num}_S(B,L,H)\cdot \dfrac{\partial \mathrm{Den}_S}{\partial H}}{\mathrm{Den}_S^2(B,L,H)}$$

误差方程可表示为

$$\begin{bmatrix} v_l \\ v_s \end{bmatrix}=\begin{bmatrix} c_{11} & c_{12} & c_{13} & 0 & 0 & 0 & c_{14} & c_{15} & c_{16} \\ 0 & 0 & 0 & c_{21} & c_{22} & c_{23} & c_{24} & c_{25} & c_{26} \end{bmatrix}\begin{bmatrix} \delta\alpha_0 \\ \delta\alpha_1 \\ \delta\alpha_2 \\ \delta\beta_0 \\ \delta\beta_1 \\ \delta\beta_2 \\ \delta B \\ \delta L \\ \delta H \end{bmatrix}+\begin{bmatrix} \hat{l}-l \\ \hat{s}-s \end{bmatrix} \qquad (9.40)$$

对于不同类型的点，误差方程有所不同。对于连接点，在列误差方程时，需要考虑地面点坐标的误差，在平差时需将连接点地面坐标值的改正数当成未知数来求解。如果控制点的精度很高，在区域网平差时可不考虑其地面点坐标的误差。若外业控制点的精度较低，在区域网平差时可以将控制点当作未知数，并赋予一定比例的权重，并增设一组误差方程式：

$$\begin{bmatrix} v_B \\ v_L \\ v_H \end{bmatrix} = \begin{bmatrix} \delta B \\ \delta L \\ \delta H \end{bmatrix} \tag{9.41}$$

总的误差方程可表示为

$$\begin{cases} \boldsymbol{v}_c & = \boldsymbol{A}\boldsymbol{x}_g + \boldsymbol{B}\boldsymbol{x}_{AP} - \boldsymbol{l}_c & \boldsymbol{P}_c \\ \boldsymbol{v}_g & = \quad\;\; \boldsymbol{x}_g \quad\quad\quad\;\; - \boldsymbol{l}_g & \boldsymbol{P}_g \\ \boldsymbol{v}_{AP} & = \quad\quad\quad\;\; \boldsymbol{x}_{AP} \quad - \boldsymbol{l}_{AP} & \boldsymbol{P}_{AP} \end{cases} \tag{9.42}$$

式中，$\boldsymbol{x}_g$ 为地面坐标观测值向量；$\boldsymbol{x}_{AP}$ 为自检校参数向量；$\boldsymbol{A}$、$\boldsymbol{B}$ 为相应的系数矩阵；$\boldsymbol{v}_c$、$\boldsymbol{v}_g$ 和 $\boldsymbol{v}_{AP}$ 为各自的残差向量；$\boldsymbol{l}_c$、$\boldsymbol{l}_g$ 和 $\boldsymbol{l}_{AP}$ 为常数向量；$\boldsymbol{P}_c$、$\boldsymbol{P}_g$ 和 $\boldsymbol{P}_{AP}$ 为相应的权矩阵。

9.4 实例与分析

9.4.1 严格成像模型定位实验

1. 直接定位实验

1）SPOT-5/HRS 影像

为验证 SPOT-5/HRS 严密几何模型构建的正确性，选取 SPOT-5 卫星宝鸡地区 HRS 影像进行实验。GPS 实测控制点 10 个，精度为厘米级，像点坐标为手工量测，精度约为 1 个像素。根据严格几何模型的构建过程，利用辅助数据文件对 SPOT-5/HRS 影像进行立体定位，定位结果如表 9.1 所示。

表 9.1　SPOT-5/HRS 影像直接定位精度统计　（单位：m）

统计项目	X	Y	Z
平均误差	16.767	14.903	40.896
最大残差	27.331	21.296	49.068
最小残差	10.053	5.821	25.786
中误差	17.574	15.691	41.563

由表 9.1 可以看出，SPOT-5/HRS 影像直接定位的精度较差，平面精度约为 23.560m，高程精度为 41.563m。

2）ALOS PRISM 影像

实验数据为汕头地区 ALOS PRISM 影像，影像覆盖的地面范围为 35km×35km。影像的控制点个数为 27 个，成像时间为 2006 年 9 月 28 日。控制点均为野外 GPS 实测点，精度为厘米级。控制点的像点坐标为手工量测，精度约为 1 个像素。影像控制点分布如图 9.8 所示，直接定位精度统计如表 9.2 所示。

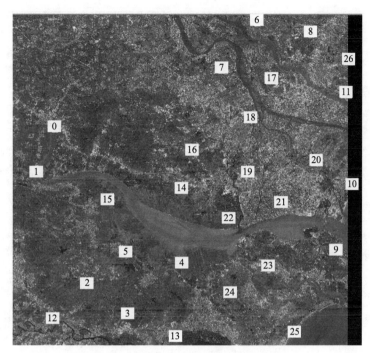

图 9.8　ALOS PRISM 影像控制点分布图

表 9.2　ALOS PRISM 影像直接定位精度统计　　　　　　　　（单位：m）

统计项目	X	Y	Z
平均误差	199.233	2.278	201.005
最大残差	202.744	3.517	206.278
最小残差	197.307	0.542	197.242
中误差	199.244	2.517	201.033

　　由表 9.2 可以看出，利用 ALOS PRISM 影像严格模型进行直接立体定位，若不考虑系统误差的影响，直接定位的精度较差，平面 Y 方向误差较小，中误差仅为 2.517m，而 X 方向误差较大，中误差达 199.244m，表现出明显的系统性。为了提高精度，必须采用一定的系统误差检校模型来剔除系统误差。

　　3）资源三号 TLC 影像

　　实验数据为河北安平地区的资源三号 TLC 影像、附属文件和控制点数据。影像成像时间为 2012 年 2 月 18 日，控制点个数为 70 个，包括 29 个靶标控制点和 41 个自然地物控制点。但外业测量员将大部分控制点设在道路和农田的拐角处，由于部分拐角在全色影像上模糊难以判别，无法进行精确刺点。在删除识别不准的控制点后，最后得到 64 个控制点，如图 9.9 所示。河北安平地区的地形起伏较小，地貌以丘陵为主，区域内的地物包括河流、居民地和农田等。

　　对资源三号卫星河北安平地区的定位精度进行统计，如表 9.3 所示。发现卫星影像的直接定位精度较低。X、Y、Z 三轴方向的定位中误差分别为 1692.52m、440.351m 和 773.003m。

图 9.9　资源三号 TLC 影像控制点分布图

表 9.3　资源三号 TLC 影像直接定位精度统计　　　　　　　（单位：m）

统计项目	X	Y	Z
平均误差	1692.50	437.354	772.231
最大残差	1710.63	513.042	839.251
最小残差	1677.17	337.704	714.766
中误差	1692.52	440.351	773.003

2. 平差定位实验

1）SPOT-5/HRS 影像

采用基于严格成像模型的光束法区域网平差方法，对 SPOT-5/HRS 影像进行区域网平差，选择靠近影像边缘的四个点和靠近影像中心的一个点作为控制点，其余控制点作为独立检查点，其平差定位结果如表 9.4 所示。

表 9.4　SPOT-5/HRS 影像平差定位精度统计　　　　　　　（单位：m）

统计项目	X	Y	Z
平均误差	4.343	3.643	4.160
最大残差	8.235	9.360	8.135
最小残差	0.021	0.183	0.378
中误差	5.042	4.794	5.327

2）ALOS PRISM 影像

采用基于严格成像模型的光束法区域网平差方法，对汕头地区 ALOS PRISM 影像进行区域网平差，选择靠近影像边缘的四个点和靠近影像中心的一个点作为控制点，其余控制点作为独立检查点，其平差定位结果如表 9.5 所示。

表 9.5 ALOS PRISM 影像光束法平差定位精度统计   （单位：m）

统计项目	X	Y	Z
平均误差	1.596	2.375	2.978
最大残差	4.538	5.834	6.288
最小残差	0.295	1.276	1.973
中误差	2.931	3.544	4.021

3）资源三号 TLC 影像

采用基于严格成像模型的光束法区域网平差方法，对河北安平地区资源三号 TLC 影像进行区域网平差，选择靠近影像边缘的四个点和靠近影像中心的一个点作为控制点，其余控制点作为独立检查点，其平差定位结果如表 9.6 所示。

表 9.6 资源三号 TLC 影像光束法平差定位精度统计   （单位：m）

统计项目	X	Y	Z
平均误差	5.006	3.005	2.695
最大残差	11.598	7.465	5.790
最小残差	0.124	0.141	0.333
中误差	5.943	3.475	3.174

从以上实验可以看出，在少量地面控制点参与下，采用基于严格成像模型的光束法区域网平差方法可以大幅提高影像的定位精度。其中，SPOT-5/HRS 影像 X、Y、Z 三轴方向的定位中误差分别为 5.042m、4.794m 和 5.327m；ALOS PRISM 影像 X、Y、Z 三轴方向的定位中误差分别为 2.931m、3.544m 和 4.021m；资源三号 TLC 影像 X、Y、Z 三轴方向的定位中误差分别为 5.943m、3.475m 和 3.174m。

9.4.2 有理函数模型定位实验

1. 直接定位实验

实验数据为河北安平地区资源三号 TLC 影像、RPC 文件和控制点数据。其中，该影像产品拍摄于 2012 年 12 月 4 日，生产于 2012 年 12 月 13 日。河北安平地区量测的控制点个数为 12 个，精度约为 1 个像素。利用资源三号 TLC 的前视影像和后视影像的 RPC 参数进行前方交会，并将量测的 12 个控制点作为检查点进行精度验证。有理函数模型的立体定位精度统计如表 9.7 所示。

表 9.7　有理函数模型立体定位精度统计　　　　　　　　　（单位：m）

统计项目	RMS_X	RMS_Y	RMS_Z
最大误差	22.267	31.783	5.678
最小误差	18.919	24.660	0.005
平均误差	20.417	29.226	2.916
中误差	20.434	29.286	3.503

2. 平差定位实验

仍采用河北安平地区资源三号 TLC 同组实验数据，运用基于有理函数模型的区域网平差模型。利用 5 个控制点进行有理函数模型区域网平差，并将余下的 7 个控制点作为检查点进行精度验证。平差后的精度统计如表 9.8 所示。

表 9.8　平差后有理函数模型立体定位精度统计　　　　　（单位：m）

统计项目	RMS_X	RMS_Y	RMS_Z
最大误差	2.054	3.553	3.960
最小误差	0.114	0.368	0.024
平均误差	1.094	1.750	1.737
中误差	1.286	1.974	2.210

从表 9.8 可以看出，利用四周+中心点的控制点布设方案，有理函数模型区域网平差后定位精度得到明显提高。其中，X 方向中误差由 20.434m 提高到 1.286m，Y 方向中误差由 29.286m 提高到 1.974m，Z 方向中误差由 3.503m 提高到 2.210m。

参 考 文 献

魏子卿. 2008. 2000 中国大地坐标系及其与 WGS84 的比较. 大地测量与地球动力学，28（5）：1-5.

第 10 章　星载线阵传感器在轨几何定标

随着我国高分辨率遥感卫星系统的快速发展及应用，迅速开展遥感卫星在轨几何定标相关技术的研究工作，并付诸于卫星工程的应用实践，是提高国产高分辨率遥感卫星成像几何质量和影像产品应用效力的必然要求。本章主要以资源三号立体测绘卫星为对象，对基于实验场的星载线阵传感器在轨几何定标的方法、模型及算法进行深入研究。

10.1　在轨几何定标分析与设计

10.1.1　星载线阵传感器成像误差分析

开展在轨几何定标，首先需要分析星载线阵传感器成像过程中各种潜在的误差影响因素。根据误差来源的不同，可将存在的几何误差分为外部误差和内部误差。内部误差主要包括相机内方位元素改变量、物镜光学畸变参数以及线阵传感器变形和移位参数，对于多片拼接的线阵传感器，有时还需要检校分片线阵变形和移位所导致的拼接误差，具体误差分析参见 4.1 节和 4.2 节。卫星发射前相关部门将对相机安置矩阵、星敏安置矩阵及 GPS 偏心差等参数进行实验室定标，但卫星入轨后上述参数将发生变化；此外，星上测得的姿态轨道参数也会含有系统误差，可将上述各因素引起的误差统称为外部误差。此处在 4.3 节相关介绍的基础上，重点针对外部误差做进一步分析。

1. 姿态测量误差

1）低频误差

姿态测量系统的低频误差主要是指偏移误差和漂移误差。对于单景影像而言，偏移误差通常为一常量，漂移误差一般表现为随时间变化的低阶变量，通常采用线性变化对其进行描述。但对于不同时间获取的影像而言，其姿态偏移、漂移误差各不相同，对长周期的姿态偏移、漂移误差进行建模和描述的难度较大。

2）高频误差

受外界太阳光压摄动、自身机械颤振等因素的影响，卫星飞行过程中会产生高频的姿态抖动（王战，2014）。相关研究结果表明，不同卫星的振动功率谱具有一定的差异性，这与平台的载荷类型、质量分布、载道参数等因素有关（Sudey and Schulman，1985；Toyoshima and Araki.，2001；Wittig et al.，1990）。当前卫星姿态测量设备受测量频率等因素的限制并不能测量出卫星平台的颤振信息，因此在对扫描行进行姿态拟合时会产生模型拟合误差。对每一扫描行而言，高频误差为一常量；但对于由成千上万个扫描行构成的条带影像或单景影像而言，该种高频误差具备很大的随机性。对于平台具有较高稳定度的光学卫星而言，单景影像内各扫描行外方位元素模型拟合误差随机波动，因此产生的非线性几何畸变处于较小量级。但随着空间分辨率的逐渐提高，关于亚米级光学卫星高频颤振问题的研究将变得愈发重要。

2. 轨道测量误差

当前光学遥感卫星的轨道测量精度普遍较高，如资源三号卫星采用双频 GPS 接收机和卫星激光测距（satellite laser ranging，SLR）角反射器定轨，事后处理得到的精密定轨数据定轨精度可达厘米级。

3. 相机安装角误差

星敏感器、陀螺仪等姿态测量设备测得的是卫星本体坐标系或星敏坐标系的姿态，而卫星影像几何处理需要的是对地观测相机的姿态。在实际安装时，相机坐标系三轴与卫星本体坐标系、星敏坐标系三轴之间必定存在一定的夹角误差，即使在实验室对该夹角进行定标，入轨后其值也可能发生变化。

4. GPS 偏心误差

星载 GPS 测得的是其天线相位中心的位置，而卫星影像几何处理需要的是对地观测相机投影中心的位置，两者之间的位置偏差为 GPS 偏心差。卫星发射前一般在实验室对该偏差进行定标，但入轨后其值也可能发生变化。

5. 时间同步误差

在相机获取影像的同时，星载姿轨测量设备按一定频率对卫星的姿态和轨道进行测量。影像扫描行、姿态测量值、轨道测量值需通过时间同步建立联系，以将姿轨测量值转化为各扫描行的外方位元素。在理想情况下，相机成像时间、GPS 观测时间和星敏观测时间三个时间变量在统一的时间基准框架下同步，然而在实际情况下，由于时间系统调校技术的制约，三者往往存在一定的同步误差，时间同步误差最终将导致影像扫描行外方位元素误差。

10.1.2　成像误差对定位精度影响分析

在轨几何定标试图通过控制点上的点位偏差反推成像过程中的多种潜在误差。其难度在于推扫成像链路中的几何误差源繁多，且点位偏差是所有误差源综合作用的结果；部分误差源之间存在相互影响、相互耦合的现象，即不同的误差源对最终定位结果具有相同或近似的影响。

以沿轨方向地面定位误差为例，对不同误差源相同或近似的影响进行说明。图 10.1 描述了沿轨方向线元素误差 ΔX_c 对地面定位误差的影响，图中 s_1 为原始投影中心，s_2 为线元素误差导致的投影中心位置，G 为原始扫描行在扫描轨迹上的位置，G' 为线元素误差导致的影像扫描行在扫描轨迹上的位置。由图可发现，在忽略地形起伏的情况下，沿轨方向线元素误差 ΔX_c 将引起地面上沿轨方向的平移误差 GG'，且两者大小相等。

图 10.2 描述了相机俯仰角误差 Δpitch 对地面定位误差的影响。一方面，光学卫星高轨、窄视场的成像特点，导致轨道高度远大于地形起伏；另一方面，由于卫星定姿精度较高，通常 Δpitch 数值较小。因此，在不考虑其他误差时线阵传感器各探元由 Δpitch 在沿轨方向引起的地面定位误差几乎一致，也可近似为平移误差 GG'。

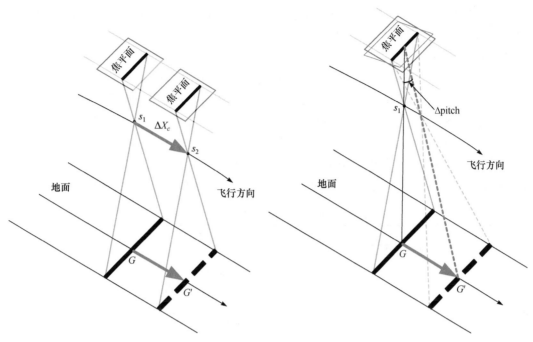

图 10.1 沿轨方向线元素误差导致地面沿轨方向   图 10.2 俯仰角误差导致地面沿轨方向
　　　　定位误差示意图　　　　　　　　　　　　　　　　　　　定位误差示意图

图 10.3 描述了 CCD 焦平面内沿轨方向平移误差 Δx 对地面定位误差的影响。可发现 Δx 对地面定位误差的影响特性与俯仰角误差 Δpitch 相类似，实际上是在内定向过程中引入了俯仰方向的角度误差。

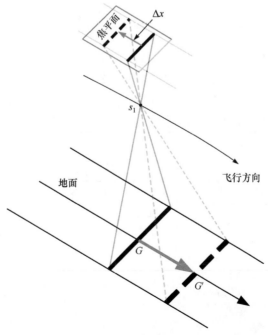

图 10.3 沿轨方向 CCD 平移误差导致地面沿轨方向定位误差示意图

对于时间同步误差 Δt ，其影响需要从两方面进行分析。一方面，卫星在轨姿态平台平稳，Δt 不会对姿态误差产生很大的影响；另一方面，卫星在轨高速运行，将引起较为显著的线元素误差 ΔX_c 。以轨道高度为 500km 为例，卫星沿轨方向速度约为 7km/s ，当 GPS 定轨系统与相机成像系统之间的时间同步误差为 1ms 时，其在沿轨方向导致的线元素误差 ΔX_c 将达到 7m 。因此，时间同步误差 Δt 引起的主要定位误差为沿轨方向的平移误差。

由上述分析可知，沿轨方向的几何定位误差可能对应着沿轨方向线元素误差 ΔX_c 、俯仰角误差 $\Delta pitch$ 、沿轨方向 CCD 平移误差 Δx 、时间同步误差 Δt 等多种误差来源。

与沿轨方向几何定位误差类似，垂轨方向定位误差、旋转误差等都对应着多种误差源，此处不再逐一分析。表 10.1 列出了典型几何定位误差与其可能误差源的对应情况。

表 10.1　几何定位误差与误差源对应情况

几何误差	对应的误差源
沿轨方向的平移误差	俯仰角误差 $\Delta pitch$ 沿轨方向线元素误差 ΔX_c 沿轨方向 CCD 平移误差 Δx 时间同步误差 Δt
垂轨方向的平移误差	翻滚角误差 $\Delta roll$ 垂轨方向线元素误差 ΔY_c 垂轨方向 CCD 平移误差 Δy
旋转误差	偏航角误差 Δyaw CCD 旋转因子 θ
缩放误差	主光轴方向线元素误差 ΔZ_c 主距变化 Δf CCD 探元尺寸变化 Δp_s
非线性误差	光学畸变因子 p_1、p_2、k_1、k_2

此外，还可通过数据模拟的方式对参数间的相关系数进行定量计算，主要步骤如下：

（1）利用真实姿轨数据、相机安置参数和相机内部参数设计值构建严格几何模型；

（2）基于构建的严格几何模型在物方生成均匀分布的虚拟控制点；

（3）基于虚拟控制点计算参数的相关系数矩阵。其在高程起伏为 0m、4000m、8000m 三种情况下，相关系数的计算结果如表 10.2 所示。

表 10.2　各误差参数相关系数

高程起伏 情况/m	相关系数为 ±1.0 的误差项	相关系数为 ±0.9 的误差项	相关系数为 ±0.8 的误差项
0、4000、8000	$\Delta pitch$ 与 ΔX_c、Δx、Δt ΔX_c 与 Δx、Δt Δx 与 Δt $\Delta roll$ 与 ΔY_c、Δy ΔY_c 与 dy Δyaw 与 θ ΔZ_c 与 Δf、Δp_s Δf 与 Δp_s	Δyaw 与 p_2 θ 与 p_2 ΔZ_c 与 k_1 Δf 与 k_1 Δp_s 与 k_1	$\Delta roll$ 与 p_1 ΔY_c 与 p_1 Δy 与 p_1

注：此处仅关注相关系数数值的大小，不关注其正负符号

表 10.2 相关系数的计算结果表明，对定位误差有着相同或近似影响的多个误差源之间均具有强相关性，如导致沿轨方向平移误差的 4 个误差源 Δpitch　ΔX_c、Δx、Δt 之间的相关系数均为 ±1.0，又如导致垂轨方向平移误差的 3 个误差源与 Δroll、ΔY_c、Δy 之间的相关系数也均为 ±1.0。再次验证了不同误差源对定位结果有相同或近似的影响，某一类地面定位误差是由多种误差源综合作用的结果。

由于参数间的相互耦合，仅凭控制点上的点位偏差对各类误差参数进行反推难度较大，具体表现为在进行误差参数解算时法方程病态化，参数求解结果的可靠性和稳定性无法保证，这也是线阵推扫式相机在轨几何标定的主要技术难点。

当前一般采用虚拟观测值法或分步求解法以克服参数间的相关性，前者根据先验信息，将待求解的参数视为虚拟带权观测值，可有效地改善法方程的状态；后者先求解一部分误差参数，再求解剩余误差参数，常用的参数求解顺序有先外后内、先内后外等（徐雨果等，2011）。两种方法均能求解出有效参数结果，但各单项误差参数的解算值并不等同于卫星在轨运行的真实值。尽管如此，各参数组合在一起使用时仍能起到较好的误差补偿作用，这是各项误差参数之间相互作用、相互补偿的结果。

10.1.3　在轨几何定标方案设计

本节设计的高分辨率遥感卫星在轨几何定标主要包括以下六个步骤。

步骤 1：系统误差探测与分析。

在进行全方位定位实验的基础上，分析误差分布规律，探测系统误差，进行星载线阵传感器及定轨测姿传感器成像误差分析。

步骤 2：构建传感器误差参数模型。

根据星载线阵传感器几何及物理特性，深入分析其在轨成像条件下各种可能的变形、移位及误差影响，建立合理的星载线阵相机误差模型；根据卫星定轨测姿传感器工作特点，分析潜在误差影响因素，建立合理的定轨测姿传感器误差模型；结合前期定位实验及误差分析情况，选择和设置用于在轨几何定标的传感器误差参数。

步骤 3：姿态角系统误差检校。

考虑到姿态角误差对影像定位精度的影响更大，往往需要首先消除或削弱姿态角误差影响，并为后续的相机参数定标提供初值。

步骤 4：分片线阵位置关系定标（视情况可选）。

分片线阵定标的目的在于确定各分片的相对位置关系，其出发点是以分片线阵为基本单位，设定其上诸像元有同样的形变规律；对于单（多）线阵相机，在测定并判断其像元存在比较一致的整体形变，或各分片线阵形变可用简单参数描述的情况下，应以整条线阵传感器设置定标参数，统一建立像点误差描述模型。

步骤 5：集成传感器自检校联合定标。

将内、外定向误差参数共同纳入自检校区域网平差的整体解算中，实现线阵相机参数和外定向误差参数联合检定。

步骤 6：几何定标的综合评估与验证。

它是对定标方法和结果的实际检验与客观评定，需采取多种途径和方案进行综合全面验证、定位精度改善、模型稳定性和适用性评估，全面评价从传感器建模到平差解算的整套理论和方法。

从国内外遥感卫星在轨几何定标的经验来看，卫星定标是一个不断改进和优化的过程，因此以上设计步骤并非一成不变，而是一个迭代和循环的过程，需要根据定标效果和需求不断调整和改进。在上述步骤中，自检校联合定标是本节采用的一种主要方法，其核心是多传感器自检校光束法平差。自检校光束法平差总体技术流程如图 10.4 所示。

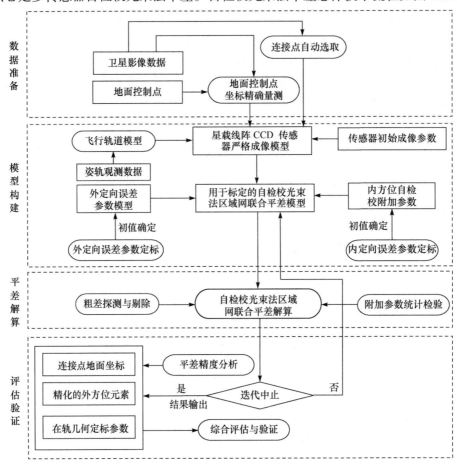

图 10.4　自检校光束法平差总体技术流程

（1）数据准备阶段：主要是输入数据的准备工作，包括选定地面区域卫星影像的选择与预处理；地面控制点的布设与三维地面坐标测量；根据区域网构架方案选取地面控制点并从影像数据上进行相应像点坐标的精确量测；采用影像匹配等手段实现区域网内影像连接点的自动选取等。

（2）模型构建阶段：获取卫星姿轨观测数据并转换为外方位元素，建立合理描述外方位元素变化的数学模型，获取厂商提供的传感器初始成像参数，以改化的共线条件方程为基础建立航天线阵传感器严格成像模型；进行航天线阵传感器几何定标参数的设置与优化，建立内方位自检校附加参数模型和外定向误差参数模型，分析与设计用于几何定标的自检校光束法区域网联合平差模型。

（3）平差解算阶段：实现自检校光束法区域网联合平差的高精度、快速解算，在此过程中为消除粗差影响，应进行粗差探测与剔除；对自检校附加参数，应首先采用全组参数进行区域网平差解算，然后进行自检校附加参数的统计检验，通过合并强相关项和剔除不显著参数，保证最终采用的附加参数合适、有效。

（4）评估验证阶段：判断迭代终止后，输出传感器定标参数，然后采用多组方案对几何定标结果进行综合评估与验证。

10.2 姿态角系统误差检校

随着星载 GPS、恒星摄影机、激光陀螺仪等定轨测姿传感器及相关技术的快速发展，高分辨率遥感卫星系统所能获取的卫星轨道星历和传感器姿态的精度也越来越高，以之为前提的卫星影像的直接定位能力亦突飞猛进。但相对于高分辨率遥感卫星高达米级以及亚米级的影像分辨率而言，目前直接定位精度仍较低，尚难以满足大比例尺无控制卫星摄影测量的精度要求。研究表明，通过卫星定轨测姿系统直接获取的影像外方位元素通常含有不同程度的系统误差。其中，采用当前定轨技术测定的外方位线元素总体精度非常高，仅含有少量系统误差，对影像定位精度影响较小；而姿态测定难度大，误差源多，实际能达到的精度较低，仍存在较大的系统误差（袁修孝和余俊鹏，2008），法国SPOT IMAGE 公司研究报告中指出，姿态角误差是造成目前较大目标定位误差的主要原因（SPOT Satellite Geometry Handbook）。

10.2.1 姿态角常差检校模型

将星载线阵推扫式影像严格成像模型式（9.7）变化可得

$$\begin{bmatrix} X - X_S \\ Y - Y_S \\ Z - Z_S \end{bmatrix} = m \cdot f \cdot \boldsymbol{R}_{\text{J2000}}^{\text{WGS84}} \cdot \boldsymbol{R}_{\text{Orbit}}^{\text{J2000}} \cdot \boldsymbol{R}_{\text{Body}}^{\text{Orbit}} \cdot \begin{pmatrix} -\tan\varPsi_Y \\ \tan\varPsi_X \\ -1 \end{pmatrix} \tag{10.1}$$

设有某地面控制点 P 在地心坐标系 WGS84 下的坐标为 (X_P, Y_P, Z_P)，其对应像点为 $p(x,y)$。首先利用 p 点行坐标，在卫星星历姿态辅助观测数据中内插得到相应扫描行的投影中心坐标 (X_{st}, Y_{st}, Z_{st})、姿态值为 $(\varphi_{0t}, \omega_{0t}, \kappa_{0t})$。可以计算像点 p 在地心坐标系中的视线方向向量 $\vec{\boldsymbol{\mu}}_S'$，即

$$\vec{\boldsymbol{\mu}}_S' = \left(X_p - X_{st}, Y_p - Y_{st}, Z_p - Z_{st} \right)^{\text{T}} \tag{10.2}$$

将其标准化可得 $\vec{\boldsymbol{\mu}}_S$，即

$$\vec{\boldsymbol{\mu}}_S = \frac{\vec{\boldsymbol{\mu}}_S'}{\|\vec{\boldsymbol{\mu}}_S'\|} \tag{10.3}$$

根据像点列坐标可得到对应 (ψ_X, ψ_Y)，从 CCD/CMOS 像元指向角出发，依据传感器严格成像模型，同样可计算视线向量经坐标系转换后在地心坐标系的方向向量，表示为 $\vec{\boldsymbol{\mu}}_p'$，有

$$\vec{\boldsymbol{\mu}}_p' = \boldsymbol{R}_{\text{J2000}}^{\text{WGS84}} \cdot R_{\text{Orbit}}^{\text{J2000}} \cdot R_{\text{Body}}^{\text{Orbit}} \cdot \begin{pmatrix} -\tan\varPsi_Y \\ \tan\varPsi_X \\ -1 \end{pmatrix} \tag{10.4}$$

将其标准化可得 $\vec{\mu}_p$，即

$$\vec{\mu}_p = \frac{\vec{\mu}_p}{\|\vec{\mu}_p'\|} \tag{10.5}$$

显然，理论上对同一地面控制点视线方向应一致，即应有 $\vec{\mu}_S = \vec{\mu}_p$，但卫星测姿系统测定的初始姿态角存在一定误差，因此必须进行姿态角误差补偿才能保证 $\vec{\mu}_S' = \vec{\mu}_p'$ 成立，这是基于视线向量进行姿态角误差检校的理论基础。

如设实际姿态角为 $(\varphi_t, \omega_t, \kappa_t)$，$(\Delta\varphi_t, \Delta\omega_t, \Delta\kappa_t)$ 为姿态角误差的改正数，以之作为未知数，根据上式可列出以下误差方程：

$$V = \begin{bmatrix} V_X \\ V_Y \\ V_Z \end{bmatrix} = \begin{bmatrix} \dfrac{\partial(\mu_p)}{\partial\varphi_t} & \dfrac{\partial(\mu_p)}{\partial\omega_t} & \dfrac{\partial(\mu_p)}{\partial\kappa_t} \end{bmatrix} \begin{bmatrix} \Delta\varphi_t \\ \Delta\omega_t \\ \Delta\kappa_t \end{bmatrix} - L \tag{10.6}$$

式中，$L = \begin{bmatrix} (\mu_S)_X - (\mu_p)_X \\ (\mu_S)_Y - (\mu_p)_Y \\ (\mu_S)_Z - (\mu_p)_Z \end{bmatrix}$。

对线阵传感器来说，同时获取的某一行扫描影像 $(\Delta\varphi_t, \Delta\omega_t, \Delta\kappa_t)$ 相同，如能在同行影像上选取两个以上的控制点，即可以采用最小二乘平差方法求解该行影像的 3 个姿态角误差改正数。但显然这种逐行一一求解方法在实际应用中难以实现，也没有必要。考虑到卫星在轨运行较平稳，姿态角误差在较短的飞行时间内常保持相对稳定，因此可将整幅影像的姿态角误差视为常量 $(\Delta\varphi, \Delta\omega, \Delta\kappa)$，利用少量地面控制点即可求取姿态角误差常量，式(10.6)即为姿态角常差检校模型。袁修孝和余翔(2012)采用该方法对 SPOT-5/HRG 和 QuickBird 影像进行实验，取得了很好的效果。刘楚斌等(2011)采用此方法对 ALOS PRISM 影像进行姿态角常差求取实验，结果表明该方法可显著提高影像直接定位精度。

10.2.2 姿态角系统误差检校模型

可以看出，一般的姿态角误差检校从基于拓展共线条件方程的传感器严格成像模型两端出发，分别计算像点在地心直角坐标系中的视线向量，然后以两向量一致为条件求解姿态角误差。但需要指出的是，此时求得的改正值并非真正意义上的姿态角误差。分析可知，从式(10.1)右端计算视线向量 $\vec{\mu}_p'$ 时须经过一系列坐标系统的变换，包括 $R_{\text{J2000}}^{\text{WGS84}}$、$R_{\text{Orbit}}^{\text{J2000}}$ 和 $R_{\text{Body}}^{\text{Orbit}}$ 三个变换矩阵，其中 $R_{\text{J2000}}^{\text{WGS84}}$ 是岁差、章动、地球自转和极移矩阵的乘积，随时间变化而不同；$R_{\text{Orbit}}^{\text{J2000}}$ 则由卫星平台的空间位置和速度矢量决定，即和卫星轨道参数有关；只有 $R_{\text{Body}}^{\text{Orbit}}$ 才真正是由卫星姿态角 $(\varphi, \omega, \kappa)$ 构成的旋转矩阵。因此，按此思路检校求得改正值并不能真正反映卫星影像的姿态角误差变化规律，而是包含姿态角误差、轨道位置误差及岁差、章动等各种误差的综合影响值；由于 $R_{\text{J2000}}^{\text{WGS84}}$ 和 $R_{\text{Orbit}}^{\text{J2000}}$ 均为变化矩阵，即便姿态角误差可视为常量，融入 $R_{\text{J2000}}^{\text{WGS84}}$ 和 $R_{\text{Orbit}}^{\text{J2000}}$ 影响后也成为变化值。因此，要直观地表达卫星影像姿态角误差的真正变化规律，须对式(10.1)做进一步变化，即

$$\left(\boldsymbol{R}_{\text{J2000}}^{\text{WGS84}} \cdot \boldsymbol{R}_{\text{Orbit}}^{\text{J2000}}\right)^{\text{T}} \begin{bmatrix} X - X_S \\ Y - Y_S \\ Z - Z_S \end{bmatrix} = m \cdot f \cdot \boldsymbol{R}_{\text{Body}}^{\text{Orbit}} \cdot \begin{pmatrix} -\tan\Psi_Y \\ \tan\Psi_X \\ -1 \end{pmatrix} \quad (10.7)$$

此时，有

$$\begin{cases} \vec{\boldsymbol{\mu}}_S' = \left(\boldsymbol{R}_{\text{J2000}}^{\text{WGS84}} \cdot \boldsymbol{R}_{\text{Orbit}}^{\text{J2000}}\right)^{\text{T}} \cdot \left(X_p - X_{st}, Y_p - Y_{st}, Z_p - Z_{st}\right)^{\text{T}} \\ \vec{\boldsymbol{\mu}}_p' = \boldsymbol{R}_{\text{Body}}^{\text{Orbit}} \cdot \begin{pmatrix} -\tan\Psi_Y \\ \tan\Psi_X \\ -1 \end{pmatrix} \end{cases} \quad (10.8)$$

在实际应用中，高分辨率遥感卫星系统可能对严格成像模型进行了改化，因此姿态角误差检校模型也需相应调整。例如，对资源三号 TLC 影像来说，卫星姿态定义为星敏感器坐标系到 J2000 坐标系的旋转矩阵（记为 $\boldsymbol{R}_{\text{Star}}^{\text{J2000}}$），则应有

$$\begin{cases} \vec{\boldsymbol{\mu}}_S'' = \left(\boldsymbol{R}_{\text{J2000}}^{\text{WGS84}}\right)^{\text{T}} \cdot \left(X_p - X_{st}, Y_p - Y_{st}, Z_p - Z_{st}\right)^{\text{T}} \\ \vec{\boldsymbol{\mu}}_p'' = \boldsymbol{R}_{\text{Star}}^{\text{J2000}} \cdot \left(\boldsymbol{R}_{\text{Star}}^{\text{Body}}\right)^{\text{T}} \cdot \boldsymbol{R}_{\text{Sensor}}^{\text{Body}} \cdot \begin{pmatrix} \tan\Psi_Y \\ \tan\Psi_X \\ -1 \end{pmatrix} \end{cases} \quad (10.9)$$

研究表明，卫星影像姿态角误差中除包含相对稳定的常量误差外，还包含随影像行坐标（时间）变化的低频线性误差和高频动荡误差。尽管其中常量误差占主体部分，但将全部误差统归为一组常量会在一定程度上降低姿态角检校的精度。因此，可在较短的成像时间内，用成像时间 t（或行坐标）的一般多项式函数模拟卫星影像的姿态角误差。

$$\begin{cases} \Delta\varphi = \Delta\varphi_0 + d_1\bar{t} + d_2\bar{t}^2 + \cdots + d_k\bar{t}^k \\ \Delta\omega = \Delta\omega_0 + e_1\bar{t} + e_2\bar{t}^2 + \cdots + e_k\bar{t}^k \\ \Delta\kappa = \Delta\kappa_0 + f_1\bar{t} + f_2\bar{t}^2 + \cdots + f_k\bar{t}^k \end{cases} \quad (10.10)$$

式中，$(\Delta\varphi_0, \Delta\omega_0, \Delta\kappa_0)$ 用于表示姿态角系统差的常量部分；(d_1, e_1, f_1) 为一次项系数，用以拟合系统误差的线性部分，更高次项可拟合系统误差的高频变化部分。但参数过多不但解算时要求有更多的地面控制点，参数间如果存在相关性甚至可能导致精度下降，因此在实际使用中应根据不同情况设置参数个数。地面控制点数量较少时可直接视为常差进行检校，其他情况一般也不应超过二次项。

10.3 星载集成传感器自检校联合定标

通过姿态角系统误差检校可以消除外方位角元素中绝大部分的系统误差，但仍会有小部分残余误差，同时卫星定轨数据中也会存在少量系统误差。此时如果只考虑内定向误差参数进行自检校定标，则外方位系统误差的影响将会在内定向误差参数解算值中得以体现，从而造成定标值出现偏差。借鉴 ADS40 自检校联合定标的经验，本节采用的方式是将相机误差参数和定轨测姿系统误差参数共同纳入自检校区域网联合平差的整体解

算中；在地面高精度控制信息的支持下，可综合平衡内、外各项误差因素的影响，得到合理、稳定的传感器定标参数，同时也可对姿态角系统误差做进一步修正和优化。

10.3.1　相机误差模型

以资源三号 TLC 传感器为例，它采用的是如图 10.5 所示的多镜头多线阵 CCD 传感器，各条 CCD 独立对应一个镜头，各有一套光学系统，因此在单线阵 CCD 误差模型式（8.4）的基础上，对多线阵 CCD $j(j=1,2,\cdots,n)$，分别设置主点偏移量 $\Delta x_{pj}, \Delta y_{pj}$，焦距变化量 Δf_j，光学畸变系数 $k_{1j}, k_{2j}, k_{3j}, p_{1j}, p_{2j}$，建立相机误差模型如下：

$$
\begin{cases}
\Delta x_j = \Delta x_{pj} - \dfrac{\Delta f_j}{f_j}\bar{x}_j + \left(k_{1j}\cdot r_j^2 + k_{2j}\cdot r_j^4 + k_{3j}\cdot r_j^6\right)\bar{x}_j + p_{1j}\left(r_j^2 + 2\bar{x}_j^2\right) + 2p_{2j}\bar{x}_j\bar{y}_j + b_{1j}\bar{x} + s_{xj}\bar{y} \\
\Delta y'_j = \Delta y_{pj} - \dfrac{\Delta f_j}{f_j}\bar{y}_j + \left(k_{1j}\cdot r_j^2 + k_{2j}\cdot r_j^4 + k_{3j}\cdot r_j^6\right)\bar{y}_j + 2p_{1j}\bar{x}_j\bar{y}_j + p_{2j}\left(r_j^2 + 2\bar{y}_j^2\right) + s_{yj}\bar{y}_j
\end{cases}
$$

$$（10.11）$$

式中，Δx_j、Δy_j 为像点坐标偏移误差；$(\Delta x_{pj}, \Delta y_{pj})$ 为减去像主点坐标的像点坐标；b_{1j} 为像平面内畸变系数；s_{yj} 为扫描方向的比例因子。

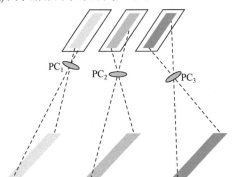

图 10.5　多镜头多线阵 CCD 传感器示意图

$PC_1\sim PC_3$ 代表 3 个镜头（投影中心）

10.3.2　定轨测姿观测值误差模型

在定轨测姿系统中，星载 GPS 测定的一般是卫星平台的质心，与真正意义上的投影中心存在相对固定的空间偏移；同时动态 GPS 定位在不太长的摄影飞行中，会产生随摄影时间线性变化的系统误差，一般称为 GPS 平移和漂移误差。如果 GPS 偏心分量事先用地面测量手段精确测得，则可以直接加以改正，如果该量未知，则存在空间偏移误差。方便起见，经坐标系统转换后可与 GPS 平移误差合并为线元素偏移改正量。于是有外方位线元素的系统误差模型：

$$
\begin{cases}
\Delta X_S = a_X + b_X(t - t_0) \\
\Delta Y_S = a_Y + b_Y(t - t_0) \\
\Delta Z_S = a_Z + b_Z(t - t_0)
\end{cases}
\qquad（10.12）
$$

式中，(a_X, a_Y, a_Z) 为外方位线元素偏移改正量，是系统误差的常量部分；(b_X, b_Y, b_Z) 为外方位线元素漂移改正量，是系统误差的线性部分，还可采用更高阶次的多项式进一步拟合系统误差的高频部分。而对外方位角元素而言，由于姿态测定难度大，误差影响因素多，简便起见，可采用与外方位线元素系统误差类似的方式，将姿态观测系统误差视为系统偏移和漂移处理，此时外方位角元素的系统误差模型为

$$
\begin{cases}
\Delta\varphi_S = a_\varphi + b_\varphi(t - t_0) \\
\Delta\omega_S = a_\omega + b_\omega(t - t_0) \\
\Delta\kappa_S = a_\kappa + b_\kappa(t - t_0)
\end{cases}
\tag{10.13}
$$

式中，$(a_\varphi, a_\omega, a_\kappa)$ 为外方位角元素偏移改正量，是姿态角的常差部分；$(b_\varphi, b_\omega, b_\kappa)$ 为外方位角元素漂移改正量，是拟合姿态角误差的线性变化部分。

10.3.3　用于联合定标的自检校平差模型

将定轨和姿态测量系统误差参数作为观测值，结合式（5.2）可得自检校光束法区域网联合平差的总误差方程为

$$
\begin{cases}
\boldsymbol{V}_X = \boldsymbol{A}_{\mathrm{GPS}}\boldsymbol{t}_{\mathrm{GPS}} + \boldsymbol{A}_{\mathrm{ATT}}\boldsymbol{t}_{\mathrm{ATT}} + \boldsymbol{B}\boldsymbol{d} + \boldsymbol{C}\boldsymbol{a} & - \boldsymbol{L}_X & \boldsymbol{P}_X \\
\boldsymbol{V}_{\mathrm{GPS}} = \boldsymbol{E}_{\mathrm{GPS}}\boldsymbol{t}_{\mathrm{GPS}} & - \boldsymbol{L}_{\mathrm{GPS}} & \boldsymbol{P}_{\mathrm{GPS}} \\
\boldsymbol{V}_{\mathrm{ATT}} = \qquad \boldsymbol{E}_{\mathrm{ATT}}\boldsymbol{t}_{\mathrm{ATT}} & - \boldsymbol{L}_{\mathrm{ATT}} & \boldsymbol{P}_{\mathrm{ATT}} \\
\boldsymbol{V}_C = \qquad\qquad \boldsymbol{E}_d\boldsymbol{d} & - \boldsymbol{L}_C & \boldsymbol{P}_C \\
\boldsymbol{V}_A = \qquad\qquad\qquad \boldsymbol{E}_a\boldsymbol{a} & - \boldsymbol{L}_A & \boldsymbol{P}_A
\end{cases}
\tag{10.14}
$$

式中，$\boldsymbol{V}_X$、$\boldsymbol{V}_C$ 分别为像点坐标和地面控制点坐标观测值残差向量；$\boldsymbol{V}_A$ 为相机误差参数虚拟观测值残差向量；$\boldsymbol{V}_{\mathrm{GPS}}$、$\boldsymbol{V}_{\mathrm{ATT}}$ 分别为影像外方位线元素和角元素虚拟观测值残差向量；$\boldsymbol{d} = \begin{bmatrix} \Delta X & \Delta Y & \Delta Z \end{bmatrix}^{\mathrm{T}}$ 为物方点坐标未知数增量向量；$\boldsymbol{a} = \begin{bmatrix} \Delta a_1 & \Delta a_2 & \Delta a_3 & \cdots \end{bmatrix}^{\mathrm{T}}$ 为相机误差参数增量向量；$\boldsymbol{t}_{\mathrm{GPS}} = \begin{bmatrix} \Delta a_x & \Delta a_Y & \Delta a_Z & \Delta b_x & \Delta b_Y & \Delta b_Z \end{bmatrix}^{\mathrm{T}}$ 为影像外方位线元素系统误差系数的增量向量；$\boldsymbol{t}_{\mathrm{ATT}} = \begin{bmatrix} \Delta a_\varphi & \Delta a_\omega & \Delta a_\kappa & \Delta b_\varphi & \Delta b_\omega & \Delta b_\kappa \end{bmatrix}^{\mathrm{T}}$ 为影像外方位角元素系统误差系数的增量向量；$\boldsymbol{A}_{\mathrm{GPS}}$、$\boldsymbol{A}_{\mathrm{ATT}}$ 分别为像点坐标观测方程对未知数 $\boldsymbol{t}_{\mathrm{GPS}}$、$\boldsymbol{t}_{\mathrm{ATT}}$ 的一阶偏导数；$\boldsymbol{E}_{\mathrm{GPS}}$ 为 $\boldsymbol{t}_{\mathrm{GPS}}$ 的单位阵系数矩阵；$\boldsymbol{E}_{\mathrm{ATT}}$ 为 $\boldsymbol{t}_{\mathrm{ATT}}$ 的单位阵系数矩阵；$\boldsymbol{E}_d$ 为 $\boldsymbol{d}$ 的单位阵系数矩阵；$\boldsymbol{E}_a$ 为 $\boldsymbol{a}$ 的单位阵系数矩阵。$\boldsymbol{B}$、$\boldsymbol{C}$ 为相应于未知数 $\boldsymbol{d}$、$\boldsymbol{a}$ 的系数矩阵；$\boldsymbol{L}_X$ 为像点坐标的观测值向量；$\boldsymbol{L}_C$ 为控制点坐标改正数的观测值向量；$\boldsymbol{L}_A$ 为附加参数的观测值向量；$\boldsymbol{L}_{\mathrm{GPS}}$、$\boldsymbol{L}_{\mathrm{ATT}}$ 分别为影像外方位线元素和角元素虚拟观测值向量；$\boldsymbol{P}_X$、$\boldsymbol{P}_{\mathrm{GPS}}$、$\boldsymbol{P}_{\mathrm{ATT}}$、$\boldsymbol{P}_C$、$\boldsymbol{P}_A$ 分别为相应观测值的权矩阵。

10.4　实例与分析

10.4.1　实验数据

如图 10.6 所示，实验采用 2012 年 2 月 3 日和 3 月 23 日获取的嵩山摄影测量与遥感定标综合实验场地区以及 2012 年 1 月 11 日获取的大连地区的资源三号 TLC 影像及轨道姿态观测下行数据。2 月 3 日获取的资源三号 TLC 影像位于实验场区域的共有 2 景，分别称为 DataA 和 DataB，每景含前、下、后三视影像；其中，DataA 影像上采集了地面

控制点 45 个，DataB 影像上采集了地面控制点 14 个，均可在三视影像上清晰成像；3 月 23 日获取的资源三号 TLC 影像为 1 景，含前、下、后三视影像，称为 DataC，其覆盖区域与 DataB 基本一致，但该景影像成像时天气状况不佳，能见度较差，整个东北角区域有连片云层覆盖，其他未有云层覆盖区域的影像也较模糊，如图 10.6（c）所示，因此对地面控制点的选取和精确量测造成较大影响，影像上采集了地面控制点 21 个。大连地区影像称为 DataD，覆盖区为平原和丘陵地区，共野外量测了地面控制点 15 个。在四组实验数据中，DataA、DataB 和 DataC 是未经任何处理的原始数据，DataD 的姿轨观测数据经过了后处理转换。DataA、DataB、DataC 影像上采集的控制点都存在多点点位临近或重叠的情况，考虑控制点均匀分布要求和控制点量测精度要求，DataA 最后选取了 40 个控制点参与实验,DataB 选取了 12 个控制点参与实验,DataC 选取了 15 个控制点参与平差。

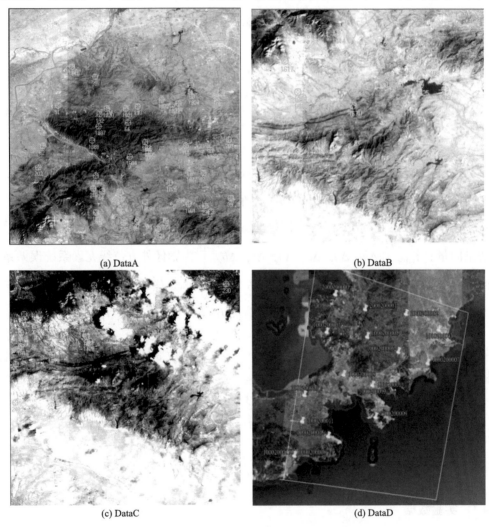

(a) DataA　　　　　　　　　　　　　　　(b) DataB

(c) DataC　　　　　　　　　　　　　　　(d) DataD

图 10.6　资源三号影像（下视）及控制点分布图

实验所用地面控制点全部采用野外控制测量，平面精度优于 0.1m，高程精度优于 0.2m，像点坐标采用人工量测，精度在 0.5～1 个像元；同时，采用影像匹配方法分别获取了若干数量的影像连接点。

10.4.2 直接定位实验

采用 9.1.3 节和 9.2.1 节建立的资源三号 TLC 传感器严格成像模型和直接定位模型，分别对四组资源三号 TLC 数据进行直接定位解算，在每组实验中，均采用前视、下视和后视多视线交会的方法求出地面控制点的三维坐标，并与该点的野外实际测量值进行比对，统计控制点残差如表 10.3 所示。

表 10.3　资源三号 TLC 影像目标直接定位精度统计

数据	控制点数/个	中误差/m				最大残差/m		
		X	Y	H	Z	X	Y	Z
DataA	40	576.155	1065.362	1211.177	256.689	627.388	1102.556	266.122
DataB	12	607.609	1061.728	1223.297	243.784	646.498	1078.577	248.076
DataC	15	648.422	1189.421	1354.686	295.895	708.074	1217.398	312.871
DataD	15	781.372	1162.941	1401.062	311.168	829.841	1179.365	317.873

从表 10.3 可以看出，采用未经检校的资源三号 TLC 原始观测数据进行影像直接定位的精度较差，且在具体数值上表现出较明显的系统性。研究表明，卫星入轨后部分传感器参数已发生变化，造成定位精度的系统性下降，的确有必要开展在轨几何定标工作。此时，造成直接定位精度下降的系统误差应源于内定向误差和外定向误差两个方面，其中外定向误差应起主导作用。在外定向误差中，卫星定轨系统直接测定的外方位线元素精度很高，仅带有少量系统误差，因此姿态角误差应是系统误差的主要来源，下面进行姿态角系统误差检校实验以验证所做推论。

10.4.3 姿态角系统误差检校实验

采用 10.2.2 节建立的影像姿态角系统误差检校模型，分别对四组资源三号 TLC 数据进行姿态角系统误差检校实验，其中采用了不同数量的地面控制点配置方案，利用检校得到的姿态角误差参数修正外方位角元素，补偿外方位角元素的系统误差，然后再进行直接定位实验，统计检查点定位精度，其结果如表 10.4 所示。

表 10.4　资源三号 TLC 姿态角系统误差检校后影像定位结果

数据	地面控制点数/独立检查点数	检查点中误差/m			
		X	Y	H	Z
DataA	2/38	7.336	13.409	15.284	9.865
	4/36	4.697	3.473	5.842	3.062
	6/34	4.427	3.513	5.652	2.855
	8/32	4.544	3.493	5.731	2.499
	10/30	4.461	3.236	5.511	2.368
DataB	2/10	5.576	5.827	8.065	5.005
	4/8	5.380	4.629	6.373	3.392
	6/6	5.508	3.546	6.551	3.162
	8/4	5.179	3.193	6.084	2.857
DataC	2/13	5.943	3.140	6.722	7.241
	4/11	4.993	3.303	5.987	5.213
	6/9	4.704	2.910	5.531	4.054
	8/7	4.599	2.991	5.486	3.974

数据	地面控制点数/ 独立检查点数	检查点中误差/m			
		X	Y	H	Z
DataD	2/13	7.342	2.693	7.820	6.526
	4/11	6.079	2.900	6.736	4.622
	6/9	5.235	3.647	6.380	3.068
	8/7	3.960	3.003	4.969	2.801

从表 10.4 来看，通过本节设立的姿态角系统误差检校模型，可以非常有效地补偿姿态角系统误差影响，大幅提高影像定位精度，表明姿态角误差的确是影响影像定位精度的主要因素。从四组实验的具体结果来看，适量增加地面控制点数量有助于得到稳定合理的姿态角误差值，稳步提升定位精度，但地面控制点自身量测误差等偶然性因素也会影响检校结果，造成精度出现升降反复。总体来看，经姿态角系统误差检校后，资源三号 TLC 原始影像定位平面精度为 5~6m，高程精度为 2.5~4m。

在四组实验中可以发现一个共同点，即平面 Y 方向精度要明显优于 X 方向，如对比解算稳定后的结果，四组数据在 X 方向的精度分别为 4.461m、5.179m、4.599m 和 3.960m，而同时 Y 方向精度分别为 3.236m、3.193m、2.991m 和 3.003m，分别相差 1.225m、1.986m、1.608m 和 0.957m，显然理论上不应出现这种明显的精度差异，可初步判断是由于系统误差影响；在已经进行姿态角系统误差补偿的情况下，角元素残存误差也不会带来如此明显且一致的影响，因此可进一步推测这部分系统误差应源于内定向误差和外方位线元素系统误差。

10.4.4 常规光束法平差实验

分别对资源三号 TLC 的四组数据进行常规光束法平差实验，为验证地面控制点数量对平差精度的影响，各组实验均设置了不同数量的地面控制点配置方案，将其余控制点作为独立检查点以进行精度评估，平差中加入了少量连接点以保证在地面控制点数量较少的情况下可有效解算。表 10.5 为四组数据光束法平差的统计结果。对比表 10.4 和表 10.5 可以看出，光束法平差和姿态角系统误差检校得到的精度总体相差不大，前者略占一些优势，在 Z 方向相对更为明显，但在各组实验中的表现程度不同。将四组数据中最后一次实验的姿态角系统误差检校结果和常规光束法平差结果进行比较，如图 10.7 所示。

表 10.5　资源三号 TLC 影像常规光束法平差统计结果

数据	地面控制点数/ 独立检查点数	检查点中误差/m			
		X	Y	H	Z
DataA	2/38	7.799	3.533	8.562	3.376
	4/36	6.178	3.851	7.280	3.257
	6/34	5.496	3.855	6.713	3.083
	8/32	4.772	3.411	5.866	2.204
	10/30	4.796	3.260	5.799	2.127
DataB	2/10	5.009	2.658	5.670	4.030
	4/8	4.872	2.740	5.589	3.053
	6/6	4.362	3.061	5.329	2.205
	8/4	4.082	2.934	5.027	2.042

数据	地面控制点数/ 独立检查点数	检查点中误差/m			
		X	Y	H	Z
DataC	2/13	7.821	3.445	8.546	4.037
	4/11	5.692	3.216	6.538	3.789
	6/9	4.127	2.908	5.049	3.445
	8/7	4.021	2.646	4.813	3.463
DataD	2/13	5.832	3.491	6.797	4.158
	4/11	4.137	2.980	5.099	3.404
	6/9	3.424	2.265	4.105	2.551
	8/7	3.304	2.232	3.988	2.456

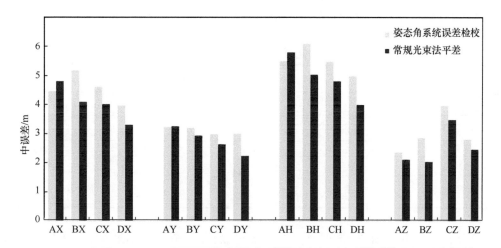

图 10.7　姿态角系统误差检校与常规光束法平差结果比较图

同时也可发现，无论是姿态角系统误差检校还是光束法平差，均存在 TLC 影像平面 X 和 Y 两方向定位精度不均衡的情况，尽管光束法平差后两方向的差距有所减小，但 Y 方向定位精度依然明显优于 X 方向。分析可知，姿态角系统误差检校方法可补偿外方位角元素中的主要系统误差，而光束法平差不仅进行偶然误差的配赋，还引入了外方位线元素和角元素的变化模型，可进行比较全面的外方位系统误差补偿，因此定位精度相比姿态角系统误差检校会有一定程度的改善。但卫星定轨观测值自身的精度已经很高，其误差影响较有限，难有大幅度的改善和提高也在情理之中。

10.4.5　用于定标的自检校光束法平差实验

1. 自检校光束法平差实验与分析

采用式（10.14）设计的用于联合定标的自检校平差模型，选取地面控制点较多且分布合理的 DataA 和 DataD 进行了自检校平差实验；为验证地面控制点数量对平差精度的影响，各组实验均设置了不同数量的地面控制点配置方案，并将其余控制点作为独立检查点以进行精度评估。在自检校光束法平差中加入少量连接点以保证在地面控制点数量较少的情况下可有效解算。统计结果如表 10.6 和表 10.7 所示。

表 10.6　DataA 自检校光束法平差统计结果

地面控制点数/独立检查点数	检查点中误差/m			
	X	Y	H	Z
2/38	4.066	2.615	4.834	2.703
4/36	3.243	2.962	4.392	2.268
6/34	2.924	2.659	3.953	2.252
8/32	2.559	2.741	3.750	2.328
10/30	2.201	2.459	3.300	2.107
12/28	2.143	2.357	3.186	1.986

表 10.7　DataD 自检校光束法平差统计结果

地面控制点数/独立检查点数	检查点中误差/m			
	X	Y	H	Z
2/13	3.530	4.032	5.359	7.528
4/11	2.448	4.074	4.753	2.856
6/9	2.588	3.834	4.626	2.761
8/7	2.699	2.522	3.694	2.471

综合表 10.6 和表 10.7，同时对比表 10.5 可以看出，在平差结果基本趋于稳定后，自检校平差的精度要明显优于常规光束法平差，但在 X、Y、Z 三轴方向上改善幅度有较大不同，平面 X 方向效果最好，Y 方向与 Z 方向幅度相当；无论是常规光束法平差还是自检校光束法平差，在一定范围内，适量增加地面控制点数量有助于提高平差精度，当地面控制点达一定数量后，精度改善效果不再明显；由于自检校平差引入了一批附加参数，在控制点数量较少情况下，自检校平差解算必须依赖于部分连接点的参与，此时地面控制点的基准作用受到一定削弱，因此自检校平差难以体现优势，有时甚至要低于常规平差，但随着地面控制点数量的增加，自检校平差的效果也逐步得以提高。同时，经自检校平差后，影像 X 方向的精度得到大幅提升，与 Y 方向已能够大体持平。

为进一步分析自检校光束法平差对系统误差的补偿效果，选取 DataA 常规光束法平差和自检校光束法平差地面控制点数/独立检查点数为 10/30 的同组案例，统计检查点残差并绘制出曲线图，如图 10.8 和图 10.9 所示，其中横向 X 轴代表独立检查点编号，纵向 Y 轴代表以米为单位的独立检查点残差大小，为便于比对，使 X 轴和 Y 轴的区间范围相同，独立检查点点位一一对应。两相对比可以看出，常规光束法平差后的 X 检查点残差曲线振幅很大，曲线总体上浮，中心轴线明显在零基线以上，表现出比较明显的系统性，Y 和 Z 相对要好；而在自检校平差中，X 方向残差曲线明显收缩回落，Y、Z 两方向也有小幅度收缩，此时三条残差曲线均能较好地以零基线为中心轴，均衡分布于 $-4 \sim 4$m，上下振幅相当，其系统性误差表现已不明显。

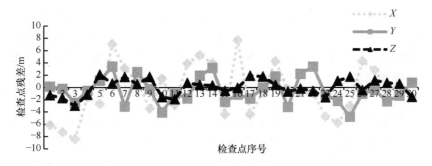

图 10.8 DataA 常规光束法平差后检查点残差曲线图

根据误差统计理论，偶然误差的数学期望为零，当统计样本足够多时，其算术平均值应为零值，在加入系统误差后，平均误差可反映系统误差的大小。基于此思路，选取四组资源三号 TLC 数据的姿态角系统误差检校、常规光束法平差和自检校光束法平差实验项，统计检查点的中误差和平均误差值，结果如表 10.8 所示。

图 10.9 DataA 自检校光束法平差后检查点残差曲线图

表 10.8 资源三号 TLC 影像不同定位方法平均误差统计 （单位：m）

数据	模式	检查点中误差				检查点平均误差		
		X	Y	H	Z	X	Y	Z
DataA	姿态角系统误差检校	4.461	3.236	5.511	2.368	−0.021874	0.056066	0.036979
	常规光束法平差	4.796	3.260	5.799	2.127	−0.022245	0.057546	0.036126
	自检校光束法平差	2.201	2.459	3.300	2.107	−0.000067	0.000329	0.000003
DataB	姿态角系统误差检校	5.179	3.193	6.084	2.857	−0.023277	0.057999	0.041639
	常规光束法平差	4.082	2.934	5.027	2.042	−0.022925	0.057648	0.040815
	自检校光束法平差	2.285	2.208	3.177	1.814	0.000079	−0.000119	−0.000133
DataC	姿态角系统误差检校	4.599	2.991	5.486	3.974	−0.013383	0.044871	0.028718
	常规光束法平差	4.021	2.646	4.813	3.463	−0.007788	0.026221	0.019687
	自检校光束法平差	2.999	2.391	3.836	3.039	−0.000034	0.000695	0.000580
DataD	姿态角系统误差检校	3.960	3.003	4.969	2.801	−0.029650	0.054934	0.032848
	常规光束法平差	3.304	2.232	3.988	2.456	−0.017144	0.031250	0.019977
	自检校光束法平差	2.699	2.522	3.694	2.471	0.000032	−0.000391	0.000188

从表 10.8 可以看出，在四组实验中，平均误差的统计结果表现出非常一致的变化趋势，即姿态角系统误差检校和光束法光束法平差后，平均误差较大，表明存在明显的系统误差；而在自检校平差后，平均误差可降至很小的程度，如再考虑由于误差样本不足所残存的微量偶然误差影响，可认为平均误差此时已基本趋近于 0，表明系统误差得到很好的补偿。

在姿态角系统误差检校与常规光束法平差的比较中，DataA 和 DataB 在各方向的平均误差大小均非常接近，DataC、DataD 的差别要大一些，在平面 Y 方向尤其明显，最大值在 DataD 的 Y 方向，分别为 0.054934m 和 0.031250m，差别为 0.023684m，表明 DataC、DataD 数据经常规光束法平差后对系统误差具有相对较好的补偿效果。在四组数据的自检校平差比较中，X 方向的系统误差消除效果最好，平均误差统计值总体要比其余两方向小一个量级，而 Y 和 Z 方向基本处于同一量级，Z 方向稍占优势；从总体上来看，尽管同一方向平均误差大小稍有差别，但均处于同一量级（仅 DataA 的 Z 方向例外），表明自检校平差对资源三号 TLC 数据系统误差补偿具有较好的稳定性和有效性。

2. 参数优化实验与分析

进一步分析可知，自检校平差的本质是在仅含有偶然误差的函数模型中，把可能存在的系统误差作为待定参数列入整体平差运算中，如果系统误差不存在或存在但与列入模型的相关项不相符，势必将影响平差的正确性，甚至会起到反作用，降低平差的精度。为验证和评估所设相机误差模型各项参数的影响效果，优化相机误差模型，选取地面控制点数量最多的 DataA，结合对自检校参数进行统计检验的结果，对各参数采用分项组合的方法，形成多种不同的自检校光束法平差方案，结果如表 10.9 所示。

表 10.9　DataA 多组合自检校光束法平差结果

平差方案		检查点中误差/m			
		X	Y	H	Z
	常规光束法平差	4.279	2.607	5.011	1.966
实验 1	主点偏移	4.268	2.589	4.992	1.947
实验 2	主点偏移+主距差	4.283	2.656	5.039	2.001
实验 3	主点偏移+径向畸变	4.194	2.835	5.062	2.012
实验 4	主点偏移+偏心畸变	4.271	2.617	5.009	1.971
实验 5	主点偏移+仿射变形参数	2.183	2.367	3.220	1.837
实验 6	主点偏移+尺度因子	2.648	2.412	3.582	1.862
实验 7	主点偏移+旋转因子	2.044	2.322	3.094	1.817
实验 8	主点偏移+仿射变形参数+尺度因子+旋转因子	2.039	2.319	3.088	1.793
实验 9	全部参数	2.111	2.338	3.149	1.804

从表 10.9 可以看出，采用不同参数组合方案进行自检校平差后，在定位精度改善效果上差别较大。实验 1～4 的结果非常接近，尽管具体数值在个别方向上略有差别，但总

体上与常规平差处于同一水平，说明主点偏移、主距差、径向畸变、偏心畸变这些附加参数对定位精度影响很小；实验 5 表明仿射变形参数对改善平面 X 方向定位精度有明显作用，在 Y、Z 方向也有一定的效果，但幅度较小；实验 6 表明尺度因子对改善平面 X 方向定位精度有较好作用，在 Y、Z 方向也有一定的效果，但三方向在改善幅度上均低于仿射变形参数；实验 7 在平面 X、Y 方向上均有明显的精度提升，在 Z 方向上也有一定改善，说明旋转因子对定位精度有较大影响，实验 8 在实验 7 的基础上加入仿射变形参数和尺度因子，该参数组合获得了资源三号模型最优的实验结果。与最优组合相比，如果采用全部参数参与平差，平差后平面和高程精度均有所降低，表明引入过多附加参数的确会造成自检校平差精度下降。

10.4.6 定标有效性验证实验

通过联合定标，不仅可以获得相机误差模型中的各项参数值，还可以获得外方位系统误差参数值。前者用来更新传感器 CCD 指向角，后者可对卫星影像的轨道姿态观测值进行优化。为验证和评估定标参数的适用性与有效性，选取影像质量好、控制点数量最多、分布较均匀合理的 DataA 作为定标数据，而将其余三组数据作为验证数据。

在 DataA 自检校平差实验中选取最优项，获取相机误差参数值生成新的相机 CCD 指向角；同时，以检校所得的外方位系统误差参数值（主要为角元素误差），针对四组数据各自生成新的星历和姿态数据；若内外参数均更新，则标记为新参数（内外），若仅更新了 CCD 指向角，则标记为新参数（CCD）；利用原参数和新参数，分别对四组数据进行直接定位、姿态角系统误差检校、常规光束法平差、自检校光束法平差实验，结果如表 10.10～表 10.13 所示。

表 10.10 DataA 数据验证实验结果

定位方式	所用参数	检查点中误差/m			
		X	Y	平面	高程
直接定位	原参数	576.155	1065.362	1211.177	256.689
	新参数（内外）	2.329	2.320	3.287	1.816
姿态角系统误差检校	原参数	4.320	2.607	5.046	2.147
	新参数（CCD）	2.111	2.338	3.150	1.804
常规光束法平差	原参数	4.279	2.607	5.011	1.966
	新参数（CCD）	2.107	2.338	3.147	1.803
自检校光束法平差	原参数	2.110	2.337	3.150	1.804
	新参数（CCD）	2.105	2.336	3.144	1.802

表 10.11 DataB 数据验证实验结果

定位方式	所用参数	检查点中误差/m			
		X	Y	平面	高程
直接定位	原参数	607.609	1061.728	1223.297	243.784
	新参数（内外）	9.908	15.877	18.715	9.521

定位方式	所用参数	检查点中误差/m			
		X	Y	平面	高程
姿态角系统误差检校	原参数	4.979	2.861	5.7421	2.550
	新参数（CCD）	2.805	2.729	3.914	2.437
常规光束法平差	原参数	4.980	2.549	5.594	1.993
	新参数（CCD）	2.639	2.214	3.445	1.801
自检校光束法平差	原参数	1.218	2.064	2.397	1.715
	新参数（CCD）	1.169	2.092	2.396	1.712

表 10.12　DataC 数据验证实验结果

定位方式	所用参数	检查点中误差/m			
		X	Y	平面	高程
直接定位	原参数	648.422	1189.421	1354.686	295.895
	新参数（内外）	13.339	18.274	22.624	17.152
姿态角系统误差检校	原参数	4.147	2.662	4.928	3.573
	新参数（CCD）	3.413	2.695	4.349	3.454
常规光束法平差	原参数	3.788	2.468	4.521	3.432
	新参数（CCD）	3.187	2.226	3.887	3.046
自检校光束法平差	原参数	2.999	2.391	3.836	3.039
	新参数（CCD）	2.999	2.396	3.839	3.033

表 10.13　DataD 数据验证实验结果

定位方式	所用参数	检查点中误差/m			
		X	Y	平面	高程
直接定位	原参数	781.372	1162.941	1401.062	311.168
	新参数（内外）	—	—	—	—
姿态角系统误差检校	原参数	4.030	2.919	4.976	2.587
	新参数（CCD）	2.325	2.465	3.388	2.401
常规光束法平差	原参数	3.143	2.361	3.931	2.442
	新参数（CCD）	2.352	2.158	3.192	2.178
自检校光束法平差	原参数	2.540	2.171	3.341	2.112
	新参数（CCD）	2.245	2.137	3.099	2.119

1. 同数据验证实验

从表 10.10 可以看出，在同数据验证实验中，采用更新后的新参数（内外），影像直接定位可以获得非常高的精度，平面 X、Y 方向分别为 2.329m 和 2.320m，总体精度为 3.287m，高程精度为 1.816m。采用新参数（CCD）进行姿态角系统误差检校和常规光束法平差后，其精度与采用原参数计算精度相比均有明显改善，其中 X 方向提升幅度最大。采用新参数（CCD）进行自检校光束法平差，与采用原参数自检校光束法平差基本一致。实验表明，检校所得内外误差参数非常有效，以检校所得相机参数生成得新 CCD 指向角很好地补偿了原参数中存在的系统误差。

2. 同轨数据验证实验

DataB 和 DataA 为同轨数据，成像时间间隔较短。从表 10.11 可以看出，采用更新后的新参数（内外），影像直接定位平面精度为 18.715m，但此时 X 方向精度和 Y 方向精度有一定差别，分别为 9.908m 和 15.877m，高程精度为 9.521m。采用新参数（CCD）进行姿态角系统误差检校和常规光束法平差后，得到了与 DataA 验证实验比较一致的结果，即平面 X 方向精度有大幅提升，Y 方向和高程 Z 方向也有幅度较小的改善，X、Y 两方向的精度已相差不大；但与前组实验的不同之处在于，此时常规光束法平差的精度要明显优于姿态角系统误差检校精度，但相比原参数的实验结果，在改善幅度上仍与 DataA 相当。而采用新参数（CCD）再进行自检校光束法平差，与采用原参数总体精度基本一致。实验表明，DataA 检校生成的新 CCD 指向角对同轨数据 DataB 非常适用，而姿态角系统误差参数尽管效果稍有下降，但仍保持较好精度。

3. 同地区不同时间数据的验证

DataC 和 DataA 覆盖区域比较接近，但成像时间间隔较长。从表 10.12 可以看出，采用更新后的新参数（内外），影像直接定位精度相对较差，平面为 22.624m，高程为 17.152m，比 DataA 和 DataB 实验有明显下降，但相比采用原参数的直接定位精度，仍有大幅改善，表明此时姿态角系统误差参数仍比较有效；采用新参数（CCD）进行姿态角系统误差检校和常规光束法平差后，精度虽比采用原参数有所提高，但相比前两组验证实验，其改善幅度不够明显；采用新参数（CCD）再进行自检校光束法平差，与采用原参数总体精度相当。分析认为，由于 DataC 影像质量不高，难以实现地面控制点像坐标精确量测，偶然误差加大，影响系统误差补偿效果，但总体分析检校参数对同地区不同时间数据 DataC 仍比较适用。

4. 不同地区不同时间数据的验证

DataD 和 DataA 成像时间间隔较长，同时覆盖区地理位置也不相同。此时，DataA 与 DataD 姿态角系统误差相差较大（DataD 的姿轨观测数据经过了后处理转换），再以 DataA 检校值更新 DataD 轨道姿态数据没有参考价值，因此略去此项实验。从表 10.13 可以看出，采用更新后的新参数（CCD）进行姿态角系统误差检校和常规光束法平差后，平面和高程精度均得到有效提升，其幅度低于 DataA、DataB，但优于 DataC。采用新参数（CCD）再进行自检校平差，平面精度略有提升、高程精度稍有下降，仍大体一致。实验表明，DataA 检校生成的新 CCD 指向角对不同地区不同时间数据 DataD 仍比较适用。

综上实验，可见以 DataA 进行定标解算得到的外定向误差（主要是角元素）参数对间隔较短、位置接近的数据非常适用，对成像间隔时间较长的 DataC，角元素检校值仍比较适用，但效果有所下降；而相机误差参数（CCD 指向角）不仅可用于 DataA，用于其他三组数据也收到了明显效果，表现出很好的适用性和稳定性。

为进一步评估传感器定标后对定位精度的改善效果，分别选取以上四组验证实验中的常规光束法平差实验结果，将定标后精度提高量分别以米和百分比进行统计，结果如表 10.14 所示。从表 10.14 可以看出，采用定标生成的新相机参数在同等条件下对四组数据进行常规光束法平差，精度相比采用原参数均有明显提高，但改善幅度不一致：平面精度提高幅度差别较大，最大为 37.2%，最小为 14.1%，平均为 27.1%，DataA 与 DataB 非常接近，DataC 幅度最小，DataD 居中；高程精度改善幅度总体非常接近，DataC 提高幅度最大为 11.2%，DataB 提高幅度最小为 9.6%，平均为 10.4%。

表 10.14　定标后常规光束法平差精度改善统计结果

数据集	精度提高	平面	高程
DataA	提高量/m	1.864	0.193
	提高幅度/%	37.2	9.8
DataB	提高量/m	2.149	0.192
	提高幅度/%	38.4	9.6
DataC	提高量/m	0.634	0.386
	提高幅度/%	14.1	11.2
DataD	提高量/m	0.739	0.264
	提高幅度/%	18.8	10.8
平均提高幅度/%		27.1	10.4

参 考 文 献

刘楚斌，范大昭，王涛，等. 2011. ALOS PRISM 影像的姿态角常差检校. 测绘科学技术学报，28（4）：278-282.

王战. 2014. 颤振对星载 TDICCD 相机成像质量的影响分析. 长春：中国科学院研究生院长春光学精密机械与物理研究所硕士学位论文.

徐雨果，刘团结，尤红建，等. 2011. CBERS-02B 星 HR 相机内方位元素的在轨标定方法. 光学技术，37（4）：460-465.

袁修孝，余俊鹏. 2008. 高分辨率卫星遥感影像的姿态角常差检校. 测绘学报，37（1）：36-41.

袁修孝，余翔. 2012. 高分辨率卫星遥感影像姿态角系统误差检校. 测绘学报，41（3）：385-392.

Sudey J，Schulman J R. 1985. In-orbit measurements of Landsat-4 thematic mapper dynamic disturbances. Acta Astronautica，12 （7-8）：485-503.

Toyoshima M，Araki K. 2001. In-orbit measurements of short term attitude and vibrational environment on the engineering test satellite VI using laser communication equipment. Optical Engineering，40：827-839.

Wittig M E，Van Holtz L，Tunbridge D E L，et al.1990. In-orbit measurements of microaccelerations of ESA's communication satellite OLYMPUS. Free-Space Laser Communication Tech.II，1218：205-214.

第 11 章　拼接型 TDI CCD 传感器在轨几何定标

拼接型 TDI CCD 推扫相机是指按一定方式由多片 TDI CCD 拼接而形成,并采用推扫成像方式的光学遥感相机。该类相机可兼顾地面分辨率、地面覆盖宽度、成像灵敏度、信噪比等技术指标,在当前高分辨率光学遥感卫星上得到了广泛应用。国外的 IKONOS、QuickBird、WorldView-2、SPOT-6/7、Pleiades 1A/1B、Landsat-8 等卫星,国内的天绘一号、资源三号、高分一号、高分二号等卫星均搭载了此类相机。

对于拼接型 TDI CCD 卫星影像而言,其在轨定标结果将直接影响后续分片影像拼接等几何处理的质量。拼接型 TDI CCD 相机焦平面包含多个 TDI CCD 阵列,与传统线阵 CCD 相机相比,其卫星影像在轨定标涉及的参数更多,求解难度更大。在控制点布设、定标模型构建、参数求解等方面都需进行有针对性的研究。

11.1　拼接型 TDI CCD 相机成像误差分析

11.1.1　拼接型 TDI CCD 相机成像特性

与传统线阵 CCD 推扫式相机相比,拼接型 TDI CCD 推扫式相机的技术革新主要体现在 TDI CCD 技术与 CCD 拼接技术:一方面,采用 TDI CCD 器件替代传统线阵 CCD 器件。TDI CCD 通过时间延迟积分技术,对地面同一景物多次成像,将多次光电感应产生的信号叠加输出,能有效解决传统线阵 CCD 推扫相机行积分时间短以及小相对孔径光学系统带来的光谱能量不足、信噪比低的问题。另一方面,采用 CCD 拼接技术。受制作工艺水平的限制,单片 TDI CCD 器件的长度较短,无法满足星载光学相机的地面覆盖宽度要求,因此需采用一定的技术手段将多片 TDI CCD 拼接在一起以使相机具备足够视场宽度。

以天绘一号高分相机为实例,对拼接型 TDI CCD 相机推扫成像的特点进行分析。天绘一号 01 星和 02 星分别发射于 2010 年 8 月 24 日和 2012 年 5 月 6 日,属于同一型号的两颗卫星。其搭载的 2m 分辨率高分相机采用 8 片交错拼接的 TDI CCD 作为探测器件。高分相机焦平面示意图如图 11.1 所示。

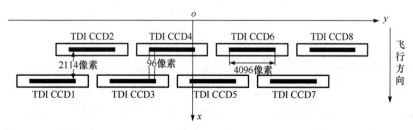

图 11.1　天绘一号卫星高分相机焦平面示意图

与传统线阵 CCD 相机相比，拼接型 TDI CCD 相机的推扫成像具有其特殊性。在某一成像瞬间，多片 TDI CCD 共享一套外方位元素，但由于焦平面上安置位置的不同，各片 CCD 在地面上的成像不是一条连续的扫描行，而是多条不连续的"短扫描行"，如图 11.2（a）所示。

随着卫星平台的飞行，各分片 TDI CCD 分别推扫成像，形成多个连续的分片窄条带影像，称为原始分片影像。相邻 TDI CCD 分片之间的相对安置关系，将导致分片影像之间存在一定的水平重叠和垂直错位，如图 11.2（b）所示。

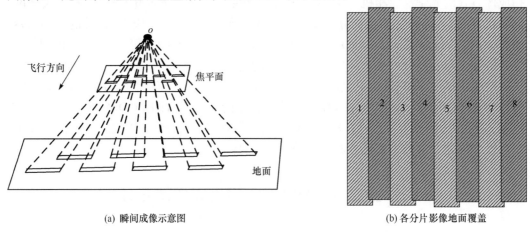

(a) 瞬间成像示意图　　　　　　　　　　　　(b) 各分片影像地面覆盖

图 11.2　拼接型 TDI CCD 成像瞬间地面覆盖示意图

将各原始分片影像按行号对齐存储在一个矩阵中形成一幅影像，称为原始整体影像，如图 11.3 所示。

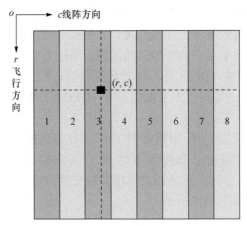

图 11.3　原始整体影像

11.1.2　拼接型 TDI CCD 相机成像误差分析

根据误差来源的不同,将拼接型 TDI CCD 卫星影像推扫成像过程中存在的几何误差分为外部误差和内部误差。其中，外部误差与一般星载线阵 CCD 传感器相类似，具体分析参见 10.1.1 节。相机内部误差包括光学系统误差和 CCD 阵列误差，其中对光学系统误差的分析与建模可以参见 4.2 节，此处在 4.1 节和 4.2 节的基础上针对 TDI CCD 成像特点做进一步分析。

1. 由光学系统引起的误差

具体分析参见 4.1 节，此处将由光学系统导致的像点偏移总计算公式记为式（11.1）。

$$\begin{cases} \Delta x_{\text{optical}} = \Delta x_p - \dfrac{\Delta f}{f}\overline{x} + (k_1 \cdot r^2 + k_2 \cdot r^4)\overline{x} + p_1(r^2 + 2\overline{x}^2) + 2p_2 \cdot \overline{x} \cdot \overline{y} \\[2mm] \Delta y_{\text{optical}} = \Delta y_p - \dfrac{\Delta f}{f}\overline{y} + (k_1 \cdot r^2 + k_2 \cdot r^4)\overline{y} + 2p_1 \cdot \overline{x} \cdot \overline{y} + p_2(r^2 + 2\overline{y}^2) \end{cases} \quad (11.1)$$

式中，$\Delta x_{\text{optical}}$、$\Delta y_{\text{optical}}$ 分别为光学系统导致的 x 方向和 y 方向原点偏移点量；Δx_p 和 Δy_p 分别为主点坐标的偏移量；Δf 为焦距的变化量；$\overline{x}=x-x_p$，$\overline{y}=y-y_p$；k_1、k_2 为径向畸变系数；r 为像点辐射距离，$r^2 = x^2 + y^2$；p_1、p_2 为偏心畸变系数。

2. 由 CCD 阵列引起的误差

1）CCD 平移

CCD 阵列平移将使 CCD 阵列相对于像主点的位置发生偏移，用 (dx_c, dy_c) 分别表示焦平面内沿 x 轴和 y 轴方向的平移量。对于 CCD 阵列上的任一探元 S，探元 S 在 CCD 上从左侧第一个探元开始的探元编号为 s，探元 S 平移前后的位置分别用 s 和 s' 进行表示，如图 11.4 所示。对任一探元 S 由 CCD 平移导致的像点偏移如式（11.2）所示。

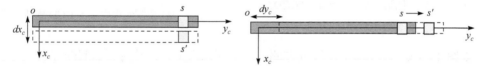

图 11.4　CCD 平移示意图

$$\begin{cases} \Delta x = dx_c \\ \Delta y = dy_c \end{cases} \quad (11.2)$$

2）CCD 探元尺寸变化

由于空间环境的影响，卫星入轨后 CCD 探元的尺寸极有可能发生变化。对于 TDI CCD 而言，尽管其在物理结构上是一个小面阵，即在 x 方向具备一定像元数的宽度，但其仅仅是将多行曝光的光电信号累加作为其中某一行 CCD 的输出，因此其在几何上仍然等同于单个探元宽度的传统线阵 CCD。因此，探元尺寸变化主要在 y 方向产生像点坐标偏移误差，如图 11.5 所示。对于 CCD 阵列上的任一探元，探元尺寸缩放前后分别用 s 和 s' 进行表示，用 dp_s 代表探元尺寸变化量（将同一 CCD 阵列上不同 CCD 探元的尺寸变化视为等同）。对任一探元 S，其中 s 代表从左侧第一个探元开始的探元编号，由 CCD 探元尺寸变化导致的像点偏移如式（11.3）所示。

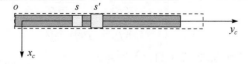

图 11.5　CCD 探元尺寸变化示意图

$$\begin{cases} dx_{ps} \approx 0 \\ dy_{ps} = s \cdot dp_s \end{cases} \quad (11.3)$$

3）CCD 旋转

CCD 旋转的两个主要参数为旋转中心探元 s_r 和旋转角 θ。图 11.6 描述了以左侧第一个探元为旋转中心时旋转情况，图 11.7 描述了以任意探元 s_r 为旋转中心时的旋转情况。对图 11.6 描述的像点误差和图 11.7 描述的像点误差进行分析比较，可以看出，在旋转角度 θ 不变的情况下，旋转中心不同仅会导致一个平移量 $(dx_{c\theta}, dy_{c\theta})$。对两种旋转中心的情况进行严密的公式推导，详见式（11.4）~式（11.10），公式推导得出的结论与图中得出结论一致，即旋转中心不同仅会产生平移量 $(dx_{c\theta}, dy_{c\theta})$，其中 $dx_{c\theta} = s_r \cdot (p_s + dp_s) \cdot \sin \theta$，$dy_{c\theta} = s_r \cdot (p_s + dp_s)(\cos \theta - 1)$。

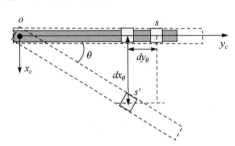

图 11.6　以左侧第一探元为中心的 CCD
旋转示意图

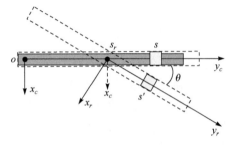

图 11.7　以任意探元为中心的 CCD 旋转示意图

如图 11.6 如示，以 CCD 阵列左侧第一个探元为中心旋转时，引起的像点偏移误差如式（11.4）所示，旋转角通常很小，导致 Δy_θ 很小，因此通常不予考虑，仅考虑 Δx_θ。需引起注意的是，在描述 CCD 旋转时需考虑探元尺寸已经发生了变化，即由 p_s 变为 $p_s + dp_s$。

$$\begin{cases} \Delta x_\theta = s \cdot (p_s + dp_s) \cdot \sin \theta \\ \Delta y_\theta = s \cdot (p_s + dp_s)(\cos \theta - 1) \end{cases} \quad (11.4)$$

但在实际条件下，CCD 阵列的旋转可能是以 CCD 阵列任意一个探元为中心发生，如图 11.7 所示，假设 CCD 阵列绕 CCD 阵列第 s_r 个探元旋转了角度 θ，对旋转引起的像点偏移进行了推导，如式（11.5）~式（11.9）所示。

用 s 与 s' 分别代表旋转前后的同一探元，则 s' 在坐标系 s_r-$x_r y_r$ 中坐标如式（11.5）所示。

$$\begin{cases} x_r = 0 \\ y_r = (s - s_r)(p_s + dp_s) \end{cases} \quad (11.5)$$

s' 在坐标系 s_r-$x_c y_c$ 的坐标如式（11.6）所示。

$$\begin{cases} x_{sr} = (s - s_r)(p_s + dp_s)\sin \theta \\ y_{sr} = (s - s_r)(p_s + dp_s)\cos \theta \end{cases} \quad (11.6)$$

s' 在坐标系 o-$x_c y_c$ 的坐标如式（11.7）所示。

$$\begin{cases} x_{s'} = (s - s_r)(p_s + dp_s)\sin\theta \\ y_{s'} = (s - s_r)(p_s + dp_s)\cos\theta + s_r(p_s + dp_s) \end{cases} \quad (11.7)$$

而 s 在坐标系 $o\text{-}x_c y_c$ 的坐标如式（11.8）所示。

$$\begin{cases} x_s = 0 \\ y_s = s(p_s + dp_s) \end{cases} \quad (11.8)$$

将 s' 和 s 在 $o\text{-}x_c y_c$ 坐标系下的坐标相减，则可计算出以 s_r 为旋转中心旋转角度 θ 时引起的像点偏移，如式（11.9）所示。

$$\begin{cases} \Delta x_\theta = x_{s'} - x_s = (s - s_r)(p_s + dp_s)\sin\theta \\ \Delta y_\theta = y_{s'} - y_s = (s - s_r)(p_s + dp_s)(\cos\theta - 1) \end{cases} \quad (11.9)$$

对比式（11.9）和式（11.14）可发现，以左侧第一探元为旋转中心和以任意探元 s_r 为旋转中心旋转角度 θ，两者引起的像点偏移之间仅存在平移量，用 $(dx_{c\theta}, dy_{c\theta})$ 表示该平移量，联合式（11.9）和式（11.4）可得该平移量表达式如式（11.10）所示，与图 11.8 图解结果一致。

$$\begin{cases} dx_{c\theta} = s_r \cdot (p_s + dp_s) \cdot \sin\theta \\ dy_{c\theta} = s_r \cdot (p_s + dp_s)(\cos\theta - 1) \end{cases} \quad (11.10)$$

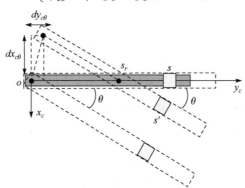

图 11.8　不同旋转中心转换关系示意图

综合上述分析，对部分相关项合并并舍去极小量后，对于探元 s，由 CCD 平移、缩放、旋转等因素引起的像点误差如式（11.11）所示。

$$\begin{cases} \Delta x_{\text{ccd}} = dx_c + s \cdot (p_s + dp_s) \cdot \sin\theta \\ \Delta y_{\text{ccd}} = dy_c + s \cdot dp_s \end{cases} \quad (11.11)$$

对 CCD 引起的像点误差进行补偿后，探元 s 在以像主点为原点的焦平面坐标系下的坐标 $(\bar{x}, \bar{y})$ 如式（11.12）所示。

$$\begin{cases} \bar{x} = x + \Delta x_{\text{ccd}} = x + dx_c + s \cdot (p_s + dp_s) \cdot \sin\theta \\ \bar{y} = y + \Delta y_{\text{ccd}} = y + dy_c + s \cdot dp_s \end{cases} \quad (11.12)$$

3. 拼接型 TDI CCD 相机内部误差

对于焦平面上摆放了多个 TDI CCD 的拼接型相机，其影像内定向较传统线阵 CCD 影像而言更为复杂。基于以下对拼接型 TDI CCD 相机的特点分析，对拼接型 TDI CCD

相机的内部误差进行建模：

（1）多片 TDI CCD 共享一套光学系统，因此光学畸变、主点偏移、主距变化等与光学系统相关的畸变因子对多片 TDI CCD 而言是共用的；

（2）各 TDI CCD 阵列之间相互独立，因此 CCD 的平移、旋转、缩放等与 CCD 阵列相关的畸变因子对多片 TDI CCD 而言需分别建模；

（3）对像点偏移影响规律一致的畸变参数可进行合并处理。

以 8 片 TDI CCD 交错拼接的天绘一号高分相机为例，对拼接型 TDI CCD 相机的内部误差进行说明：一方面，8 片 TDI CCD 共享一套光学系统，因此与光学系统相关的内部误差仍可按照式（11.1）计算；另一方面，8 片 TDI CCD 阵列相互独立，具备不同的 CCD 平移、旋转、缩放等误差因子，因此需对各片关于 CCD 的误差分别进行描述，如式（11.13）所示。

$$\begin{cases} \Delta x_{\text{ccdi}} = dx_{ci} + s \cdot (p_s + dp_{si}) \cdot \sin\theta_i \\ \Delta y_{\text{ccdi}} = dy_{ci} + s \cdot dp_{si} \end{cases} \tag{11.13}$$

式中，下标 i 表示第 i 个 CCD 分片，$i = 1, 2, 3, \cdots, 8$；$(\Delta x_{\text{ccdi}}, \Delta y_{\text{ccdi}})$ 为第 i 片 CCD 上探元 s 与 CCD 阵列有关的像点误差；(dx_{ci}, dy_{ci}) 为第 i 片 CCD 的平移；dp_{si} 为第 i 片 CCD 探元尺寸的变化；θ_i 为第 i 片 CCD 的旋转角度。

11.2 原始影像严格成像模型构建

按照成像模型构建思路的不同，分别构建了原始单片影像严格几何模型和原始整体影像严格成像模型，并针对片间同名点构建了片间几何约束模型。

11.2.1 原始单片影像严格成像模型

单片影像严格成像模型构建的基本思路是，将拼接型相机焦平面上的各分片 TDI CCD 视为相互独立，以单片 TDI CCD 推扫而成的各原始分片影像 I_i $(i = 1, 2, \cdots, n)$ 为建模单元，对各 TDI CCD 单片影像分别构建严格成像模型。

对于单片影像严格成像模型而言，其构建流程与传统线阵 CCD 推扫式传感器严格成像模型一致，如图 11.9 所示。

11.2.2 原始整体影像严格成像模型

单片影像严格成像模型在一定程度上忽视了拼接型 TDI CCD 相机的整体性，该类相机在实际成像时，多片 TDI CCD 统一于一个相机整体，共享一套外定向参数。基于上述特点，本节提出了拼接型 TDI CCD 相机原始整体影像严格成像模型的构建方法，对各 CCD 分片影像进行整体外定向和分别内定向，最终构建原始整体影像的严格成像模型。基于该整体影像严格成像模型可对多片 TDI CCD 影像进行整体处理，无需按分片影像分别处理。此外，该整体影像严格成像模型可为后续在轨几何定标奠定几何基础。

1. 内定向

内定向过程的本质是恢复成像瞬间 CCD 探元在相机坐标系下的视线方向，即根据影像坐标系像点坐标 (r,c) 计算该点在相机坐标系下坐标 $(x_c, y_c, -f)$ 的过程。

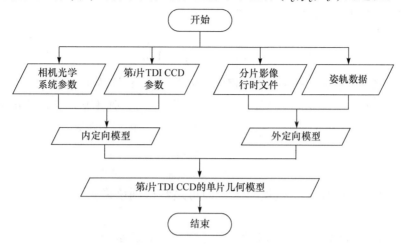

图 11.9　单片影像严格成像模型构建流程图

　　拼接型 TDI CCD 相机特殊的焦面构造使得其内定向过程与传统线阵 CCD 相机有较大不同，因此设计内定向步骤如下。

　　（1）计算 CCD 分片编号 i。根据原始整体影像坐标系 o-rc 下像点坐标 (r,c) 的列坐标 c，按式（11.14）判断该点由第几片 CCD 成像，即确定 i 的值（ $i=1,2,\cdots,n$ ），n 为 CCD 分片总数；其中 fix 表示截尾取整，N_i 为单片 CCD 的长度，单位为像元。

$$i = \mathrm{fix}\left(\frac{c}{N_i}\right)+1 \tag{11.14}$$

　　（2）构建单片 CCD 坐标系 o_{ci}-$x_{ci}y_{ci}$。以各单片 CCD 左侧第一个像元中心为原点，沿飞行方向为 x_{ci} 轴，沿线阵方向为 y_{ci} 轴，以 mm 为单位，在焦平面内构建分片 CCD 坐标系 o_{ci}-$x_{ci}y_{ci}$，如图 11.10 所示。其中，o_c-$x_c y_c z_c$ 代表相机坐标系，o-xy 代表焦平面坐标系。

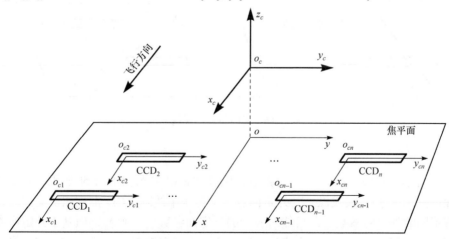

图 11.10　分片 CCD 坐标系

　　（3）原始影像坐标系 o-rc 到单片 CCD 坐标系 o_{ci}-$x_{ci}y_{ci}$ 的转换。根据像点在原始影像坐标系下坐标(r,c)计算对应探元在单片 CCD 坐标系下坐标(x_{ci},y_{ci})的公式如式（11.15）所示，其中p_s为以 mm 为单位的 CCD 探元尺寸。

$$x_{ci} = 0$$
$$y_{ci} = \left[c - (i-1) \cdot N_s\right] \cdot p_s \qquad (11.15)$$

（4）单片 CCD 坐标系$o_{ci}\text{-}x_{ci}y_{ci}$到相机坐标系$o\text{-}x_cy_cz_c$的转换。根据各单片 CCD 在焦平面的安置参数$(x_{ci0},y_{ci0})$完成单片 CCD 坐标系$o_{ci}\text{-}x_{ci}y_{ci}$到焦平面坐标系$o\text{-}xy$的转换，如式（11.16）所示（此时为理想状态，不考虑旋转、缩放等畸变）。

$$x = x_{ci} + x_{ci0}$$
$$y = y_{ci} + y_{ci0} \qquad (11.16)$$

根据焦平面坐标配合相机焦距f，即可最终得到该像点在相机坐标系下的坐标$(x,y,-f)$。

（5）根据式（11.17）计算相机坐标系下的视线向量$\vec{u}_1$。

$$\vec{u}_1 = \begin{bmatrix} x \\ y \\ -f \end{bmatrix}_{\text{Camera}} \qquad (11.17)$$

相机坐标系下的指向角(φ_x,φ_y)也可用于描述视线向量$\vec{u}_1 = (\tan\varphi_x, \tan\varphi_y, -1)$，$\tan\varphi_x = x/f$，$\tan\varphi_y = y/f$，如图 11.11 所示。

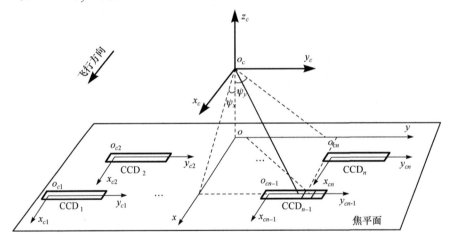

图 11.11　指向角表示视线向量

2. 外定向

外定向是确定成像瞬间相机投影中心位置和相机主光轴指向的过程。拼接型 TDI CCD 相机采用推扫方式成像，其外定向过程与传统单线阵 CCD 推扫相机类似。各扫描行具有不同的外定向参数，不可能对各行的外定向参数逐一解算，但基于外定向参数的连续变化性质可构建轨道、姿态模型，因此可用模型参数对各扫描行的外定向参数进行统一描述。

1）行时计算

星上时间测量系统并不对每条影像行的成像时刻进行记录，而是每隔一定时间记录一组关于时间的观测量，该观测量由扫描行行号、星历时刻、行积分时间等组成。为保证像移速度和电荷转移速度的一致性，TDI CCD 的行积分时间会根据卫星速高比进行调整。

当需要计算某段影像中每一扫描行的成像时刻时，首先通过行号在辅助数据中找出涵盖该段影像成像时间的 N 组时间观测量，用 i 表示时间观测量编号，$i=1,2,3,\cdots,N$。第 i 次时间观测获取的信息应当包括扫描行行号 l_i、星务时刻 tp_i、行积分时间 $\mathrm{Int}T_i$。基于上述 N 组时间观测量可计算出该段影像中每一扫描行 j 的成像时刻 t_j。若 $j \in [l_k, l_{k+1}]$，则其成像时刻根据式（11.18）计算。

$$\begin{cases} t_j = \mathrm{tp}_1 + (j - l_k) \cdot \mathrm{Int}T_k & (k=1) \\ t_j = \mathrm{tp}_1 + \sum_{n=2}^{k} (l_n - l_{n-1}) \cdot \mathrm{Int}T_n + (j - l_k) \cdot \mathrm{Int}T_k & (k=2,3,\cdots,N-1) \end{cases} \quad (11.18)$$

分析式（11.18）可知，扫描行成像时刻误差取决于起算时间 tp_1 和行积分时间周期 $\mathrm{Int}T_1, \mathrm{Int}T_2, \cdots, \mathrm{Int}T_k$。在一般情况下，行积分时间周期的测量精度非常高，因此扫描行成像时刻误差主要取决于起算时间，属于常量误差，在后续处理中易于补偿。

2）轨道拟合与内插

常用的轨道拟合方法主要有一般多项式拟合轨道法、一般多项式拟合轨道的系统误差法、拉格朗日内插法、定向片法等。以一般多项式拟合轨道法为例，其公式如下所示。

$$\begin{cases} X_s = a_0 + a_1(t-t_0) + a_2(t-t_0)^2 + \cdots + a_k(t-t_0)^k \\ Y_s = b_0 + b_1(t-t_0) + b_2(t-t_0)^2 + \cdots + b_k(t-t_0)^k \\ Z_s = c_0 + c_1(t-t_0) + c_2(t-t_0)^2 + \cdots + c_k(t-t_0)^k \\ X_{vs} = d_0 + d_1(t-t_0) + d_2(t-t_0)^2 + \cdots + d_k(t-t_0)^k \\ Y_{vs} = e_0 + e_1(t-t_0) + e_2(t-t_0)^2 + \cdots + e_k(t-t_0)^k \\ Z_{vs} = f_0 + f_1(t-t_0) + f_2(t-t_0)^2 + \cdots + f_k(t-t_0)^k \end{cases} \quad (11.19)$$

式中，$a_0, a_1, \cdots, a_k$; $b_0, b_1, \cdots, b_k$; $c_0, c_1, \cdots, c_k$; $d_0, d_1, \cdots, d_k$; $e_0, e_1, \cdots, e_k$; $f_0, f_1, \cdots, f_k$ 代表多项式系数；t 代表当前成像时间；t_0 一般取影像中心行成像时间；k 代表多项式阶数。理论上，多项式阶数越高轨道拟合精度越高，但随着多项式阶数的增大可能导致过度参数化进而影响模型稳定度。一般取 2～3 阶低阶多项式即可获得较高的轨道拟合精度，如对 CBERS-02B 星 HR 影像，一般采取 3 阶多项式对其轨道进行拟合；胡芬（2010）对 QuickBird 卫星影像的轨道进行了拟合实验，实验结果表明当多项式阶数取 1 即线性拟合时，线元素拟合误差为 8.19m，角元素 φ、ω 的拟合误差超过 $5''$，拟合精度较差；多项式阶数高于 2 阶时，拟合精度提升已不明显。

3）姿态拟合与内插

当前常用的姿态形式有欧拉角和四元数两种。两种方法的拟合与内插有较大区别，下面分别对其进行讨论。

（1）欧拉角姿态的拟合与内插。

欧拉角为经典的姿态描述方法，通过 3 个旋转角 $(\alpha_1, \alpha_2, \alpha_3)$ 即可完成卫星本体在参考系中的姿态描述。式（11.19）中描述的关于轨道拟合与内插的方法亦可用于欧拉角姿态的拟合内插，以一般多项式拟合为例，其公式如式（11.20）所示。

$$\begin{cases} \alpha_1 = g_0 + g_1(t-t_0) + g_2(t-t_0)^2 + \cdots + g_k(t-t_0)^k \\ \alpha_2 = h_0 + h_1(t-t_0) + h_2(t-t_0)^2 + \cdots + h_k(t-t_0)^k \\ \alpha_3 = m_0 + m_1(t-t_0) + m_2(t-t_0)^2 + \cdots + m_k(t-t_0)^k \end{cases} \quad (11.20)$$

（2）四元数姿态的内插。

当前某些光学遥感卫星采用四元数形式描述姿态，如我国资源三号卫星。四元数姿态数据内插不能简单地采用一般多项式、拉格朗日内插等方法，其描述姿态时需满足模为 1 的约束条件，而上述方法内插出的四元数很可能不满足该约束条件。

四元数是形如 $\dot{q} = q_0 + q_1 \mathrm{i} + q_2 \mathrm{j} + q_3 \mathrm{k}$ 的超复数，其中 q_0、q_1、q_2、q_3 为任意实数，i、j、k 为虚数单位，$\mathrm{i}^2 = \mathrm{j}^2 = \mathrm{k}^2 = -1$。四元数可以分解成一个标量 q_0 和一个三维矢量 $\boldsymbol{q}$ 的形式，如式（11.21）所示。

$$\dot{q} = q_0 + \boldsymbol{q} \quad (11.21)$$

式中，$\boldsymbol{q} = q_1 \mathrm{i} + q_2 \mathrm{j} + q_3 \mathrm{k}$。

四元数用于描述三维旋转时有一个冗余量，一般附加模为 1 的约束条件，即 $|\dot{q}| = 1$，$|\dot{q}|$ 为四元数 $\dot{q}$ 的模，模计算公式如下：

$$|\dot{q}| = \sqrt{\dot{q}\dot{q}^*} = \sqrt{q_0^2 + q_1^2 + q_2^2 + q_3^2} \quad (11.22)$$

式中，$\dot{q}^*$ 为 $\dot{q}$ 的共轭四元数，$\dot{q}^* = q_0 - q_1 \mathrm{i} - q_2 \mathrm{j} - q_3 \mathrm{k} = q_0 - \boldsymbol{q}$。

单位四元数位于四维空间中的单位球上，为保证内插结果满足模为 1 的约束条件，一般采用球面线性内插方式对其进行内插。根据 t_1、t_2 时刻的单位四元数 $\dot{q}_1$、$\dot{q}_2$ 内插 t 时刻的单位四元数值，首先按式（11.23）计算得到归一化处理后的时间 t'。

$$t' = \frac{t - t_1}{t_2 - t_1} \quad (11.23)$$

用 θ 表示 $\dot{q}_1$、$\dot{q}_2$ 之间的夹角，夹角计算公式如式（11.24）所示。

$$\theta = \arccos(\dot{q}_1 \cdot \dot{q}_2) = \arccos(q_{10}q_{20} + q_{11}q_{21} + q_{12}q_{22} + q_{13}q_{23}) \quad (11.24)$$

令 $\dot{q}(t)$ 与 $\dot{q}_1$ 之间的夹角为 $t'\theta$，则 $\dot{q}(t)$ 与 $\dot{q}_2$ 之间的夹角可表示为 $(1-t')\theta$，如图 11.12 所示。

球面线性内插公式如式（11.25）所示。

$$\dot{q}(t) = C_1(t')\dot{q}_1 + C_2(t')\dot{q}_2 \quad (11.25)$$

式中，$C_1(t')$ 和 $C_2(t')$ 分别表示 $\dot{q}(t)$ 在 $\dot{q}_1$ 方向和 $\dot{q}_2$ 方向分量的长度。对 $C_1(t')$ 和 $C_2(t')$ 的表达式进行推导如下。

从 $\dot{q}(t)$ 和 $\dot{q}_1$ 做 $\dot{q}_2$ 的垂线，垂足分别为 S_1 和 $S_{\dot{q}_1}$，再从 $\dot{q}(t)$ 做 $\dot{q}_1$ 的平行线 $A_1\dot{q}(t)$，则平行线 $A_1\dot{q}(t)$ 的长度为 $\dot{q}(t)$ 在 $\dot{q}_1$ 方向的分量长度 $C_1(t')$，由 $\Delta A_1 S_1 \dot{q}(t)$ 相似于 $\Delta O S_{\dot{q}_1} \dot{q}_1$，可得

$$\frac{A_1\dot{q}(t)}{O\dot{q}_1} = \frac{C_1(t)}{|\dot{q}_1|} = \frac{S_1\dot{q}(t)}{S_{\dot{q}_1}\dot{q}_1} = \frac{|\dot{q}(t)|\sin(1-t')\theta}{|\dot{q}_1|\sin\theta} \tag{11.26}$$

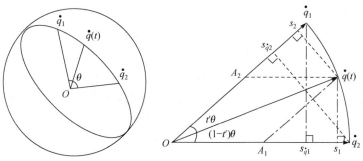

图 11.12　球面线性内插示意图

单位四元数的模为 1，因此：

$$C_1(t) = |\dot{q}_1|\frac{|\dot{q}(t)|\sin(1-t')\theta}{|\dot{q}_1|\sin\theta} = \frac{\sin(1-t')\theta}{\sin\theta} \tag{11.27}$$

同理，可推导出：

$$C_2(t) = \frac{\sin t'\theta}{\sin\theta} \tag{11.28}$$

四元数球面线性内插计算公式如下式所示。

$$\dot{q}(t) = \frac{\sin(1-t')\theta}{\sin\theta}\dot{q}_1 + \frac{\sin t'\theta}{\sin\theta}\dot{q}_2 \tag{11.29}$$

式中，t' 为归一化时间，按式（11.23）计算。

利用四元数计算旋转矩阵 $\boldsymbol{R}$ 如式（11.30）所示。

$$\boldsymbol{R} = \begin{bmatrix} q_0^2 + q_1^2 - q_2^2 - q_3^2 & 2(q_1q_2 - q_0q_3) & 2(q_1q_3 + q_0q_2) \\ 2(q_1q_2 + q_0q_3) & q_0^2 - q_1^2 + q_2^2 - q_3^2 & 2(q_2q_3 - q_0q_1) \\ 2(q_3q_1 - q_0q_2) & 2(q_3q_2 - q_0q_1) & q_0^2 - q_1^2 - q_2^2 + q_3^2 \end{bmatrix} \tag{11.30}$$

3. 整体影像严格几何模型

根据两条视线向量 $\vec{\boldsymbol{u}}_1$ 与 $\vec{\boldsymbol{u}}_2$ 共线构建严格几何模型。

（1）$\vec{\boldsymbol{u}}_1'$ 为根据相机坐标系下的视线向量 $\vec{\boldsymbol{u}}_1$ 经过一系列旋转得到的 CGCS2000 坐标系下的视线向量，如式（11.31）所示。

$$\begin{aligned}\vec{\boldsymbol{u}}_1' &= \boldsymbol{R}_{J2000}^{CGCS2000}\boldsymbol{R}_{Star}^{J2000}\boldsymbol{R}_{Body}^{Star}\boldsymbol{R}_{Camera}^{Body}\vec{\boldsymbol{u}}_1 \\ &= \boldsymbol{R}_{J2000}^{CGCS2000}\boldsymbol{R}_{Star}^{J2000}\boldsymbol{R}_{Body}^{Star}\boldsymbol{R}_{Camera}^{Body}\begin{bmatrix} x \\ y \\ -f \end{bmatrix}\end{aligned} \tag{11.31}$$

式中，$\boldsymbol{R}_{Camera}^{Body}$、$\boldsymbol{R}_{Body}^{Star}$、$\boldsymbol{R}_{Star}^{J2000}$、$\boldsymbol{R}_{J2000}^{CGCS2000}$ 依次为高分相机坐标系到卫星本体坐标系、卫星本体坐标系到星敏坐标系、星敏坐标系到 J2000 坐标系、J2000 坐标系到 CGCS2000

坐标系的旋转矩阵。

（2）$\vec{u}_2$ 为 CGCS2000 坐标系下连接地面点坐标 (X,Y,Z) 与相机投影中心坐标 (X_s,Y_s,Z_s) 得到的视线向量，如式（11.32）所示。

$$\vec{u}_2 = \begin{bmatrix} X \\ Y \\ Z \end{bmatrix}_{\text{CGCS2000}} - \begin{bmatrix} X_s \\ Y_s \\ Z_s \end{bmatrix}_{\text{CGCS2000}} \tag{11.32}$$

根据 GPS 相位中心位置 $(X_{\text{GPS}}, Y_{\text{GPS}}, Z_{\text{GPS}})$ 和相机投影中心与 GPS 相位中心的位置偏移，计算相机投影中心的位置 (X_s, Y_s, Z_s)，如式（11.33）所示。

$$\begin{aligned} \begin{bmatrix} X_s \\ Y_s \\ Z_s \end{bmatrix}_{\text{CGCS2000}} &= \begin{bmatrix} X_{\text{GPS}} \\ Y_{\text{GPS}} \\ Z_{\text{GPS}} \end{bmatrix}_{\text{CGCS2000}} + \begin{bmatrix} D_X \\ D_Y \\ D_Z \end{bmatrix}_{\text{CGCS2000}} \\ &= \begin{bmatrix} X_{\text{GPS}} \\ Y_{\text{GPS}} \\ Z_{\text{GPS}} \end{bmatrix}_{\text{CGCS2000}} + \boldsymbol{R}_{\text{J2000}}^{\text{CGCS2000}} \boldsymbol{R}_{\text{Star}}^{\text{J2000}} \boldsymbol{R}_{\text{Body}}^{\text{Star}} \begin{bmatrix} d_x \\ d_y \\ d_z \end{bmatrix}_{\text{Body}} \end{aligned} \tag{11.33}$$

式中，(D_X, D_Y, D_Z) 与 (d_x, d_y, d_z) 分别为 CGCS2000 坐标系下、卫星本体坐标系下相机投影中心与 GPS 相位中心的位置偏移。

（3）视线向量 $\vec{u}_1'$ 与 $\vec{u}_2$ 共线的数学描述如式（11.34）所示，m 为比例因子。

$$\vec{u}_2 = m\vec{u}_1' \tag{11.34}$$

（4）将式（11.33）代入式（11.32），式（11.31）和式（11.32）代入式（11.34），可得天绘一号高分相机严格几何模型，如式（11.35）所示。

$$\begin{aligned} \begin{bmatrix} X \\ Y \\ Z \end{bmatrix}_{\text{CGCS2000}} =\ & \begin{bmatrix} X_{\text{GPS}} \\ Y_{\text{GPS}} \\ Z_{\text{GPS}} \end{bmatrix}_{\text{CGCS2000}} + \boldsymbol{R}_{\text{J2000}}^{\text{CGCS2000}} \boldsymbol{R}_{\text{Star}}^{\text{J2000}} \\ & \boldsymbol{R}_{\text{Body}}^{\text{Star}} \left\{ m\boldsymbol{R}_{\text{Camera}}^{\text{Body}} \begin{bmatrix} x \\ y \\ -f \end{bmatrix}_{\text{Camera}} + \begin{bmatrix} d_x \\ d_y \\ d_z \end{bmatrix}_{\text{Body}} \right\} \end{aligned} \tag{11.35}$$

式中，$(x, y, -f)$ 根据式（11.36）计算。

$$\begin{cases} x = x_{ci} + x_{ci0} = x_{ci0} \\ y = y_{ci} + y_{ci0} = y_{ci0} + [c - (i-1) \cdot N_s] \cdot d_s \end{cases} \tag{11.36}$$

式（11.36）为拼接型 TDI CCD 原始整体影像的内定向模型，i 为焦平面上 CCD 的编号，从左到右依次编号为 $1, 2, \cdots, n$，n 为拼接型 TDI CCD 相机焦平面上的 CCD 片数；(x_{ci0}, y_{ci0}) 为第 i 片 CCD 在焦平面上相对于像主点的安置位置；c 为像点在原始影像坐标系下的列坐标；N_s 为单片 CCD 的像元个数（线阵方向）；d_s 为 CCD 探元尺寸。

11.2.3 片间几何约束模型

如图 11.13 所示，假设相邻 TDI CCD 地面覆盖重叠区内存在一点 P，相邻两片 CCD

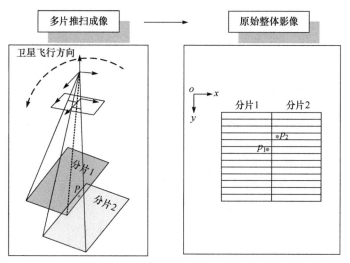

图 11.13　重叠区同名点示意图

依次对其成像。则将分片影像按行计数对齐形成整体影像后，地面点 P 存在两个对应的像点 p_1 和 p_2。

假设地面点 P 的坐标为 (X_P, Y_P, Z_P)，像点 p_1 对应的像平面坐标为 (x_{p_1}, y_{p_1})，像点 p_2 对应的像平面坐标为 (x_{p_2}, y_{p_2})。则分别对像点 p_1 和 p_2 列立共线方程，如式（11.37）和式（11.38）所示。

$$
\begin{bmatrix} X_P \\ Y_P \\ Z_P \end{bmatrix} = \begin{bmatrix} X_{\text{GPS1}} \\ Y_{\text{GPS1}} \\ Z_{\text{GPS1}} \end{bmatrix} + \boldsymbol{R}_{\text{J2000-}p_1}^{\text{CGCS2000}} \boldsymbol{R}_{\text{Star-}p_1}^{\text{J2000}} \boldsymbol{R}_{\text{Body}}^{\text{Star}} \left\{ m_1 \boldsymbol{R}_{\text{Camera}}^{\text{Body}} \begin{bmatrix} x_{p_1} \\ y_{p_1} \\ -f \end{bmatrix}_{\text{Camera}} + \begin{bmatrix} d_x \\ d_y \\ d_z \end{bmatrix}_{\text{Body}} \right\} \quad (11.37)
$$

$$
\begin{bmatrix} X_P \\ Y_P \\ Z_P \end{bmatrix} = \begin{bmatrix} X_{\text{GPS2}} \\ Y_{\text{GPS2}} \\ Z_{\text{GPS2}} \end{bmatrix} + \boldsymbol{R}_{\text{J2000-}p_2}^{\text{CGCS2000}} \boldsymbol{R}_{\text{Star-}p_2}^{\text{J2000}} \boldsymbol{R}_{\text{Body}}^{\text{Star}} \left\{ m_2 \boldsymbol{R}_{\text{Camera}}^{\text{Body}} \begin{bmatrix} x_{p_2} \\ y_{p_2} \\ -f \end{bmatrix}_{\text{Camera}} + \begin{bmatrix} d_x \\ d_y \\ d_z \end{bmatrix}_{\text{Body}} \right\} \quad (11.38)
$$

联立式（11.37）和式（11.38）可构建相邻分片影像的片间几何约束模型，如式（11.39）所示。

$$
\begin{aligned}
& \begin{bmatrix} X_{\text{GPS-}p_1} \\ Y_{\text{GPS-}p_1} \\ Z_{\text{GPS-}p_1} \end{bmatrix} + \boldsymbol{R}_{\text{J2000-}p_1}^{\text{CGCS2000}} \boldsymbol{R}_{\text{Star-}p_1}^{\text{J2000}} \boldsymbol{R}_{\text{Body}}^{\text{Star}} \left\{ m_1 \boldsymbol{R}_{\text{Camera}}^{\text{Body}} \begin{bmatrix} x_{p_1} \\ y_{p_1} \\ -f \end{bmatrix}_{\text{Camera}} + \begin{bmatrix} d_x \\ d_y \\ d_z \end{bmatrix}_{\text{Body}} \right\} \\
= & \begin{bmatrix} X_{\text{GPS-}p_2} \\ Y_{\text{GPS-}p_2} \\ Z_{\text{GPS-}p_2} \end{bmatrix} + \boldsymbol{R}_{\text{J2000-}p_2}^{\text{CGCS2000}} \boldsymbol{R}_{\text{Star-}p_2}^{\text{J2000}} \boldsymbol{R}_{\text{Body}}^{\text{Star}} \left\{ m_2 \boldsymbol{R}_{\text{Camera}}^{\text{Body}} \begin{bmatrix} x_{p_2} \\ y_{p_2} \\ -f \end{bmatrix}_{\text{Camera}} + \begin{bmatrix} d_x \\ d_y \\ d_z \end{bmatrix}_{\text{Body}} \right\}
\end{aligned} \quad (11.39)
$$

片间几何约束模型不仅可反映重叠区同名点的几何约束关系，还是实现 TDI CCD 分片影像物方拼接算法的几何基础。

11.3 顾及片间几何约束的在轨定标方法

11.3.1 在轨几何定标策略分析

在拼接型 TDI CCD 相机推扫成像过程中，误差源繁多且各误差项之间相互耦合、难于分离。因此，需对严格成像模型和各误差源模型进行合理优化、综合取舍，从而构建有效的在轨几何定标模型。

对于拼接型 TDI CCD 卫星影像，开展其在轨几何定标需遵循以下原则。

（1）应采用先外后内、分步定标的基本思路。内外参数整体标定的方法在本景影像、相邻景影像内能取得一定效果，但受内外参数相关性的影响，其标定结果并不具备外推应用潜力；内外参数分步定标的方法可分为先外后内和先内后外两种，若采用先内后外方法，则外定向参数中的系统误差将被内标定结果吸收，由于长周期外定向参数系统误差难于模型化描述，内参数定标结果不具备稳定性；先外后内分步定标的方法，首先进行外参数定标，实现外参数的优化。由于内外参数的相关性，部分内参数如多片 TDI CCD 共有的平移以及主点偏移等将被外定标参数吸收，但多片 CCD 的相对安置信息等将被保留。然后在外定标的基础上进行内参数标定，实现外定标后内部残余误差的补偿，采用此种方法将可得到具备推广应用潜力的内标定参数，且有利于 TDI CCD 分片影像拼接等后续处理。

（2）在轨几何定标不得基于原始单片影像几何模型。由于内外参数间的相关性，如果基于单片影像成像模型进行定标，即首先针对每片 CCD 影像分别构建一个严格几何模型，然后进行先外后内、分步定标。由于内外参数间的相关性，各分片 CCD 的平移、旋转、缩放等内部畸变将被各单片影像的外定标参数吸收，最终导致得不到各 CCD 在焦平面上的相对位置参数，得到的内参数定标结果虽然能够提升单片影像的几何精度，但不能服务于后续的分片影像拼接算法。

（3）在轨几何定标应基于原始整体影像成像模型。对于拼接型 TDI CCD 卫星影像，在每一成像瞬间其多片 TDI CCD 共享一套外定向参数，基于此可构建其整体影像成像模型。基于该整体影像成像模型进行在轨标定有以下优点：受内外参数相关性的影响，尽管部分内部畸变将被外定标参数吸收，但仅限于各分片 CCD 共享的内部畸变，如主点偏移、多片 CCD 可能存在的共同平移等，各分片 CCD 各不相同的内部畸变将得以保留；即基于整体影像成像模型的在轨定标可将各分片 CCD 在焦平面上的相对安置参数标定出来，为分片影像物方拼接算法奠定几何基础。

在此针对拼接型 TDI CCD 相机，设计了完整的在轨几何定标流程，如图 11.14 所示。

11.3.2 多片 TDI CCD 联合外定标

基于 11.2.2 节建立的整体影像几何模型对多片 TDI CCD 进行联合外定标。外标定模型针对外部误差进行，外部误差主要分为卫星姿态测量误差、卫星轨道测量误差、相机安装角误差、GPS 偏心误差和时间同步误差。在上述误差中，卫星姿态测量误差和相机安装角误差最终都对相机的姿态观测值产生影响，因此可合并处理，即姿态误差($\Delta pitch$,

$\Delta\text{roll}, \Delta\text{yaw}$）；卫星轨道测量误差和 GPS 偏心误差都对相机的位置观测值产生影响，也可合并处理，即线元素误差$(\mathrm{d}X_c, \mathrm{d}Y_c, \mathrm{d}Z_c)$。

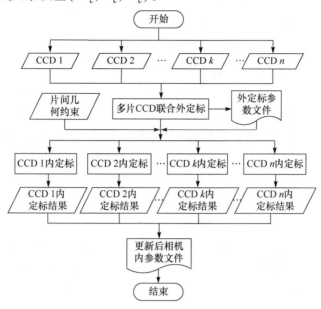

图 11.14　拼接型 TDI CCD 卫星影像在轨几何定标流程图

　　虽然线元素误差和角元素误差属于不同类型的误差源，但两者对几何定位精度的影响具有相似性。在一定程度上，线元素误差的影响可等效利用角元素误差的影响进行补偿。

　　由于地形起伏等因素，用角元素误差替代线元素误差时将产生一定量的残余像点误差，该残余像点误差将会被误认为相机的内部畸变，从而影响内标定结果。相关文献以资源三号下视相机为例对该残余像点误差进行计算，结果表明：

　　（1）对于沿轨方向，即使线元素误差 $\mathrm{d}X_c = 100\mathrm{m}$，高程起伏为 8000m 时，用 Δpitch 替代 $\mathrm{d}X_c$ 后沿轨方向的残余像点误差也仅为 0.8 像素。由于当前 GPS 定轨精度较高（单频 GPS 通常优于 10m，双频 GPS 则更高），因此沿轨方向上利用 Δpitch 替代 $\mathrm{d}X_c$ 时，几乎不会产生被误认为相机内部畸变的残余像点误差。

　　（2）对于垂轨方向，即使线元素误差 $\mathrm{d}Y_c = 100\mathrm{m}$，高程起伏为 8000m，用 Δroll 替代 $\mathrm{d}Y_c$ 后，CCD 阵列两端探元的残余像点误差仅为 0.7 像素（在同等高程起伏情况下，两端处残余误差最大）。因此，在当前定轨精度下，垂轨方向上利用 Δroll 替代 $\mathrm{d}Y_c$ 时，几乎不会产生被误认为相机内部畸变的残余像点误差。

　　基于上述综合分析，采用偏置矩阵作为外定标模型，即用一正交旋转矩阵 $\boldsymbol{R}_{\text{off}}$ 描述姿轨测量误差、相机安装角误差、GPS 偏心差和时间同步误差等外部误差。引入偏置矩阵后的几何模型如式（11.40）所示。

$$
\begin{bmatrix} X \\ Y \\ Z \end{bmatrix}_{\text{CGCS2000}} = \begin{bmatrix} X_{\text{GPS}} \\ Y_{\text{GPS}} \\ Z_{\text{GPS}} \end{bmatrix}_{\text{CGCS2000}} + m\boldsymbol{R}_{\text{J2000}}^{\text{CGCS2000}} \boldsymbol{R}_{\text{Star}}^{\text{J2000}} \boldsymbol{R}_{\text{Body}}^{\text{Star}} \boldsymbol{R}_{\text{Off}} \boldsymbol{R}_{\text{Camera}}^{\text{Body}} \begin{bmatrix} x \\ y \\ f \end{bmatrix} \quad (11.40)
$$

对比式（11.40）与严格成像模型式（11.35）可发现，两者的主要区别在于式（11.35）

(d_x, d_y, d_z) 包含的误差等效为相机的安置矩阵误差并入 $\boldsymbol{R}_{\text{Camera}}^{\text{Body}}$，而 $(X_{\text{GPS}}, Y_{\text{GPS}}, Z_{\text{GPS}})$ 中包含的误差等效为定姿误差并入 $\boldsymbol{R}_{\text{Star}}^{\text{J2000}}$；而对于旋转矩阵 $\boldsymbol{R}_{\text{Camera}}^{\text{Body}}$、$\boldsymbol{R}_{\text{Body}}^{\text{Star}}$、$\boldsymbol{R}_{\text{Star}}^{\text{J2000}}$ 中的所有误差，引入偏置矩阵 $\boldsymbol{R}_{\text{Off}}$ 对其统一补偿。

偏置矩阵 $\boldsymbol{R}_{\text{Off}}$ 定义如式（11.41）所示：

$$\boldsymbol{R}_{\text{Off}} = \begin{bmatrix} \cos\varphi & 0 & -\sin\varphi \\ 0 & 1 & 0 \\ \sin\varphi & 0 & \cos\varphi \end{bmatrix} \cdot \begin{bmatrix} 1 & 0 & 0 \\ 0 & \cos\omega & -\sin\omega \\ 0 & \sin\omega & \cos\omega \end{bmatrix} \cdot \begin{bmatrix} \cos\kappa & -\sin\kappa & 0 \\ \sin\kappa & \cos\kappa & 0 \\ 0 & 0 & 1 \end{bmatrix} \quad （11.41）$$

式中，φ、ω、κ 为采用 Y-X-Z 转角系统描述的 3 个广义偏置角，为描述广义偏置角可能存在的随时间累积的漂移误差，利用下式对广义偏置角进行拓展。

$$\begin{cases} \varphi = \varphi_0 + \varphi_1(t - t_0) \\ \omega = \omega_0 + \omega_1(t - t_0) \\ \kappa = \kappa_0 + \kappa_1(t - t_0) \end{cases} \quad （11.42）$$

式中，φ_0、ω_0、κ_0 为广义偏置角的常量漂移误差；φ_1、ω_1、κ_1 为广义偏置角的 1 阶漂移误差系数；t 表示当前行的成像时刻；t_0 表示本景影像起始行的成像时刻。

需要说明的是，鉴于内外方位元素之间的相关性，部分内方位元素误差如多 TDI CCD 可能共有的偏移、旋转等也将被外标定模型补偿，因此引入的偏置矩阵是一个广义偏置矩阵。经过外标定后，所确定的相机坐标系并不是真实状况下的相机坐标系，而是一个广义相机坐标系。由于并未对线元素误差进行补偿，该广义相机坐标系的原点为 GPS 轨道测量得出的 GPS 相位中心位置，但引入的偏置矩阵对相机坐标系三轴的指向进行了更新，更新后的三轴指向将实现外部误差补偿，并对部分内部误差(主要是线性部分)完成补偿。对拼接型 TDI CCD 卫星影像而言，多片联合外标定用于消除多片 TDI CCD 外部误差及可能存在的共有的内部误差，而各片 TDI CCD 各不相同的内部畸仍然无法得到有效处理。

11.3.3　顾及片间几何约束的内定标

经过外标定，广义偏置矩阵 $\boldsymbol{R}_{\text{Off}}$ 的值将得以确定，将式（11.40）中的一系列旋转矩阵 $\boldsymbol{R}_{\text{J2000}}^{\text{CGCS2000}}$、$\boldsymbol{R}_{\text{Star}}^{\text{J2000}}$、$\boldsymbol{R}_{\text{Body}}^{\text{Star}}$、$\boldsymbol{R}_{\text{Off}}$、$\boldsymbol{R}_{\text{Camera}}^{\text{Body}}$ 合并为 $\boldsymbol{R}_{\text{Camera}}^{\text{CGCS2000}}$，并用 $R_{11}, R_{12}, \cdots, R_{33}$ 表示 $\boldsymbol{R}_{\text{Camera}}^{\text{CGCS2000}}$ 的 9 个元素，则可得到内标定模型，如式（11.43）所示。

$$\begin{cases} F_x = \dfrac{R_{11}(X - X_{\text{GPS}}) + R_{21}(Y - Y_{\text{GPS}}) + R_{31}(Z - Z_{\text{GPS}})}{R_{13}(X - X_{\text{GPS}}) + R_{23}(Y - Y_{\text{GPS}}) + R_{33}(Z - Z_{\text{GPS}})} - \dfrac{x + \Delta x}{f} = 0 \\[3mm] F_y = \dfrac{R_{12}(X - X_{\text{GPS}}) + R_{22}(Y - Y_{\text{GPS}}) + R_{32}(Z - Z_{\text{GPS}})}{R_{13}(X - X_{\text{GPS}}) + R_{23}(Y - Y_{\text{GPS}}) + R_{33}(Z - Z_{\text{GPS}})} - \dfrac{y + \Delta y}{f} = 0 \end{cases} \quad （11.43）$$

在完成外定标之后，将相邻 CCD 影像片间同名点几何约束（详见 11.2.3 节）加入内定标流程，以提高拼接型 TDI CCD 卫星影像内参数标定精度、保证分片影像拼接的几何精度，该过程被称为顾及片间几何约束的内定标。其基本原理如下。

（1）对于相邻 CCD 重叠区内的一点 $P(X_P, Y_P, Z_P)$，其在原始影像上存在片间同名点对 $p_1(x_1, y_1)$ 和 $p_2(x_2, y_2)$，示意图如图 11.13 所示。经外标定后 $p_1(x_1, y_1)$ 和 $p_2(x_2, y_2)$ 存在以下几何约束：

$$\begin{bmatrix} X_P \\ Y_P \\ Z_P \end{bmatrix} = \begin{bmatrix} X_{\text{GPS-}p_1} \\ Y_{\text{GPS-}p_1} \\ Z_{\text{GPS-}p_1} \end{bmatrix} + m_1 \boldsymbol{R}_{\text{Camera-}p_1}^{\text{CGCS2000}} \begin{bmatrix} x_1 \\ y_1 \\ -f \end{bmatrix} \tag{11.44}$$

$$\begin{bmatrix} X_P \\ Y_P \\ Z_P \end{bmatrix} = \begin{bmatrix} X_{\text{GPS-}p_2} \\ Y_{\text{GPS-}p_2} \\ Z_{\text{GPS-}p_2} \end{bmatrix} + m_2 \boldsymbol{R}_{\text{Camera-}p_2}^{\text{CGCS2000}} \begin{bmatrix} x_2 \\ y_2 \\ -f \end{bmatrix} \tag{11.45}$$

（2）尽管 $P(X_P, Y_P, Z_P)$ 为未知数，上述几何约束依然同样可转换为式（11.43）的形式。

（3）对于地面控制点，可列立如式（11.43）的误差方程，其未知数仅为内定标参数；对于一对片间同名点，可列立两组如式（11.43）的误差方程，其未知数为内定标参数和片间同名点地面坐标 $P(X_P, Y_P, Z_P)$。

（4）根据式（11.43）联合列立的方程组对传统地面控制点和片间同名点进行线性化，可得误差方程如下：

$$V = A\boldsymbol{X}_{\text{Inner}} + B\boldsymbol{X}_G - \boldsymbol{L}, \boldsymbol{P} \tag{11.46}$$

式中，$\boldsymbol{X}_{\text{Inner}}$ 为内定标参数，以 3 阶指向角多项式为例 $\boldsymbol{X}_{\text{Inner}} = (da_0, da_1, \cdots, db_3)^{\text{T}}$；$\boldsymbol{X}_G$ 为片间同名点地面坐标 $(dX_1, dY_1, dZ_1, \cdots, dX_n, dY_n, dZ_n)^{\text{T}}$；$\boldsymbol{A}$、$\boldsymbol{B}$ 为相应的系数矩阵；$\boldsymbol{L}$ 为误差向量；$\boldsymbol{P}$ 为观测值权阵。

分片影像片间同名点空间交会基高比极小，地面坐标未知数 $\boldsymbol{X}_G$ 求解不稳定，最终将影响内定标参数 $\boldsymbol{X}_1$ 的求解结果，因此采用交互迭代求解的计算方法。

步骤 1：基于卫星影像与数字检校场大比例尺高精度数字正射影像、数字高程模型数据匹配得到的地面控制点，按照 11.3.2 节所述方法进行多片 CCD 联合外定标，求解偏置矩阵 $\boldsymbol{R}_{\text{Off}}$；

步骤 2：在基于偏置矩阵对外定向参数进行优化后，基于本节方法按照式（11.46）仅对地面控制点列出误差方程，如式（11.47）所示，对其进行求解得到一组相机内定标参数 $\boldsymbol{X}_{\text{Inner}}$；

$$V = A\boldsymbol{X}_{\text{Inner}} - \boldsymbol{L}, \boldsymbol{P} \tag{11.47}$$

步骤 3：基于上述步骤 1 和步骤 2 获取的外、内定标参数，针对任意一对片间同名点 p_{1i} 和 p_{2i}，首先确定其对应的两条光线 $\boldsymbol{u}_{p_1}$ 和 $\boldsymbol{u}_{p_2}$，光线与高精度数字高程模型交会求解片间同名点两个地面坐标值 (X_{1i}, Y_{1i}, Z_{1i}) 和 (X_{2i}, Y_{2i}, Z_{2i})，取两者均值作为该地面点的坐标值；

步骤 4：将步骤 3 中的片间同名点与步骤 1 中的地面控制点按照式（11.46）列立误差方程组，再次求解内参数，得到一组新的相机内定标参数 $\boldsymbol{X}'_{\text{Inner}}$；

步骤 5：重复步骤 2～步骤 4，当 $\boldsymbol{X}'_{\text{Inner}}$ 与 $\boldsymbol{X}_{\text{Inner}}$ 的差值小于某一阈值时停止计算。

11.4 指向角内定标模型严密公式推导

当前常用的内定标模型有两种：一种为物理内定标模型；另一种为指向角内定标模

型。本节分析线阵推扫式相机物理内定标模型和指向角内定标模型的区别与联系，对物理内定标模型到指向角内定标模型的演化过程进行严密的公式推导，分析不同阶数光学畸变以及偏视场相机与正视场相机在使用指向角模型时的不同，并分别给出其具体计算公式。

11.4.1 物理内定标模型

在众多内方位元素误差源中，有部分畸变参数对像点误差影响规律一致，可合并处理。例如，主点偏移可并入各分片 CCD 的平移中，主距变化在 x 方向产生的像点偏移可并入 x 方向的 CCD 平移中，主距变化在 y 方向产生的像点偏移可并入 CCD 缩放因子产生的像点偏移等。本节构建的物理内定标模型以 11.1.2 节构建的内方位元素误差模型为基础，并对其中相关的误差项进行合并，最终得到拼接型 TDI CCD 相机的物理内定标模型。具体合并规则如下。

（1）主点偏移 $(\Delta x_p, \Delta y_p)$ 与各分片 CCD 的偏移 (dx_{ci}, dy_{ci}) 对像点坐标误差的影响规律一致，因此可将两类参数合并，仅保留各分片 CCD 的偏移参数 (dx_{ci}, dy_{ci})，i 代表焦平面上的第 i 片 CCD，$i = 1, 2, \cdots, N$，N 代表焦平面上 CCD 分片的片数，如对于天绘一号高分相机而言，$N = 8$。

（2）CCD 各探元在 x 方向的像坐标为一常量（在考虑 CCD 旋转等其他因素时为近似常量），因此主距变化 Δf 在 x 方向产生的像点偏移也为一常量，可并入 x 方向的 CCD 平移误差 dx_{ci}。

（3）主距变化 Δf 在 y 方向产生的像点偏移与 CCD 探元尺寸变化在 y 方向产生的像点偏移规律一致，两者可合并处理。

经上述优化，当考虑小于等于 5 阶光学畸变时（p_1，p_2，k_1，k_2），得到的物理内定标模型如式（11.48）所示。其中，s 表示各分片 CCD 从左端开始的探元编号，p_s 表示原始探元尺寸，dp_{si} 表示各 CCD 分片探元尺寸变化因子，θ_i 为各分片 CCD 的旋转因子。

$$\begin{cases} \Delta x = \Delta x_{ccd} + \Delta x_{optical} = \left[dx_{ci} + s \cdot (p_s + dp_{si}) \cdot \sin\theta_i \right] + \left[\left(k_1 \cdot r^2 + k_2 \cdot r^4\right)\overline{x} + p_1\left(r^2 + 2\overline{x}^2\right) + 2p_2\overline{x} \cdot \overline{y} \right] \\ \Delta y = \Delta y_{ccd} + \Delta y_{optical} = (dy_{ci} + s \cdot dp_{si}) + \left[\left(k_1 \cdot r^2 + k_2 \cdot r^4\right)\overline{y} + 2p_1\overline{x} \cdot \overline{y} + p_2\left(r^2 + 2\overline{y}^2\right) \right] \end{cases}$$

（11.48）

式中，$(\Delta x_{ccd}, \Delta y_{ccd})$ 为由 CCD 引起的畸变，光学畸变的大小与辐射距 r 相关，因此在计算光学畸变时应先对 CCD 引起的像点误差进行补偿；$(\Delta x_{optical}, \Delta y_{optical})$ 为镜头引起的像点偏移；$r = \sqrt{\overline{x}^2 + \overline{y}^2}$；$(\overline{x}, \overline{y})$ 为考虑由 CCD 引起畸变后的焦平面坐标，按式（11.12）计算。

对于高分辨率光学相机，其视场较小导致 CCD 探元距离像主点的辐射距 r 较小，因此对其光学畸变建模时可忽略高阶分量，当仅考虑小于等于 3 阶的光学畸变时（p_1, p_2, k），式（11.48）中的 k_2 因子可忽略不计，此时物理内定标模型如式（11.49）所示。

$$\begin{cases} \Delta x = \Delta x_{ccd} + \Delta x_{optical} = \left[dx_{ci} + s \cdot (p_s + dp_{si}) \cdot \sin\theta_i \right] + \left[k_1 \cdot r^2 \cdot \overline{x} + p_1(r^2 + 2\overline{x}^2) + 2p_2 \cdot \overline{x} \cdot \overline{y} \right] \\ \Delta y = \Delta y_{ccd} + \Delta y_{optical} = (dy_{ci} + s \cdot dp_{si}) + \left[k_1 \cdot r^2 \cdot \overline{y} + 2p_1 \cdot \overline{x} \cdot \overline{y} + p_2(r^2 + 2\overline{y}^2) \right] \end{cases}$$

（11.49）

11.4.2 指向角内定标模型

物理内定标模型的优点是物理意义明确，缺点是模型复杂、参数间具有相关性。此外，物理内定标模型只是对主要的相机内部畸变因子进行求解，并不涉及所有可能存在的物理畸变。指向角是内方位元素的集成，是指某 CCD 探元在相机坐标系或卫星本体坐标系下的光线指向，是当前较为流行的一种内方位元素描述方法。例如，IKONOS 卫星提供视场角图（field angle map），资源三号卫星提供每个探元的指向角。

当不考虑相机各种内部畸变时，相机坐标系下的指向角示意图如图 11.15 所示，指向角计算公式如式（11.50）所示。

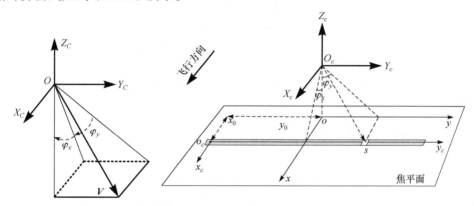

图 11.15　相机坐标系下的指向角示意图

$$\begin{cases} \tan\varphi_x = \dfrac{x}{f} = \dfrac{x_0}{f} \\[2mm] \tan\varphi_y = \dfrac{y}{f} = \dfrac{y_0 + s \cdot p_s}{f} \end{cases} \qquad (11.50)$$

式中，(x,y) 为像平面坐标系 $o\text{-}xy$ 下的像点坐标；(x_0,y_0) 为该 CCD 阵列左侧第一个探元在 $o\text{-}xy$ 坐标系中的位置；p_s 为探元尺寸。

在式（11.50）中引入描述相机畸变的附加参数项 $(\Delta x, \Delta y)$，则可将相机的各种潜在内部畸变包含于指向角模型中，用于描述相机内部畸变时的指向角示意图如图 11.16 所示。图中 p_i、p_j、p_k 代表线阵 CCD 上不同位置的若干个像元，按照设计如果线阵 CCD 没有各种变形，这些点应保持在一维直线排列。由于 CCD 的各种变形，线阵 CCD 上的若干个像点不再是一维直线排列，每个像元位置的变形是不一致的，线阵 CCD 去焦平面的实际位置是一条曲线。y_c 代表线阵 CCD 的阵列方向。本节从传统物理畸变模型出发，结合指向角计算公式，对正视场和偏视场线阵 CCD 相机的指向角畸变模型公式进行严密推导。

引入附加参数项 $(\Delta x, \Delta y)$ 的指向角计算公式如式（11.51）所示。

$$\begin{cases} \tan\varphi_x = \dfrac{x + \Delta x}{f} \\[2mm] \tan\varphi_y = \dfrac{y + \Delta y}{f} \end{cases}$$

$$(11.51)$$

当考虑小于等于 5 阶光学畸变时，将式（11.48）所示附加参数项 $(\Delta x, \Delta y)$ 代入式（11.51）即可得到用于描述相机内部畸变的指向角模型，如式（11.52）所示。

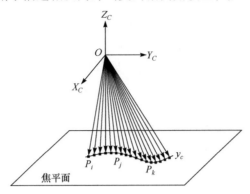

图 11.16　描述相机内部畸变时的指向角示意图

$$\begin{cases} \tan\varphi_x = \dfrac{x + \left[dx_{ci} + s\cdot(p_s + dp_{si})\cdot\sin\theta_i\right] + \left[(k_1\cdot r^2 + k_2\cdot r^4)\bar{x} + p_1(r^2 + 2\bar{x}^2) + 2p_2\cdot\bar{x}\cdot\bar{y}\right]}{f} \\[3mm] \tan\varphi_y = \dfrac{y + (dy_{ci} + s\cdot dp_{si}) + \left[(k_1\cdot r^2 + k_2\cdot r^4)\bar{y} + 2p_1\cdot\bar{x}\cdot\bar{y} + p_2(r^2 + 2\bar{y}^2)\right]}{f} \end{cases}$$

（11.52）

将 $r = \sqrt{\bar{x}^2 + \bar{y}^2}$ 代入式（11.52），结合式（11.12）可得式（11.53）。

$$\begin{cases} \tan\varphi_x = \dfrac{\bar{x} + 3p_1\bar{x}^2 + p_1\bar{y}^2 + 2p_2\bar{x}\cdot\bar{y} + k_1\bar{x}^3 + k_2\bar{x}\cdot\bar{y}^2 + k_2\bar{x}^5 + k_2\bar{x}\cdot\bar{y}^4 + 2k_2\bar{x}^3\cdot\bar{y}^2}{f} \\[3mm] \tan\varphi_y = \dfrac{\bar{y} + 3p_2\bar{y}^2 + p_2\bar{x}^2 + 2p_1\bar{x}\cdot\bar{y} + k_1\bar{y}^3 + k_1\bar{x}^2\cdot\bar{y} + k_2\bar{y}^5 + k_2\bar{x}^4\cdot\bar{y} + 2k_2\bar{x}^2\cdot\bar{y}^3}{f} \end{cases}$$

（11.53）

根据 CCD 在焦平面上摆放位置的不同，可将线阵 CCD 相机分为正视场相机和偏视场相机。正视场相机的线阵 CCD 摆放在视场中央，即主点位于 CCD 线阵上；偏视场相机的线阵 CCD 摆放在视场一侧，即主点位于 CCD 线阵一侧，具体示意图如图 11.17 所示。

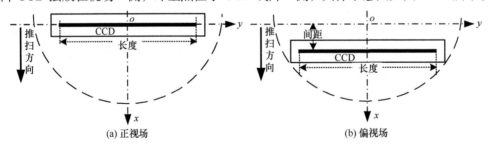

图 11.17　正视场焦平面和偏视场焦平面

对于正视场线阵 CCD 相机，主点落在线阵上，即其设计值 $x_0 = 0$，若忽略 CCD 旋转等畸变，则各探元的 $\bar{x} \approx 0$；严格推导时需考虑 CCD 旋转等畸变，各探元的 $\bar{x}$ 并不为 0；对于偏视场线阵 CCD 相机，主点落在线阵的一侧，即其设计值 $x_0 = d$ 为一常数，同样，严格推导时需考虑 CCD 旋转等畸变，各探元的 $\bar{x}$ 并不为 d。

经上述分析可知，对于正视场和偏视场相机，式（11.53）中 $\tan\varphi_x$、$\tan\varphi_y$ 均为关于 $\bar{x}$、$\bar{y}$ 的 5 次多项式，其中 $(\bar{x},\bar{y})$ 为考虑 CCD 畸变后探元 S 在以像主点为原点的焦平面坐标系下的坐标，按式（11.12）计算。由式（11.12）可知 $\bar{x}$ 和 $\bar{y}$ 均为探元编号 s 的线性函数，将式（11.12）代入式（11.53），合并关于 s 的同类项，可推导出指向角计算公式为探元编号 s 的 5 阶多项式，如式（11.54）所示。

$$\begin{cases} \tan\varphi_x = a_0 + a_1 \cdot s + a_2 \cdot s^2 + a_3 \cdot s^3 + a_4 \cdot s^4 + a_5 \cdot s^5 \\ \tan\varphi_y = b_0 + b_1 \cdot s + b_2 \cdot s^2 + b_3 \cdot s^3 + b_4 \cdot s^4 + b_5 \cdot s^5 \end{cases} \tag{11.54}$$

将式（11.12）代入式（11.53），可推导获得式（11.50）中 a_0、a_1、a_2、a_3、a_4、a_5、b_0、b_1、b_2、b_3、b_4、b_5 的具体表达式。

当仅考虑小于等于 3 阶的光学畸变时，将式（11.49）所示附加参数项 $(\Delta x, \Delta y)$ 代入式（11.51）即可得到用于描述相机内部畸变的指向角模型，如式（11.55）所示。

$$\begin{cases} \tan\varphi_x = \dfrac{x + [dx_{ci} + s \cdot (p_s + dp_{si}) \cdot \sin\theta_i] + [k_1 \cdot r^2 \cdot \bar{x} + p_1(r^2 + 2\bar{x}^2) + 2p_2 \cdot \bar{x} \cdot \bar{y}]}{f} \\[3mm] \tan\varphi_y = \dfrac{y + (dy_{ci} + s \cdot dp_{si}) + [k_1 \cdot r^2 \cdot \bar{y} + 2p_1 \cdot \bar{x} \cdot \bar{y} + p_2(r^2 + 2\bar{y}^2)]}{f} \end{cases}$$
$$\tag{11.55}$$

将 $r = \sqrt{\bar{x}^2 + \bar{y}^2}$ 代入式（11.55），结合式（11.12），可得式（11.56）。

$$\begin{cases} \tan\varphi_x = \dfrac{\bar{x} + 3p_1\bar{x}^2 + p_1\bar{y}^2 + 2p_2\bar{x} \cdot \bar{y} + k_1\bar{x}^3}{f} \\[3mm] \tan\varphi_y = \dfrac{\bar{y} + 3p_2\bar{y}^2 + p_2\bar{x}^2 + 2p_1\bar{x} \cdot \bar{y} + k_1\bar{y}^3 + k_1\bar{x}^2 \cdot \bar{y}}{f} \end{cases} \tag{11.56}$$

式中，$\tan\varphi_x$、$\tan\varphi_y$ 均为关于 $\bar{x}$、$\bar{y}$ 的 3 次多项式，由式（11.12）可知 $\bar{x}$ 和 $\bar{y}$ 均为探元编号 s 的线性函数，将式（11.12）代入式（11.56），合并关于 s 的同类项，可推导出指向角计算公式为探元编号 s 的 3 阶多项式，如式（11.57）所示。

$$\begin{cases} \tan\varphi_x = a_0 + a_1 \cdot s + a_2 \cdot s^2 + a_3 \cdot s^3 \\ \tan\varphi_y = b_0 + b_1 \cdot s + b_2 \cdot s^2 + b_3 \cdot s^3 \end{cases} \tag{11.57}$$

将式（11.12）代入式（11.56），可推导获得式（11.57）中 a_0、a_1、a_2、a_3、b_0、b_1、b_2、b_3 的具体表达式。

11.5 控制点布设方案与量测方法

对待标定参数进行求解时，控制点将直接影响参数的求解质量和精度，因此需对控制点的布设方案和量测方法进行研究；此处对相邻 CCD 重叠区同名点（片间同名点）的高精度匹配方法一并进行介绍。此外，针对顾及片间几何约束的内标定方法，有针对性地提出了一种双短条带控制布设方案。

11.5.1 双短条带控制方案

针对片间同名点在沿轨方向上错位较大的问题（对于天绘一号高分相机，约为 2114 行），双短条带控制布设方案能提高存在错位的片间同名点外方位元素的拟合精度，如图 11.18 所示。

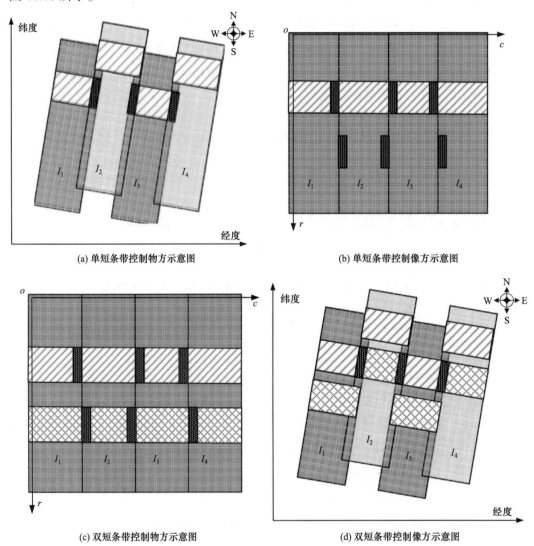

(a) 单短条带控制物方示意图　　　　　　　　(b) 单短条带控制像方示意图

(c) 双短条带控制物方示意图　　　　　　　　(d) 双短条带控制像方示意图

图 11.18　顾及片间几何约束时的控制布设方案

1. 沿轨方向

图 11.18（a）中绿色区域代表相邻分片 CCD 地面成像重叠区，图 11.18（b）为其在影像上的分布情况。相邻分片影像 I_1 和 I_2 上的重叠区在飞行方向上具有一定间隔，该间隔大小与相机内部分片 CCD 的排布有关。当该间隔数值较大时，片间同名点的成像时

间间隔较大，相邻分片 CCD 影像重叠区的外方位元素模型拟合误差的随机抖动不同，因此将引入相机内部畸变。

双短条带布设方案能有效解决上述问题，在飞行方向上布设两个短条带控制点区域，分别包含片间同名点的同名区域，如图 11.18（c）所示。在该控制方案下，对两个短条带控制区域分别进行外标定，可消除外部误差并最大限度地抑制外方位元素模型拟合误差对相机内标定的影响。基于外定标后的外方位元素和重叠区内的片间同名点，基于 11.3.3 节所述方法可实现顾及片间几何约束的相机内定标。

2. 垂轨方向

在垂轨方向，控制点应均匀分布在整个 CCD 线阵上，以保证对相机内部畸变的完整描述，如图 11.18 所示。

3. 高程方向

在高程起伏过大时，用角元素误差替代线元素误差将给相机引入额外的内部畸变，因此控制点不宜布设在高程起伏剧烈的区域内。

11.5.2　控制点量测方法

当前获取在轨定标控制点的途径主要有以下三种：布设移动靶标；布设固定靶标；高精度数字正射影像和数字地面模型。上述方法中，移动靶标布设成本高、重复使用率低；固定靶标布设成本高，后期维护成本高，且不同卫星间的通用性差；数字正射影像较前两种方法在通用性和可重复使用方面有显著优势。本书采取卫星影像与检校场数字正射影像匹配的方式获取在轨标定所用控制点。

数字检校场自动量测是指以检校场数字正射影像和数字高程模型为参考数据，将卫星影像与数字正射影像自动匹配获取控制点的地面平面坐标，进而到数字高程模型中获取该点高程，最终获取像点对应地面点的三维坐标 (X, Y, Z)。

与物方靶标控制点野外实测相比，数字检校场匹配量测在控制点数量、像点坐标量测精度以及不同卫星不同传感器重复使用等方面都具有显著优势。在控制点数量方面，通过卫星影像与数字正射影像的匹配可获得密集、分布均匀的大量控制点；在像点坐标量测精度方面，通过高精度匹配算法可达到子像素级匹配精度；在重复使用等方面，通过影像模拟技术可将数字正射影像处理成与待标定卫星影像空间分辨率、投影方式一致的模拟影像，从而使得同一套数字正射影像数据成功应用于不同卫星影像的匹配量测。数字检校场匹配量测的缺点为其地物要素变化影响较大，当待标定卫星影像成像日期与数字正射影像拍摄日期相差较远时，地面覆盖变化大将导致匹配点数减少、匹配精度降低。本节设计的拼接型 TDI CCD 卫星推扫影像与数字检校场数字正射影像自动匹配流程如图 11.19 所示。

基于数字检校场的控制点匹配量测主要包括影像模拟及初步配准、待标定影像点特征提取、高精度匹配和控制点输出四个步骤，下面对上述四个步骤进行详细描述。

1）影像模拟及初步配准

由于姿轨误差、相机内部畸变等因素，直接采用上述参数进行影像模拟将导致模拟影像与待标定卫星影像配准精度差。首先在数字正射影像上为各分片影像分别选取合理分布的少量控制点（一般在各分片影像四角加中心量测 5 个控制点即可），对各分片影像姿轨参数按照偏置矩阵外标定方法进行优化，构建优化后的单片影像严格几何模型。然后基于优化后的单片影像严格几何模型进行影像模拟。单片 CCD 旋转、平移等主要畸变可被其各自偏置矩阵吸收，因此模拟出的影像与待标定真实卫星影像具有较高的配准精度。

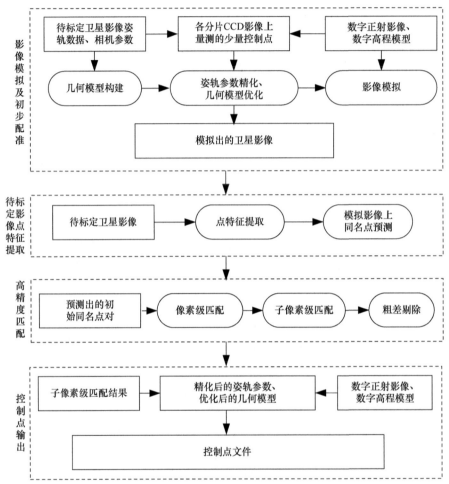

图 11.19　数字检校场控制点匹配量测技术流程图

2）待标定影像点特征提取

在待定标卫星影像上采用 Forstner 算子提取均匀分布的特征点，模拟影像与待标定真实卫星影像已经具备较高的配准精度，因此根据提取出的特征点可准确预测出其在模拟影像上同名点的初始位置。

3）高精度匹配

在待定标影像上以待匹配的特征点为中心开辟匹配窗口（采用大小为11×11的匹配窗口），在模拟影像上以预测点为中心的一定搜索区域范围内，进行相关系数匹配得到像素级匹配结果。之后采用最小二乘匹配进一步提高匹配精度，获取子像素级匹配结果。

为了保证后续定标结果的质量，必须剔除匹配过程中产生的少量误匹配点，首先将待定标影像划分为一定大小的规则格网（根据匹配量测区域的实际情况，选取格网大小为 1024×1000），利用同一格网内匹配点对的坐标拟合仿射变换模型，统计所有同名点对拟合残差的中误差，将拟合残差大于 3 倍中误差的同名点对视为误匹配予以剔除。

4）控制点输出

根据子像素匹配结果和模拟影像的严格几何模型，配合数字高程模型可计算出模拟影像上匹配结果对应的地面点三维坐标 (X, Y, Z)。

11.5.3 片间同名点匹配量测方法

片间同名点位于相邻 TDI CCD 影像重叠区内，而相邻 TDI CCD 对地面近乎同时成像，且具备相同的成像方式。因此，相邻 CCD 影像重叠区的几何和辐射特性相似程度高。基于上述特点，本节采用基于灰度的匹配算法对片间同名点进行量测。片间同名点匹配量测主要流程如下。

1. 点特征提取及同名点初步预测

在左侧分片影像重叠区内采用 Forstner 算子提取均匀分布的特征点，如图 11.20（a）中圆点所示；根据片间几何约束模型在右侧相邻 CCD 影像重叠区内进行同名点位初步预测，由于姿轨测量参数在相邻 CCD 推扫成像时间间隔内不会发生大幅变化，因此同名点位预测的精度可达到较高水平。初步预测出的同名点如图 11.20 中圆点所示。

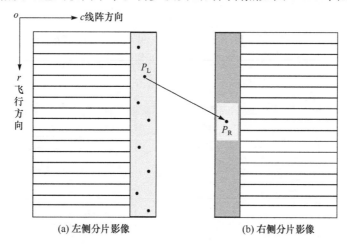

(a) 左侧分片影像　　　　　(b) 右侧分片影像

图 11.20　特征点提取及同名点预测示意图

2. 像素级匹配

在左侧 CCD 分片影像重叠区内以特征点 P_{L} 为中心开辟目标窗口（设定为 9×9），根据同名点预测精度在右侧 CCD 分片影像重叠区内以预测出的同名点为中心设定合理大小的搜索区，如图 11.20（b）中 P_{R} 点所处灰色矩形块。将目标窗口在搜索区内逐像素滑动进行相关系数匹配，以获得整像素级匹配结果，逐像素滑动匹配示意图如图 11.21 所示。图中，m、n 代表左侧分片影像特征点 P_{L} 的坐标，k、l 代表右侧分片影像上搜索区的下界行号和右界列号。

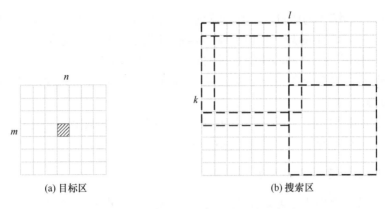

(a) 目标区   (b) 搜索区

图 11.21　目标区在搜索区内滑动示意图

3. 双向预测与双向匹配策略

为提高相对控制点匹配量测的可靠性，采用双向预测与双向匹配策略，图 11.22 展示了其基本原理。双向预测与双向匹配策略主要步骤如下。

（1）从左侧分片影像特征点 P_L 出发进行正向预测，在右侧分片影像得到预测同名点 P_R，在 P_R 的搜索区内进行逐像素滑动，利用相关系数匹配得到像素级匹配结果 P_R'。

（2）从右侧分片影像上 P_R' 出发进行反向预测，根据片间成像几何约束关系在左侧 CCD 影像重叠区内得到预测点 P_L'，在 P_L' 的搜索区内进行逐像素滑动，利用相关系数匹配得到匹配结果 P_L''。

（3）计算点 P_L'' 与点 P_L 之间的位置偏差，该偏差小于合理阈值时（在此将该阈值设定为 1.5 个像素），将两点坐标取均值并存储该匹配结果。

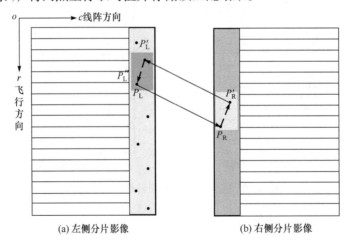

(a) 左侧分片影像   (b) 右侧分片影像

图 11.22　双向预测与双向匹配策略基本原理图

4. 子像素级匹配

在获得整像素的匹配结果后，采用最小二乘匹配进一步提高匹配精度，获取子像素级精度的匹配结果。

5. 误匹配点剔除

在匹配过程中会产生少量误匹配点，必须对其进行剔除。对于片间同名点对 (x_l, y_l, x_r, y_r)，受行积分时间跳变、地形起伏、平台抖动等因素的综合影响，其在沿轨方向坐标偏移量 $\Delta x = x_r - x_l$ 和垂轨方向坐标偏移量 $\Delta y = y_r - y_l$ 的变化趋势均有显著特点，基于上述特点可实现误匹配点的有效剔除。

11.6 定标结果质量评价方法

定标结果的质量分析是在轨几何定标工作的重要内容之一，因此在地面处理系统应用之前必须对各类定标结果进行质量评价。本节针对各类定标结果分别设计相应的质量评价方案，并给出系列量化指标。

11.6.1 外定标结果质量评价方法

本节采用定位精度的提升程度 $(\Delta X, \Delta Y, \Delta Z)$ 对外标定结果进行质量评价。基于本评价方案对外定标结果进行质量评价时需了解以下内容。

（1）外定标模型实质上解算的参数有 6 个，分别为 3 个广义偏置角偏移量 $(\varphi_0, \omega_0, \kappa_0)$ 和 3 个描述其随时间变化的漂移量 $(\varphi_1, \omega_1, \kappa_1)$。

（2）为限制外方位元素拟合误差对内定标的影响，一般将控制点布设在单景影像沿轨方向上相对集中的短条带内，该种策略有助于定标出稳定的内部参数，但基于此定标出的 6 个外部参数仅对当前短条带内的定位精度有较好的提升效果。

（3）基于上述考虑，本节在验证偏置矩阵对定位精度的提升时，在整景影像范围内，采用"四角+中心"策略重新选取 5 个控制点并对偏置矩阵进行求解，统计偏置矩阵外定标后定位精度的提升程度。

11.6.2 内定标结果质量评价方法

1. 两次定标结果一致性验证

基于内定标结果，对内参数两次定标结果的一致性程度进行质量评价。具体方法如下：

（1）在覆盖检校场区域不同成像时间的两景（多景）影像上分别独立地进行两次（多次）在轨定标，获取两组（多组）内定标结果。

（2）在 CCD 阵列长度方向上间隔一定探元均匀地设定一定数量的样本探元，利用两次（多次）定标出的内参数结果分别计算两组（多组）样本探元指向角；统计各组样本探元指向角的差异，从而实现对内定标结果稳定性和精度的定量评价。

2. 片间几何定位一致性提升验证

外定向参数采用原始数据，内定向参数分别采用定标前和定标后的值，对比两种情况下相邻 CCD 影像片间重叠区的定位精度一致性。

3．内参数定标前后定位精度对比

对内参数定标前后的定位精度进行验证，具体步骤如下：

（1）外定向参数采用原始数据，内定向参数分别采用定标前和定标后的值，对比两种情况下各影像的定位精度与特性。

（2）在整景影像范围内，采用"四角+中心"策略选取 5 个控制点计算偏置矩阵优化外定向参数，内定向参数分别采用定标前和定标后的值，对比两种情况下各影像的定位精度与特性。

11.7　实验与分析

11.7.1　实验数据

本实验利用 6.3 节介绍的嵩山摄影测量与遥感定标综合实验场 1∶5000 数字正射影像和数字高程模型，将其作为在轨几何定标的控制数据来源。其中，数字正射影像空间分辨率为 0.5m，平面精度优于 1m；数字高程模型空间分辨率为 1m，高程精度优于 2m。嵩山摄影测量与遥感综合实验场覆盖范围和缩略示意图如图 11.23 所示。

(a) 覆盖范围

(b) 数字正射影像

(c) 数字高程模型

图 11.23　嵩山摄影测量与遥感定标综合实验场覆盖范围、数字正射影像及数字高程模型

11.7.2 严格几何模型验证实验

1. 原始整体影像严格几何模型验证实验

原始单片影像严格成像模型与原始整体影像严格成像模型构建思路不同,但其外定向参数和相机内部参数相同,因此对于直接定位而言两种模型的定位结果完全一致,本节仅给出原始整体影像严格成像模型的验证结果。

表 11.1 给出了验证数据的基本信息,主要包括 6 景天绘一号高分相机原始影像及其覆盖范围内均匀分布的野外实测控制点。其中,1~4 景影像由天绘一号 01 星高分相机获取,5~6 景影像由天绘一号 02 星高分相机获取;1、3 景影像和 2、4 景影像分别为同一轨道的相邻景。

表 11.1 严格几何模型正确性验证试验影像信息

序号	影像编号	卫星/传感器	成像日期	覆盖区域	控制点数/个
1	01-005-134-A		2010-11-28	新乡	13
2	01-005-134-B	天绘一号 01 星/高分相机	2010-12-20	新乡	13
3	01-005-135-A		2010-11-28	嵩山	53
4	01-005-135-B		2010-12-20	嵩山	51
5	02-005-135-A	天绘一号 02 星/高分相机	2013-06-15	嵩山	45
6	02-005-135-B		2013-08-30	嵩山	35

注:影像编号前 2 位表示卫星标识;第 3~8 位表示影像 Path-Row 编号;最后 1 位采用不同字母表示同一区域的多次观测

在各景影像观测范围内,利用连续运行参考站(continuously operating reference stations,CORS)差分测量技术野外实测了均匀分布的平高控制点,主要将其用于定位精度验证。控制点物方坐标精度优于 0.1m,像方坐标由人工量取,精度优于 1 个像素。新乡实验区共计 12 个点,嵩山试验区共计 51 个点。受落在分片影像重叠区内的控制点将"一分为二"以及云层覆盖等影响,最终 6 景影像上实际的已知点数分别为 13 个、13 个、53 个、51 个、45 个、35 个,图 11.24 为各景实验影像控制点的分布情况。

(a) 01-005-134-A景

(b) 01-005-134-B景

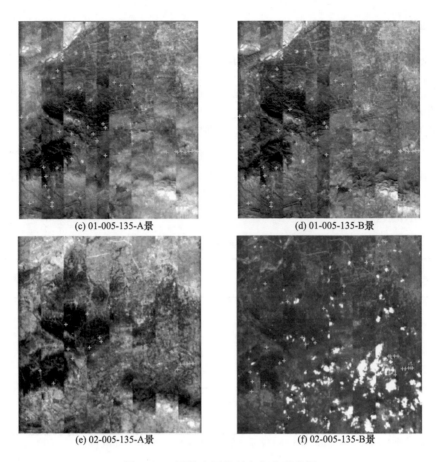

(c) 01-005-135-A景　　　　　　　　(d) 01-005-135-B景

(e) 02-005-135-A景　　　　　　　　(f) 02-005-135-B景

图 11.24　野外实测控制点分布示意图

基于视线向量单像定位法,对本节建立的拼接型 TDI CCD 原始整体影像严格几何模型进行实验验证。实验过程中外定向参数采用数据供应方提供的原始数据,内定向参数采用相机参数理想设计值,所有控制点均作为检查点进行直接定位。表 11.2 给出了原始整体影像严格几何模型的直接定位结果,图 11.25 给出了 6 景影像的定位精度对比。

表 11.2　原始整体影像严格几何模型正确性验证结果

序号	影像编号	控制点数/个	检查点数/个	最大残差/m			中误差/m		
				X	Y	Z	X	Y	Z
1	01-005-134-A	0	13	35.457	9.676	23.365	26.042	5.661	20.582
2	01-005-134-B	0	13	43.562	24.574	47.122	32.906	19.918	44.147
3	01-005-135-A	0	53	36.693	9.151	25.599	25.406	4.685	19.649
4	01-005-135-B	0	51	50.015	26.334	57.530	36.047	21.022	48.240
5	02-005-135-A	0	45	170.966	148.832	101.328	159.111	133.710	87.021
6	02-005-135-B	0	35	143.193	151.764	123.376	137.046	140.020	107.888

综合分析上述结果,可得到以下结论。

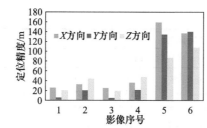

图 11.25　原始影像直接定位精度对比

（1）6 组数据在 X、Y、Z 方向的直接定位精度均在合理范围内，验证了 11.2.2 节构建原始整体影像严格几何模型的正确性。

（2）第 1 组和第 3 组数据、第 2 组和第 4 组数据分别呈现出相似的定位精度，产生该现象的主要原因为第 1 组和第 3 组数据为 2010 年 11 月 28 日同一轨数据的相邻景；同样地，第 2 组和第 4 组数据为 2010 年 12 月 20 日同一轨数据的相邻景；其分别具备相近的轨道、姿态系统误差，因此分别呈现出相似的定位精度。

（3）第 1~4 组数据、第 5 组和第 6 组数据呈现出不同的定位精度，其主要原因为实验所采用的外定向参数为数据供应方在原始下传姿轨数据的基础上以轨为单元进行常量系统误差剔除后的结果，而第 1~4 组数据、第 5 组和第 6 组数据分别为两次申请的实验数据，其常量系统误差剔除的量值不同，因此呈现出不同的定位精度。

2. 片间几何约束模型验证实验

（1）针对任意一组相邻 TDI CCD 分片影像 I_i 和 I_{i+1}，基于 11.5.3 节片间同名点的匹配方法在片间重叠区内提取均匀分布的片间同名点集 (x_i, y_i) 和 (x_{i+1}, y_{i+1})。

（2）采用航天飞机雷达地形测绘任务（shuttle radar topography mission，SRTM）数字高程模型为辅助高程，基于同名点集对片间几何约束模型进行实验验证，其中外定向参数采用原始数据，内定向参数采用相机设计值，具体步骤如下。

步骤 1：左片上的点 (x_i, y_i) 确定视线向量，配合 SRTM 数字高程模型求解地面点坐标 (X, Y, Z)；根据地面点坐标 (X, Y, Z)，反投影计算得到右片上像点坐标的计算值 (x'_{i+1}, y'_{i+1})。

步骤 2：统计右片像点坐标量测值 (x_{i+1}, y_{i+1}) 和像点坐标计算值 (x'_{i+1}, y'_{i+1}) 差值的各项指标，即可定量反映其片间几何定位的一致性程度（对于天绘一号高分相机，SRTM 数字高程模型高程误差引起的片间定位误差仅约为 0.13 个像元）。

表 11.3 列出了 6 景影像 42 个重叠区共 7785 对片间同名点的地面定位差异。

表 11.3　片间同名点定位残差统计结果　　　　　　（单位：像素）

序号	影像编号	重叠区	同名点数	最大值		均值		均方根	
				沿轨	垂轨	沿轨	垂轨	沿轨	垂轨
1	01-005-134-A	CCD1~CCD2	164	3.58	−1.86	3.40	−1.50	3.40	1.51
		CCD2~CCD3	190	−1.24	2.35	−0.84	1.87	0.87	1.89
		CCD3~CCD4	183	3.67	−1.90	3.14	−1.64	3.14	1.65
		CCD4~CCD5	191	−1.76	2.65	−1.59	2.32	1.59	2.33
		CCD5~CCD6	150	3.50	−1.72	3.16	−1.3	3.17	1.40
		CCD6~CCD7	199	−1.31	2.40	−1.11	1.98	1.13	2.00
		CCD7~CCD8	141	3.23	−1.27	3.10	−0.92	3.10	0.94

序号	影像编号	重叠区	同名点数	最大值		均值		均方根	
				沿轨	垂轨	沿轨	垂轨	沿轨	垂轨
2	01-005-134-B	CCD1～CCD2	141	3.77	−1.71	3.08	−1.38	3.10	1.40
		CCD2～CCD3	165	−1.14	2.45	−0.53	1.97	0.63	2.00
		CCD3～CCD4	173	3.44	−2.25	2.89	−1.99	2.91	2.00
		CCD4～CCD5	166	−1.61	2.80	−1.20	2.35	1.26	2.37
		CCD5～CCD6	179	3.42	−1.95	2.96	−1.59	2.99	1.61
		CCD6～CCD7	181	−1.19	2.52	−0.94	2.16	0.96	2.16
		CCD7～CCD8	161	3.09	−1.39	2.90	−1.07	2.90	1.09
3	01-005-135-A	CCD1～CCD2	150	4.41	−2.59	3.05	−1.49	3.08	1.56
		CCD2～CCD3	183	−1.93	3.42	−0.62	2.11	0.79	2.17
		CCD3～CCD4	176	4.60	−2.95	2.82	−1.83	2.86	1.89
		CCD4～CCD5	185	−2.32	3.31	−1.29	2.30	1.37	2.36
		CCD5～CCD6	165	3.80	−3.00	2.97	−1.54	3.01	1.60
		CCD6～CCD7	179	−2.26	3.46	−0.92	2.15	1.09	2.20
		CCD7～CCD8	181	3.95	−2.04	2.92	−0.87	2.96	0.97
4	01-005-135-B	CCD1～CCD2	160	4.99	−2.54	2.51	−1.71	3.23	1.77
		CCD2～CCD3	181	−2.30	3.19	−0.44	2.11	0.81	2.18
		CCD3～CCD4	210	4.39	−2.95	2.66	−1.96	2.73	1.98
		CCD4～CCD5	190	−2.43	3.58	−1.21	2.42	1.32	2.48
		CCD5～CCD6	200	4.61	−3.14	2.75	−1.83	2.85	1.86
		CCD6～CCD7	205	−2.70	3.64	−0.56	2.45	0.97	2.48
		CCD7～CCD8	197	4.21	−2.61	2.52	−1.19	2.60	1.28
5	02-005-135-A	CCD1～CCD2	190	2.83	3.35	1.32	2.48	1.43	2.51
		CCD2～CCD3	188	2.87	−1.59	1.01	−0.62	1.12	0.73
		CCD3～CCD4	220	2.18	4.32	0.68	3.50	0.79	3.51
		CCD4～CCD5	230	3.10	−1.06	1.40	−0.34	1.48	0.49
		CCD5～CCD6	218	2.01	3.93	0.53	2.97	0.70	2.99
		CCD6～CCD7	235	3.17	1.28	1.33	0.51	1.48	0.52
		CCD7～CCD8	206	2.64	2.98	1.31	1.82	1.39	1.86
6	02-005-135-B	CCD1～CCD2	190	1.94	2.93	1.46	2.62	1.47	2.63
		CCD2～CCD3	190	1.38	−1.03	1.16	−0.79	1.17	0.81
		CCD3～CCD4	198	1.98	3.86	0.52	3.46	0.71	3.47
		CCD4～CCD5	185	1.96	−0.87	1.46	−0.38	1.54	0.46
		CCD5～CCD6	192	1.98	3.27	0.32	2.86	0.65	2.88
		CCD6～CCD7	193	3.72	0.85	1.51	0.34	1.60	0.46
		CCD7～CCD8	204	2.75	2.21	1.23	1.87	1.32	1.88

综合分析上述结果，可得到以下结论。

（1）6组数据42个片间重叠区的几何定位偏差均在合理范围内，验证了11.2.3节和11.3.3节构建片间几何约束模型的正确性。

（2）第1～4组数据，各对应重叠区沿轨、垂轨方向的片间定位偏差均呈现出一致性，其主要原因为片间定位偏差主要由相机内部各分片 CCD 的内部误差引起，第 1～4 组数据均由天绘一号 01 星高分相机获取，因而片间定位偏差呈现出一致性。

（3）同样地，第 5 组和第 6 组数据对应于天绘一号 02 星高分相机，两组数据各对应重叠区沿轨和垂轨方向的片间定位偏差也呈现出一致性。

（4）片间同名点在成像时间上存在微小延迟，因此外定向参数中随时间漂移的系统误差以及平台颤振等高频误差等将会对片间定位偏差产生微小影响，本实验并未考虑上述两项因素。

（5）上述各对应重叠区片间几何定位偏差的一致性，初步揭示出可将片间几何约束加入相机内参数在轨标定的可能性。

11.7.3 天绘一号 01 星高分相机在轨几何定标实验

针对天绘一号 01 星高分相机，选取一景覆盖嵩山摄影测量与遥感定标综合实验场区域的原始 0 级影像进行在轨几何定标，影像具体信息如表 11.4 所示。

表 11.4 天绘一号 01 星高分相机标定标影像 01-005-135-A 景基本信息

序号	影像编号	卫星/传感器	成像日期	覆盖区域
1	01-005-135-A	天绘一号 01 星/高分相机	2010-11-28	嵩山

1. 控制点自动量测

在待标定影像的沿轨方向上选择双短条带作为标定区域，进行顾及几何约束的在轨几何定标。其中，图 11.26（a）中灰色条带位于 700～1699 行，图 11.26（b）中黑色条带位于 2800～3799 行，两短条带间隔约 2100 行。利用自动匹配方法，在待定标影像和参考数字正射影像上自动量测出密集的同名像点，配合数字高程模型求取三维地面坐标，最终获得密集匹配控制点。图 11.26 为定标景影像上的匹配点位分布，表 11.5 为匹配后各分片 CCD 影像获得的控制点数量统计。

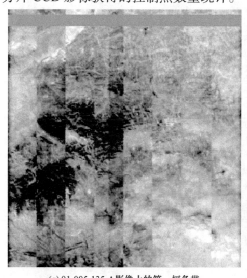 

(a) 01-005-135-A影像上的第一短条带　　　　(b) 01-005-135-A影像上的第二短条带

图 11.26　定标景影像上的匹配点位分布示意图

表 11.5 匹配后各分片 CCD 影像获得的控制点数量统计

序号	影像编号	分片编号	匹配点数/个	
			第一短条带	第二短条带
1	01-005-135-A	CCD1	1382	1526
		CCD2	1535	1680
		CCD3	487	652
		CCD4	763	1027
		CCD5	582	1219
		CCD6	1350	1238
		CCD7	2747	2169
		CCD8	1840	1802

2. 片间同名点自动量测

按照 11.5.3 节方法在双短条带的片间重叠范围内进行片间同名点自动匹配，得到一定数量均匀分布的片间同名点对，以支持顾及片间几何约束的在轨几何标定模型，图 11.27 为双短条带片间同名点匹配情况，表 11.6 为双短条带片间同名点数量统计情况。

(a) CCD1~CCD2 (b) CCD2~CCD3 (c) CCD3~CCD4 (d) CCD4~CCD5 (e) CCD5~CCD6 (f) CCD6~CCD7 (g) CCD7~CCD8

图 11.27 双短条带片间同名点匹配示意图

表 11.6　双短条带片间同名点数量统计

序号	影像编号	重叠区	同名点数/个
1	01-005-135-A	CCD1~CCD2	31
		CCD2~CCD3	26
		CCD3~CCD4	27
		CCD4~CCD5	33
		CCD5~CCD6	38
		CCD6~CCD7	21
		CCD7~CCD8	43

3. 定标参数求解结果

利用上述两小节获取的控制点和片间同名点,基于 11.3 节和 11.4 节所述方法对天绘一号 01 星高分相机待标定参数进行求解,表 11.7 为 01-005-135-A 景外参数定标结果,表 11.8 为 01-005-135-A 景物理内参数模型定标结果,表 11.9 为 01-005-135-A 景 3 阶指向角内参数定标结果。

表 11.7　01-005-135-A 景外参数定标结果

外参数	初始值	在轨标定值	
		第一短条带	第二短条带
φ_0 /rad	0	−0.00003241314	−0.00003224401
φ_1 / (rad/s)	0	0.00000243568	−0.00000221514
ω_0 /rad	0	0.00005609205	0.00005781034
ω_1 / (rad/s)	0	0.00001410300	0.00000640801
κ_0 /rad	0	0.00007500181	0.00006889941
κ_1 / (rad/s)	0	0.00003504590	−0.0000168949

表 11.8　01-005-135-A 景物理内参数定标结果

内参数		初始值	在轨定标值
光学系统	p_1	0	−0.00000015897437
	p_2	0	−0.00000046436329
	k_1	0	−0.00000000590035
	k_2	0	0.00000000000005
CCD1	dx_c	0	0.07046626244350
	dy_c	0	0.02175168641305
	dp_s	0	−0.00000495438064
	θ	0	−0.00042733522289

内参数		初始值	在轨标定值
CCD2	dx_c	0	0.07665566389513
	dy_c	0	0.02449989232782
	dp_s	0	−0.00000376442140
	θ	0	−0.00018366083124
CCD3	dx_c	0	0.05863542851395
	dy_c	0	0.00406339116695
	dp_s	0	−0.00000311824043
	θ	0	−0.00015018553261
CCD4	dx_c	0	0.04980246562246
	dy_c	0	0.01825685057164
	dp_s	0	−0.00000178739246
	θ	0	−0.00049371409614
CCD5	dx_c	0	0.03390366424519
	dy_c	0	0.00985270917483
	dp_s	0	−0.00000125090707
	θ	0	−0.00005580732048
CCD6	dx_c	0	0.04362823447613
	dy_c	0	0.03059531087870
	dp_s	0	−0.00000090009438
	θ	0	−0.00001208746420
CCD7	dx_c	0	0.03080588281979
	dy_c	0	0.03135192771184
	dp_s	0	−0.00000049054151
	θ	0	−0.00014055845651
CCD8	dx_c	0	0.03996843298238
	dy_c	0	0.05007345700686
	dp_s	0	0.00000058303795
	θ	0	−0.00023823830586

表 11.9　01-005-135-A 景 3 阶指向角内参数定标结果

内参数		初始值	定标值
CCD1	a_0	a_0	$a_0-3.6400\times10^{-6}$
	a_1	0	-3.669188×10^{-10}
	a_2	0	-1.700158×10^{-13}
	a_3	0	1.662055×10^{-17}
	b_0	b_0	$b_0-2.6170\times10^{-5}$
	b_1	b_1	$b_1-1.5300\times10^{-10}$
	b_2	0	-9.922520×10^{-14}
	b_3	0	1.584806×10^{-17}
CCD2	a_0	a_0	$a_0+5.1600\times10^{-6}$
	a_1	0	3.747408×10^{-10}
	a_2	0	-2.945861×10^{-14}
	a_3	0	1.362526×10^{-18}
	b_0	b_0	$b_0-1.3880\times10^{-5}$
	b_1	b_1	$b_1+4.6300\times10^{-10}$
	b_2	0	-8.513949×10^{-14}
	b_3	0	3.652821×10^{-18}
CCD3	a_0	a_0	$a_0-3.6200\times10^{-6}$
	a_1	0	3.503130×10^{-10}
	a_2	0	6.131508×10^{-14}
	a_3	0	-1.618135×10^{-17}
	b_0	b_0	$b_0-1.7140\times10^{-5}$
	b_1	b_1	$b_1-5.6600\times10^{-10}$
	b_2	0	3.846060×10^{-13}
	b_3	0	-6.117653×10^{-17}
CCD4	a_0	a_0	$a_0+2.9900\times10^{-6}$
	a_1	0	-6.263011×10^{-10}
	a_2	0	-2.798514×10^{-13}
	a_3	0	4.066853×10^{-17}
	b_0	b_0	$b_0-3.8100\times10^{-6}$
	b_1	b_1	$b_1+1.8810\times10^{-9}$
	b_2	0	-7.886412×10^{-13}
	b_3	0	1.034259×10^{-16}
CCD5	a_0	a_0	$a_0-8.5900\times10^{-6}$
	a_1	0	5.578115×10^{-10}
	a_2	0	9.979096×10^{-14}
	a_3	0	-3.073956×10^{-17}
	b_0	b_0	$b_0-4.3588\times10^{-6}$
	b_1	b_1	$b_1+1.3800\times10^{-10}$
	b_2	0	6.189172×10^{-14}
	b_3	0	-1.782258×10^{-17}
CCD6	a_0	a_0	$a_0+2.3200\times10^{-6}$
	a_1	0	2.915530×10^{-10}
	a_2	0	8.650818×10^{-14}
	a_3	0	-1.268129×10^{-17}
	b_0	b_0	$b_0+9.0600\times10^{-6}$
	b_1	b_1	$b_1+4.4200\times10^{-10}$
	b_2	0	-3.589277×10^{-13}
	b_3	0	6.034552×10^{-17}
CCD7	a_0	a_0	$a_0-3.6000\times10^{-6}$
	a_1	0	-9.544869×10^{-11}
	a_2	0	-4.363668×10^{-14}
	a_3	0	2.152377×10^{-17}
	b_0	b_0	$b_0+9.1700\times10^{-6}$
	b_1	b_1	$b_1+1.3000\times10^{-9}$
	b_2	0	-9.043332×10^{-13}
	b_3	0	1.443583×10^{-16}

内参数		初始值	定标值
CCD8	a_0	a_0	$a_0+6.1100\times10^{-6}$
	a_1	0	-4.313756×10^{-10}
	a_2	0	-3.202688×10^{-14}
	a_3	0	4.592777×10^{-18}
	b_0	b_0	$b_0+1.8480\times10^{-5}$
	b_1	b_1	$b_1+1.9250\times10^{-9}$
	b_2	0	-1.157283×10^{-12}
	b_3	0	1.768564×10^{-16}

将物理内参数定标结果与指向角内参数定标结果进行比较，具体步骤如下：选取一定数量沿 CCD 阵列均匀分布的样本探元，根据定标出的物理内参数和指向角内参数分别计算相机坐标系下的视线向量，对各个样本探元两组视线向量的差进行统计，如表 11.10 所示。

表 11.10 两种内定标模型标定结果差异统计

分片	总样本数/个	沿轨偏差统计/像素			垂轨偏差统计/像素		
		最大值	均值	均方根	最大值	均值	均方根
CCD1	256	−0.127	−0.042	0.050	0.098	0.066	0.067
CCD2	256	−0.054	−0.029	0.030	0.085	0.074	0.074
CCD3	256	−0.036	−0.015	0.020	0.170	0.073	0.078
CCD4	256	−0.067	−0.008	0.018	0.131	0.072	0.085
CCD5	256	−0.065	0.005	0.026	0.092	0.072	0.073
CCD6	256	0.041	0.018	0.020	0.160	0.076	0.080
CCD7	256	0.128	0.039	0.049	0.232	0.079	0.092
CCD8	256	0.048	0.043	0.043	0.212	0.077	0.097

表 11.10 结果表明，物理内参数定标结果与指向角内参数定标结果差异在 10^{-2} 像素量级，表明两种模型对该相机内部畸变的描述能力几乎一致，可得到高度一致的内定标结果。

4. 在轨定标结果质量评价

1）外定标结果有效性验证

在轨定标时一般将控制点布设在短条带内，以定标出稳定的内参数，但基于此定标出的外部偏置矩阵仅对当前短条带有效。因此，在验证偏置矩阵对定位精度的提升时，一般在整景影像范围内重新选取控制点并对偏置矩阵进行重新求解。

在实验过程中，内参数采用相机设计值，各景影像利用"四角+中心"布设的 5 个野外实测控制点分别重新计算偏置矩阵，各景影像偏置矩阵外定标后的定位结果如表 11.11 所示，偏置矩阵外定标前后定位精度对比结果如图 11.28 所示。

表 11.11　天绘一号 01 星高分辨率影像偏置矩阵外定标后的定位结果

序号	影像编号	控制点数/个	检查点数/个	最大残差/m			中误差/m		
				X	Y	Z	X	Y	Z
1	01-005-134-A	5	8	14.928	8.169	2.412	8.613	3.831	1.426
2	01-005-134-B	5	8	17.744	8.504	3.552	10.256	4.053	2.043
3	01-005-135-A	5	48	14.989	7.119	6.171	7.197	2.934	2.618
4	01-005-135-B	5	46	14.275	9.259	8.717	7.280	3.717	3.068

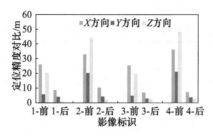

图 11.28　天绘一号 01 星高分影像偏置矩阵外定标前后定位精度对比

表 11.11 与图 11.28 结果表明，与直接定位（表 11.2）相比，基于偏置矩阵的外部误差补偿可显著提升影像定位精度，影像 X、Y、Z 方向的定位精度由优于 50m 提升至优于 10m。

为分析经偏置矩阵外标定后 8 片 CCD 各自范围内检查点的残差情况，以 01-005-135-A 景为例，将野外实测检查点的定位残差按各分片 CCD 范围进行展示，如图 11.29 所示。

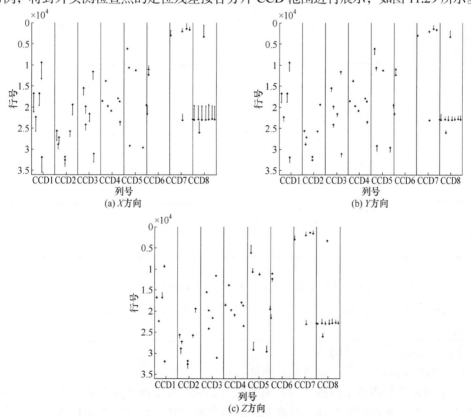

图 11.29　偏置矩阵求解后各分片 CCD 残差分布（01-005-135-A 景）

上述结果表明，经偏置矩阵外部误差补偿后，尽管影像总体定位精度显著提升，但对于 CCD1～CCD8 各分片影像而言，仍存在各不相同的残余系统误差。

产生上述结果的原因是，偏置矩阵只能消除多片 CCD 共享的外部误差及多片 CCD 共有的内部误差，而各片 CCD 各不相同的内部误差变并不能得到补偿。

2）内定标结果一致性验证

选取另外一景嵩山摄影测量与遥感定标综合实验场区域高分相机原始影像，对天绘一号 01 星高分相机再次进行在轨定标，定标景影像具体信息如表 11.12 所示。

表 11.12　天绘一号 01 星高分相机定标影像 01-005-135-B 景基本信息

序号	影像编号	卫星/传感器	成像日期	覆盖区域
1	01-005-135-B	天绘一号 01 星/高分相机	2010-12-20	嵩山

以指向角内参数定标结果为例，选取一定数量的样本探元对两次内参数定标结果一致性进行检验，结果如表 11.13 所示。

表 11.13　天绘一号 01 星高分相机两次指向角内参数定标结果一致性统计

分片	总样本数/个	统计项	差异区间				中误差/像元	
			0～0.1 像元	0.1～0.2 像元	0.2～0.3 像元	0.3～0.4 像元	沿轨	垂轨
CCD1	256	样本数/个 百分比/%	197 76.95	59 23.05	0 0	0 0	0.028	0.011
CCD2	256	样本数/个 百分比/%	256 100	0 0	0 0	0 0	0.008	0.010
CCD3	256	样本数/个 百分比/%	228 89.06	28 10.94	0 0	0 0	0.013	0.028
CCD4	256	样本数/个 百分比/%	169 66.02	87 33.98	0 0	0 0	0.016	0.046
CCD5	256	样本数/个 百分比/%	256 100	0 0	0 0	0 0	0.025	0.006
CCD6	256	样本数/个 百分比/%	230 89.84	26 10.16	0 0	0 0	0.008	0.025
CCD7	256	样本数/个 百分比/%	147 57.42	98 38.28	11 4.30	0 0	0.028	0.048
CCD8	256	样本数/个 百分比/%	141 55.08	112 43.75	3 1.17	0 0	0.005	0.058

由表 11.13 可发现，对于 8 片 CCD，所有样本探元两次定标结果差异均小于 0.3 个像元，表明利用本章定标方法对天绘一号 01 星高分相机进行在轨定标，可获取稳定的内参数标定结果。

3）内定标结果有效性验证

（1）片间同名点定位一致性提升验证。

外定向参数采用原始数据，内定向参数分别采用标定前和定标后的值，计算片间同名点定位偏差，并对比本章顾及片间几何约束定标方法与传统分步定标方法对片间同名点定位一致性的提升程度，结果如表 11.14 所示。

表 11.14 天绘一号 01 星标定前后片间同名点定位残差均方根统计 （单位：像素）

序号	影像编号	重叠区	定标前		传统分步定标方法		本章方法	
			沿轨	垂轨	沿轨	垂轨	沿轨	垂轨
1	01-005-134-A	CCD1～CCD2	3.40	1.51	0.64	0.71	0.58	0.48
		CCD2～CCD3	0.87	1.89	0.61	0.73	0.44	0.52
		CCD3～CCD4	3.14	1.65	0.65	0.71	0.55	0.47
		CCD4～CCD5	1.59	2.33	0.63	0.70	0.50	0.48
		CCD5～CCD6	3.17	1.40	0.55	0.69	0.61	0.42
		CCD6～CCD7	1.13	2.00	0.63	0.68	0.58	0.44
		CCD7～CCD8	3.10	0.94	0.61	0.75	0.59	0.49
2	01-005-134-B	CCD1～CCD2	3.10	1.40	0.68	0.68	0.51	0.46
		CCD2～CCD3	0.63	2.00	0.64	0.67	0.54	0.49
		CCD3～CCD4	2.91	2.00	0.66	0.70	0.42	0.52
		CCD4～CCD5	1.26	2.37	0.68	0.76	0.45	0.43
		CCD5～CCD6	2.99	1.61	0.65	0.72	0.51	0.49
		CCD6～CCD7	0.96	2.16	0.69	0.71	0.52	0.47
		CCD7～CCD8	2.90	1.09	0.61	0.70	0.50	0.55
3	01-005-135-A	CCD1～CCD2	3.08	1.56	0.63	0.73	0.43	0.39
		CCD2～CCD3	0.79	2.17	0.65	0.69	0.57	0.57
		CCD3～CCD4	2.86	1.89	0.62	0.72	0.54	0.48
		CCD4～CCD5	1.37	2.36	0.61	0.66	0.49	0.47
		CCD5～CCD6	3.01	1.60	0.66	0.74	0.53	0.54
		CCD6～CCD7	1.09	2.20	0.63	0.71	0.47	0.56
		CCD7～CCD8	2.96	0.97	0.66	0.79	0.45	0.51
4	01-005-135-B	CCD1～CCD2	3.23	1.77	0.67	0.63	0.53	0.41
		CCD2～CCD3	0.81	2.18	0.64	0.72	0.48	0.49
		CCD3～CCD4	2.73	1.98	0.51	0.67	0.45	0.54
		CCD4～CCD5	1.32	2.48	0.69	0.73	0.49	0.50
		CCD5～CCD6	2.85	1.86	0.60	0.72	0.56	0.58
		CCD6～CCD7	0.97	2.48	0.68	0.60	0.51	0.42
		CCD7～CCD8	2.60	1.28	0.65	0.69	0.43	0.37

注：本表同名点与表 11.3 中 1～4 组同名点相同

由上述结果可得到以下结论。

对于天绘一号 01 星高分影像，采用定标前内参数时，片间同名点定位偏差在不同分片重叠区各不相同，沿轨方向最大可达 3.40 像素（01-005-134-A 景 CCD1～CCD2 重叠区），垂轨方向最大可达 2.37 个像素（01-005-134-B 景 CCD4～CCD5 重叠区），产生上述现象的主要原因为入轨后相机内部参数发生了变化，相邻 CCD 相对安置参数的变化程度将决定片间同名点定位偏差的大小。

对于天绘一号 01 星高分影像，采用在轨定标出的内部参数，可使片间同名点定位一致性得到显著提升，各分片重叠区片间同名点在沿轨、垂轨方向的定位偏差均小于 1 像素，本章定标方法由于顾及片间几何约束，其对定位一致性的提升程度比传统分步定标方法更加显著。

（2）内参数在轨定标结果有效性验证。

采用定标后的内参数、配合原始姿轨数据对定位精度进行验证，以 01-005-135-A、01-005-135-B 两景影像为例，结果如表 11.15 所示。

表 11.15　内部误差补偿定位实验结果

影像编号	控制点数/个	检查点数/个	最大残差/m			中误差/m		
			X	Y	Z	X	Y	Z
01-005-135-A	0	53	27.945	7.221	24.354	25.521	4.159	19.843
01-005-135-B	0	51	41.818	24.901	55.057	36.991	20.572	48.561

以 01-005-135-A 景为例，将所有检查点的定位残差按各分片 CCD 范围进行展示，如图 11.30 所示。

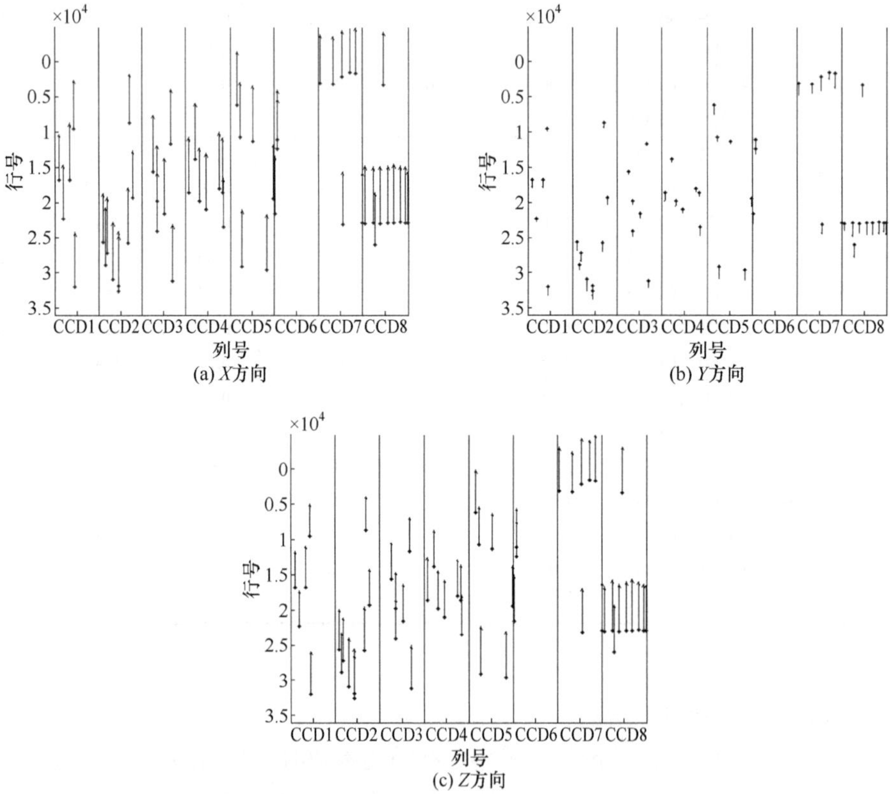

(a) X方向

(b) Y方向

(c) Z方向

图 11.30　仅内部误差补偿后各分片 CCD 残差分布（01-005-135-A 景）

上述结果表明，与直接定位（表 11.2）相比，采用在轨定标的相机内部参数，影像定位精度并未显著提升；但由图 11.30 可以发现，CCD1～CCD8 各分片影像的不同残余误差得以剔除，片间定位精度一致性得到明显改善。

产生上述结果的原因是，未对作为定位误差主要因素的外部误差进行补偿，导致定位精度并未显著提升；采用内参数在轨标定结果使得各片 CCD 各不相同的内部误差得以补偿，导致各分片 CCD 影像的定位精度趋于一致。

（3）偏置矩阵+内参数在轨定标结果最终定位精度。

在各景待验证影像上布设"四角+中心"5个野外实测控制点，基于在轨标定后的内参数计算各自偏置矩阵，检验最终可达到的定位精度，结果如表 11.16 所示。此时，8片 CCD 各自范围内检查点的残差情况（以 01-005-135-A 景为例）如图 11.31 所示。

表 11.16　天绘一号 01 星高分影像偏置矩阵+定标后内参数定位精度

影像编号	控制点数/个	检查点数/个	最大残差/m			中误差/m		
			X	Y	Z	X	Y	Z
01-005-135-A	4	49	3.066	3.069	3.445	1.737	1.630	1.926
01-005-135-B	4	47	4.074	3.578	3.680	1.999	1.820	2.065

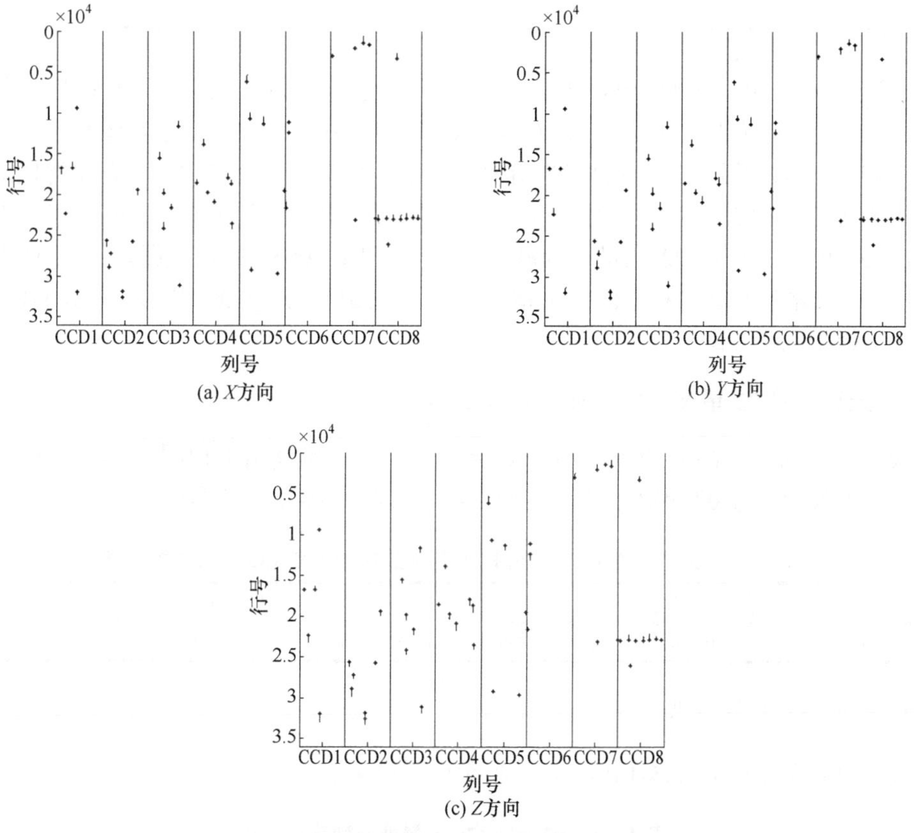

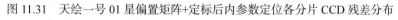

图 11.31　天绘一号 01 星偏置矩阵+定标后内参数定位各分片 CCD 残差分布

上述结果表明，利用偏置矩阵+在轨定标的内参数进行定位实验，野外实测检查点在 X、Y、Z 方向的残差中误差均小于等于 2m，且各分片影像不同的残余误差被有效剔除，片间定位精度具备一致性。

（4）内参数定标结果外推有效性验证。

将 01-005-135-A、01-005-135-B 定标出的两组内参数结果，在时间和空间上进行外推应用，验证其外推有效性，结果如表 11.17 所示。

表 11.17　天绘一号 01 星高分相机内参数定标结果外推应用有效性结果

应用方法	控制点数/个	检查点数/个	最大残差/m			中误差/m		
			X	Y	Z	X	Y	Z
01-005-135-A→ 01-005-134-A	5	8	3.239	2.632	3.485	1.606	1.470	1.811
01-005-135-A→ 01-005-134-B	5	8	3.391	1.942	3.023	1.982	1.263	1.877
01-005-135-A→ 01-005-135-B	5	48	3.368	2.949	3.478	1.933	1.631	1.989
01-005-135-B→ 01-005-134-A	5	8	3.219	2.962	3.433	1.510	1.555	1.888
01-005-135-B→ 01-005-134-B	5	8	3.125	2.232	2.897	1.923	1.240	1.764
01-005-135-B→ 01-005-135-A	5	48	3.179	3.505	3.531	1.808	1.907	2.114

上述结果表明：①将 01-005-135-A 景影像定标出的内参数结果应用于当天的 01-005-134-A 景、相隔 22 天的 01-005-134-B 景和 01-005-135-B 景影像时，取得了与 01-005-135-A 本景验证时相当的定位精度，野外实测检查点在 X、Y、Z 方向的残差中误差均小于等于 1.982m；②将 01-005-135-B 景影像标定出的内参数结果应用于当天的 01-005-134-B 景、相隔 22 天的 01-005-134-A 景和 01-005-135-A 景影像时，取得了与 01-005-135-B 本景验证时相当的定位精度，野外实测检查点在 X、Y、Z 方向的残差中误差均小于等于 1.982m。

11.7.4　天绘一号 02 星高分相机在轨定标实验

天绘一号 02 星高分相机采用与天绘一号 01 星高分相机相同的几何定标方案，表 11.18 为天绘一号 02 星高分相机定标影像 02-005-135-A 景基本信息。

表 11.18　天绘一号 02 星高分相机定标影像 02-005-135-A 景基本信息

序号	影像编号	卫星/传感器	成像日期	覆盖区域
1	02-005-135-A	天绘一号 02 星/高分相机	2013-06-15	嵩山

1. 定标参数求解结果

表 11.19 给出了 02-005-135-A 景外参数定标结果。

表 11.19　02-005-135-A 景外参数定标结果

外参数	初始值	在轨定标值	
		第一短条带	第二短条带
φ_0 /rad	0	0.00028591935	0.00028648533
φ_1 /（rad/s）	0	0.00000183734	0.00000274255
ω_0 /rad	0	0.00027979628	0.00028090028
ω_1 /（rad/s）	0	−0.00000273491	0.00000632653
κ_0 /rad	0	−0.00060062127	−0.00059870732
κ_1 /（rad/s）	0	−0.00002079669	0.00005423678

表 11.20 给出了 02-005-135-A 景 3 阶指向角内参数定标结果。

表 11.20　02-005-135-A 景 3 阶指向角内参数定标结果

内参数		初始值	定标值
CCD1	a_0	a_0	$a_0-3.9500\times10^{-6}$
	a_1	0	-1.07742×10^{-9}
	a_2	0	9.832588×10^{-13}
	a_3	0	-1.588352×10^{-16}
	b_0	b_0	$b_0-9.5200\times10^{-6}$
	b_1	b_1	$b_1+4.4550\times10^{-9}$
	b_2	0	-2.165770×10^{-12}
	b_3	0	3.080922×10^{-16}
CCD2	a_0	a_0	$a_0-1.7100\times10^{-6}$
	a_1	0	5.690398×10^{-10}
	a_2	0	-6.998674×10^{-13}
	a_3	0	1.493127×10^{-16}
	b_0	b_0	$b_0-5.6800\times10^{-6}$
	b_1	b_1	$b_1+3.2500\times10^{-10}$
	b_2	0	3.773549×10^{-13}
	b_3	0	-1.171186×10^{-16}
CCD3	a_0	a_0	$a_0-1.7100\times10^{-6}$
	a_1	0	1.398670×10^{-9}
	a_2	0	4.984303×10^{-14}
	a_3	0	-2.040052×10^{-17}
	b_0	b_0	$b_0+4.5500\times10^{-6}$
	b_1	b_1	$b_1-6.8700\times10^{-10}$
	b_2	0	1.600651×10^{-12}
	b_3	0	-3.712567×10^{-16}
CCD4	a_0	a_0	$a_0+4.3800\times10^{-6}$
	a_1	0	-2.52129×10^{-9}
	a_2	0	1.687795×10^{-13}
	a_3	0	-4.465371×10^{-18}
	b_0	b_0	$b_0+1.4700\times10^{-6}$
	b_1	b_1	$b_1-1.3460\times10^{-9}$
	b_2	0	1.707727×10^{-13}
	b_3	0	-1.768832×10^{-17}
CCD5	a_0	a_0	$a_0-3.1000\times10^{-7}$
	a_1	0	1.394391×10^{-9}
	a_2	0	-3.937850×10^{-13}
	a_3	0	6.746475×10^{-17}
	b_0	b_0	$b_0+5.9800\times10^{-6}$
	b_1	b_1	$b_1+5.6000\times10^{-11}$
	b_2	0	-7.526311×10^{-14}
	b_3	0	3.426094×10^{-18}
CCD6	a_0	a_0	$a_0-3.6000\times10^{-7}$
	a_1	0	5.195938×10^{-10}
	a_2	0	5.156560×10^{-14}
	a_3	0	-1.345472×10^{-17}
	b_0	b_0	$b_0+1.2660\times10^{-5}$
	b_1	b_1	$b_1-1.9600\times10^{-9}$
	b_2	0	1.164846×10^{-12}
	b_3	0	-1.726394×10^{-16}
CCD7	a_0	a_0	$a_0+2.6800\times10^{-6}$
	a_1	0	-6.833173×10^{-11}
	a_2	0	-2.075309×10^{-14}
	a_3	0	4.693678×10^{-18}
	b_0	b_0	$b_0+9.1700\times10^{-6}$
	b_1	b_1	$b_1-1.1830\times10^{-9}$
	b_2	0	6.806944×10^{-13}
	b_3	0	-1.043987×10^{-16}

内参数	初始值	定标值
	a_0	a_0	$a_0+4.0000\times10^{-7}$
	a_1	0	7.357368×10^{-10}
	a_2	0	-2.693156×10^{-13}
CCD8	a_3	0	7.176862×10^{-17}
	b_0	b_0	$b_0+1.0340\times10^{-5}$
	b_1	b_1	$b_1+2.6000\times10^{-11}$
	b_2	0	8.051309×10^{-14}
	b_3	0	1.030810×10^{-17}

2. 在轨定标结果质量评价

1）内定标结果一致性验证

选取另外一景嵩山摄影测量与遥感定标综合实验场区域高分相机原始影像，对天绘一号 02 星高分相机再次进行在轨定标，定标景影像具体信息如表 11.21 所示。

表 11.21　天绘一号 02 星高分相机定标影像 02-005-135-B 景基本信息

序号	影像编号	卫星/传感器	成像日期	覆盖区域
1	02-005-135-B	天绘一号 02 星/高分相机	2013-08-30	嵩山

选取一定数量的样本探元对两次内参数定标结果的一致性进行检验，结果如表 11.22 所示。

表 11.22　天绘一号 02 星高分相机两次内参数定标结果一致性统计

分片	总样本数/个	统计项	差异区间				中误差/像元	
			0~0.1 像元	0.1~0.2 像元	0.2~0.3 像元	0.3~0.4 像元	沿轨	垂轨
CCD1	256	样本数/个 百分比/%	101 39.45	36 14.06	119 46.48	0 0	0.015	0.021
CCD2	256	样本数/个 百分比/%	185 72.27	21 8.20	50 19.53	0 0	0.030	0.015
CCD3	256	样本数/个 百分比/%	201 78.52	10 3.90	45 17.58	0 0	0.019	0.018
CCD4	256	样本数/个 百分比/%	123 48.05	89 34.77	44 17.19	0 0	0.029	0.036
CCD5	256	样本数/个 百分比/%	126 49.22	56 21.88	74 28.91	0 0	0.021	0.013
CCD6	256	样本数/个 百分比/%	87 33.98	55 21.48	114 44.53	0 0	0.021	0.026
CCD7	256	样本数/个 百分比/%	147 57.42	74 28.91	35 13.67	0 0	0.020	0.034
CCD8	256	样本数/个 百分比/%	93 36.33	87 33.98	76 29.69	0 0	0.015	0.023

由表 11.22 可发现，对于 8 片 CCD，所有样本探元两次定标结果差异均小于 0.3 像元，表明利用本章定标方法对天绘一号 02 星高分相机进行在轨定标，可获取稳定一致的内参数定标结果。但与表 11.13 天绘一号 01 星高分相机的在轨定标结果相比，天绘一号 02 星高分相机样本探元两次定标结果差异更多地分布于大数值区间，其主要原因为天绘一号 02 星待定标影像与数字正射影像参考数据成像时间间隔大，地物变化增多，导致匹配精度降低，最终在一定程度上影响内参数在轨定标结果的精度。

2）内定标结果有效性验证

天绘一号 02 星高分相机定标结果有效性验证与天绘一号 01 星高分相机类似，此处仅给出片间同名点定位一致性提升验证、偏置矩阵+内参数在轨定标结果最终定位精度以及内参数定标结果外推应用有效性验证。

（1）片间同名点定位一致性提升验证。

外定向参数采用原始数据，内定向参数分别采用定标前和定标后的值，计算片间同名点定位偏差，并对比本章顾及片间几何约束定标方法与传统分步定标方法对片间同名点定位一致性的提升程度，结果如表 11.23 所示。

表 11.23　天绘二号 02 星定标前后片间同名点定位残差均方根统计　　（单位：像素）

序号	影像编号	重叠区	定标前		传统分步定标方法		本章顾及片间几何约束的在轨定标方法	
			沿轨	垂轨	沿轨	垂轨	沿轨	垂轨
1	02-005-135-A	CCD1~CCD2	1.43	2.51	0.66	0.74	0.55	0.46
		CCD2~CCD3	1.12	0.73	0.60	0.67	0.54	0.53
		CCD3~CCD4	0.79	3.51	0.63	0.69	0.49	0.50
		CCD4~CCD5	1.48	0.49	0.70	0.75	0.53	0.43
		CCD5~CCD6	0.70	2.99	0.65	0.72	0.57	0.52
		CCD6~CCD7	1.48	0.52	0.58	0.72	0.50	0.51
		CCD7~CCD8	1.39	1.86	0.67	0.65	0.62	0.52
2	02-005-135-B	CCD1~CCD2	1.47	2.63	0.72	0.71	0.43	0.48
		CCD2~CCD3	1.17	0.81	0.68	0.65	0.54	0.59
		CCD3~CCD4	0.71	3.47	0.53	0.62	0.48	0.52
		CCD4~CCD5	1.54	0.46	0.62	0.69	0.52	0.44
		CCD5~CCD6	0.65	2.88	0.61	0.74	0.57	0.52
		CCD6~CCD7	1.60	0.46	0.63	0.58	0.56	0.45
		CCD7~CCD8	1.32	1.88	0.60	0.67	0.53	0.51

注：本表同名点与表 11.3 中 5~6 组同名点相同

由上述结果可得到以下结论。

对于天绘一号 02 星高分影像，采用定标前内参数时，片间同名点定位偏差在不同分片重叠区各不相同，沿轨方向最大可达 1.60 个像素（02-005-135-B 景 CCD6~CCD7 重叠区），垂轨方向最大可达 2.88 个像素（02-005-135-B 景 CCD5~CCD6 重叠区），产生上述现象的主要原因为入轨后相机内部参数发生了变化，相邻 CCD 相对安置参数的变化程度将决定片间同名点定位偏差的大小。

对于天绘一号 02 星高分影像，采用在轨定标出的内部参数，可使片间同名点定位一致性得到显著提升，各分片重叠区片间同名点在沿轨、垂轨方向的定位偏差均小于 1 个像素，本章顾及片间几何约束的在轨定标方法由于顾及了片间几何约束，其对定位一致性的提升程度比传统分步标定方法更加显著。

（2）偏置矩阵+内参数在轨定标结果最终定位精度。

在天绘一号 02 星高分相机各景待验证影像上采用"四角+中心"策略布设 5 个野外实测控制点，配合在轨定标后的内参数计算偏置矩阵，检验可达到的最终定位精度，结果如表 11.24 所示。此时，8 个 CCD 分片影像各自范围内检查点的残差情况（以 02-005-135-A 景为例）如图 11.32 所示。

表 11.24 天绘一号 02 星偏置矩阵+定标后内参数定位试验结果

影像编号	控制点数/个	检查点数/个	最大残差/m			中误差/m		
			X	Y	Z	X	Y	Z
02-005-135-A	5	40	3.025	3.254	3.355	1.807	1.556	1.927
02-005-135-B	5	30	2.816	3.057	3.109	1.723	1.790	1.906

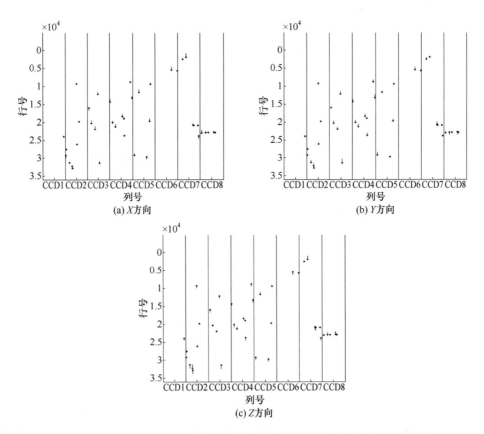

图 11.32 天绘一号 02 星偏置矩阵+定标后内参数定位各分片 CCD 残差分布

上述结果表明，对于天绘一号 02 星高分影像利用偏置矩阵+在轨定标的内参数进行定位实验，野外实测检查点在 X、Y、Z 方向的残差中误差均小于等于 2m，且各分片影像不同的残余误差被有效剔除，片间定位精度具备一致性。

（3）内参数定标结果外推应用有效性验证。

将 02-005-135-A 景、02-005-135-B 景定标出的两组内参数结果进行交叉推广应用验证，结果如表 11.25 所示。

表 11.25   天绘一号 02 星高分相机内参数定标结果外推应用有效性结果

应用方法	控制点数/个	检查点数/个	最大残差/m			中误差/m		
			X	Y	Z	X	Y	Z
02-005-135-A→ 02-005-135-B	5	30	3.348	2.637	3.041	1.806	1.827	1.891
02-005-135-B→ 02-005-135-A	5	40	3.219	2.962	3.433	1.910	1.555	1.903

上述结果表明：①将 02-005-135-A 景影像定标出的内参数应用于相隔 77 天的 02-005-135-B 景影像时，取得了与 02-005-135-A 本景验证时相当的定位精度，野外实测检查点在 X、Y、Z 方向的残差中误差均小于等于 2m；②将 02-005-135-B 景影像标定出的内参数应用于相隔 77 天的 02-005-135-A 景影像时，也取得了与 02-005-135-B 本景验证时相当的定位精度，野外实测检查点在 X、Y、Z 方向的残差中误差均小于等于 2m。

参 考 文 献

胡芬. 2010. 三片非共线 TDI CCD 成像数据内视场拼接理论与算法研究. 武汉:武汉大学博士学位论文.

第12章　拼接产品生成算法及其几何模型

拼接型 TDI CCD 相机获取的原始数据为多个分片影像，为充分利用相机视场需对原始分片影像进行几何拼接。当前拼接产品生成算法主要分为像方拼接算法和物方拼接算法两种。前者仅依赖影像自身信息，原理简单、效率高，但生成的拼接产品不具有明确的几何物像关系，几何质量难以保证；后者基于物方空间的连续性实现分片影像拼接，原理严密且生成的拼接产品具有明确的几何物像关系，几何质量高。本章首先研究传统像方拼接算法的基本原理、流程和主要缺陷，在此基础上重点研究虚拟推扫影像（拼接产品）生成算法及其几何模型，并给出算法原理和具体流程。虚拟推扫影像生成算法属于物方拼接算法，涉及原始影像几何物像关系的准确描述。因此，第 10 章是本章工作的前提，为本章工作提供在轨更新的几何成像参数奠定几何基础，而本章则为第 11 章的延续和应用。

12.1　片间偏移量以及传统像方拼接算法

12.1.1　片间偏移量

各种拼接算法需满足的基本技术指标为目视无缝，即消除片间水平偏移量 Δx 和片间垂直偏移量 Δy，将同名点对 $p_1(x_1, y_1)$ 和 $p_2(x_2, y_2)$ 合二为一，如图 12.1 所示。

片间偏移量是指相邻分片影像片间重叠区内的同名点 $p_1(x_1, y_1)$ 和 $p_2(x_2, y_2)$ 在原始

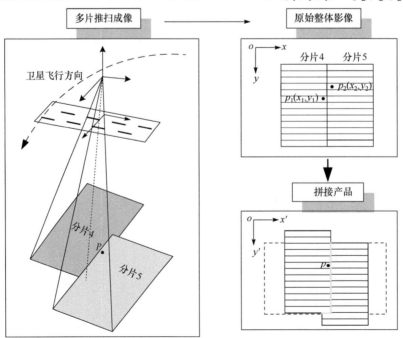

图 12.1　拼接型 TDI CCD 相机推扫成像片间同名点示意图

整体影像坐标系下的坐标偏差$(\Delta x, \Delta y)$。片间水平偏移量Δx为沿线阵方向的分量，片间垂直偏移量Δy为沿飞行方向的分量。

$$\begin{cases} \Delta x = |x_1 - x_2| \\ \Delta y = |y_1 - y_2| \end{cases} \tag{12.1}$$

研究表明，偏流角控制偏差、行积分时间调整、CCD摆放位置、地形起伏、相机侧摆、平台稳定性、轨道姿态误差等因素均会对片间水平偏移量和垂直偏移量产生影响（曹彬才，2014；胡莘和曹喜滨，2006；李友一，2001；袁孝康，2006）。

此处挑选一景天绘一号 01 星高分相机原始影像对片间水平偏移量和垂直偏移量的特点进行具体说明。根据11.5.3节所述方法提取足够数量的片间同名点，绘制片间水平偏移量和片间垂直偏移量随行号变化的趋势图，如图12.2所示。由图12.2可知，坐标

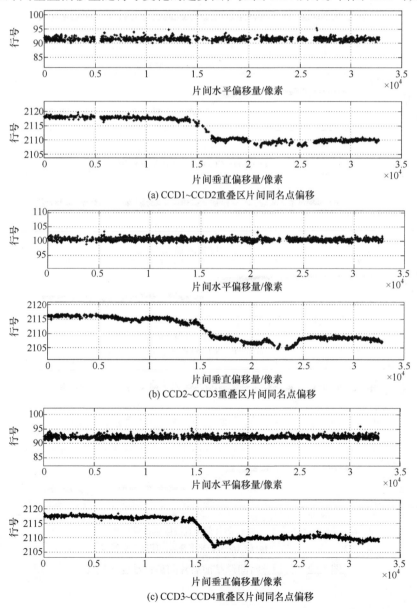

(a) CCD1~CCD2重叠区片间同名点偏移

(b) CCD2~CCD3重叠区片间同名点偏移

(c) CCD3~CCD4重叠区片间同名点偏移

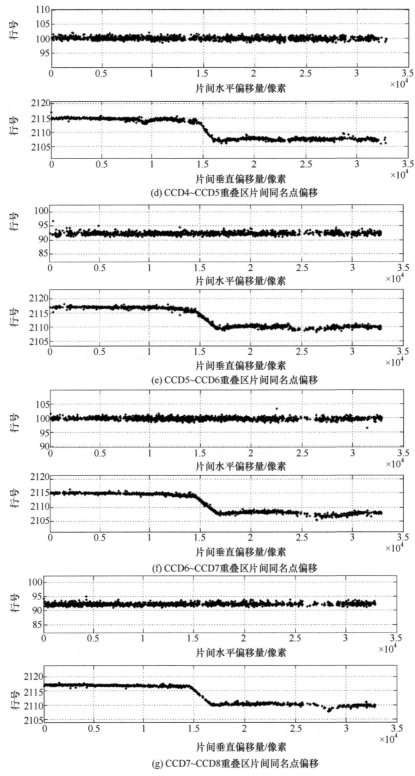

(d) CCD4~CCD5重叠区片间同名点偏移

(e) CCD5~CCD6重叠区片间同名点偏移

(f) CCD6~CCD7重叠区片间同名点偏移

(g) CCD7~CCD8重叠区片间同名点偏移

图 12.2　行积分时间调整前后片间偏移量变化趋势图

偏移量（主要是垂直偏移量）呈现复杂的变化趋势，因此将各分片影像简单平移拼接并不能形成连续的无缝影像，由此产生了单一仿射变换、分段仿射变换、行积分时间归一化等多种传统像方拼接算法。

12.1.2　传统像方拼接算法

像方拼接算法是指仅依赖影像信息，在相邻分片影像重叠区内提取同名点对，基于某种拼接策略，采取一定的像方变换模型，经重采样后完成分片影像拼接的过程。像方拼接策略、像方拼接模型以及像方拼接产品近似几何模型的构建为像方拼接算法的 3 个关键问题。

1. 像方拼接策略

像方拼接策略是指多个 TDI CCD 分片影像拼接过程中涉及的拼接基准、拼接顺序等一系列问题，主要有以下 3 种。

1）逐片靠拢拼接策略

以分片影像 I_1 为基准，将分片影像 I_2 向 I_1 靠拢拼接，得到拼接影像 I_1I_2；然后以拼接产品 I_1I_2 为基准，将分片影像 I_3 向其靠拢拼接，得到拼接产品 $I_1I_2I_3$；按上述步骤，依次逐片靠拢拼接，直到所有分片影像拼接完成，如图 12.3 所示。

2）单片嵌入拼接策略

以奇数分片影像 I_1、I_3、I_5、I_7 为基准，将分片影像 I_2 嵌入 I_1、I_3 之间，I_4 嵌入 I_3、I_5 之间，I_6 嵌入 I_5、I_7 之间；分片影像 I_8 的右侧没有基准影像，因此对于 I_8 采取靠拢拼接策略，如图 12.4 所示。

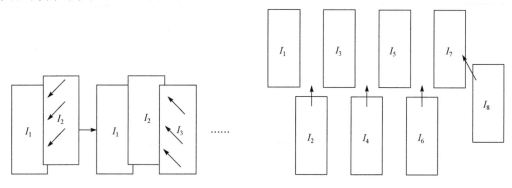

图 12.3　逐片靠拢拼接策略示意图　　　　图 12.4　单片嵌入拼接策略示意图

3）整体嵌入拼接策略

将多片交错排列的 TDI CCD 视作相互平行且垂直于飞行方向的两条间断型线阵 CCD，如图 12.5 所示。

整体嵌入拼接策略的本质是将多个分片影像的拼接问题转换两幅间断型线阵 CCD 推扫影像的拼接问题。该拼接策略的优势在于可获取分布相对均匀、几何构型稳定的片间同名点；可以在更大范围选择同名像点建立几何拼接模型，有利于提高拼接产品的几何精度。该拼接策略还可克服误差累积等问题，但相机侧摆、偏流角控制偏差等因素将导致不同分片之间水平偏移量和垂直偏移量的不同,最终在一定程度上影响其拼接精度。

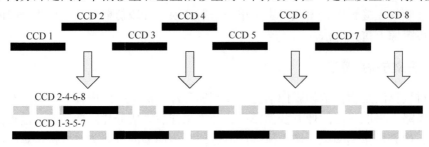

图 12.5　整体嵌入拼接策略示意图

2. 像方拼接模型

像方拼接模型是描述拼接前后影像像点坐标转换关系的模型,TDI CCD 分片影像拼接常用的像方拼接模型有单一仿射变换模型、分段仿射变换模型等。

1)单一仿射变换模型

单一仿射变换模型是指在拼接范围内,基于提取的同名点对,计算得到的一组仿射变换模型,其模型系数计算公式如下:

$$\begin{cases} x = a_0 + a_1 \times s + a_2 \times l \\ y = b_0 + b_1 \times s + b_2 \times l \end{cases} \qquad (12.2)$$

式中, (s,l) 为拼接后影像的像点坐标; (x,y) 为拼接前影像的像点坐标; a_0、a_1、a_2、b_0、b_1、b_2 表示 6 个仿射变换参数,分别用于描述拼接前后影像在行、列方向上的平移、旋转和缩放。

2)分段仿射变换模型

以单片嵌入拼接策略下的分段仿射变换模型为例进行说明,图 12.6 为分段仿射变换拼接模型示意图。

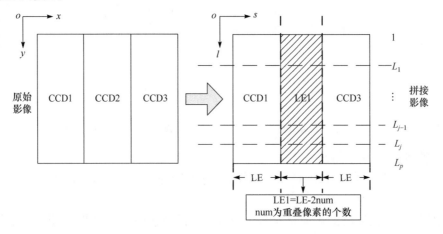

图 12.6　分段仿射变换拼接示意图

具体分段仿射变换模型如下式所示:

$$\begin{cases} x = a_{0j} + a_{1j} \times s + a_{2j} \times l \\ y = b_{0j} + b_{1j} \times s + b_{2j} \times l \quad (L_{j-1} \leqslant l \leqslant L_j, j = 1,2,\cdots,p) \end{cases} \quad (12.3)$$

式中，p 表示分段数；L_{j-1} 和 L_j 代表第 j 段的起止行号；a_{0j}、a_{1j}、a_{2j}、b_{0j}、b_{1j}、b_{2j} 表示第 j 段的 6 个仿射变换参数。

3. 像方拼接产品近似几何模型的构建

像方拼接产品不具备严格的线中心投影物像几何关系，因此无法对其建立严格几何模型，但可考虑构建其近似几何模型，用于近似描述物像关系。假设像方拼接产品由多片首尾相连的 CCD 等效线阵推扫成像而得。其中，CCD1、CCD3、CCD5、CCD7 保持原有位置不变，CCD2、CCD4、CCD6、CCD8 填充其之间的断裂，如图 12.7 所示。等效线阵与原始多片 TDI CCD 共享一套外定向参数。

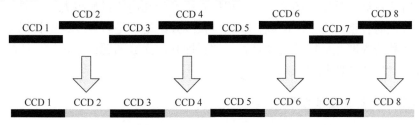

图 12.7　像方拼接产品近似几何模型物理含义示意图

4. 像方拼接算法的主要缺陷

像方拼接算法仅依赖影像信息即可完成多片 TDI CCD 影像的拼接，效率高且无需其他数据支持。然而其过分依赖于片间同名点信息，一旦相邻分片影像重叠区落入纹理匮乏地区（如大面积沙漠、大面积水域），则片间同名点提取的数量和可靠性均将受到较大程度的影响，进而影响拼接精度，甚至导致拼接过程难以完成。更为关键的是，像方拼接产品是基于某种拼接策略和拼接模型对原始分片影像进行重采样的结果，上述处理方法将导致其不具备严格的几何物像关系描述能力和良好的内部几何定位精度一致性。

像方拼接算法的概要流程如图 12.8 所示。

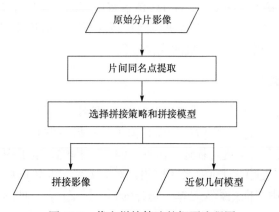

图 12.8　像方拼接算法的概要流程图

12.2　虚拟推扫影像生成算法

针对传统像方拼接算法的不足，本节提出一种虚拟推扫影像拼接产品生成算法，该算法属于物方拼接算法的范畴。其基本思路如下：根据一定规则设置一虚拟相机，该虚拟相机为理想无畸变相机，其 CCD 阵列为理想长线阵，线阵长度与拼接型 TDI CCD 有效长度相同，且光学系统无畸变；令虚拟相机与真实相机共享同一卫星平台和同一套安置参数且同时开机成像，在拼接型 TDI CCD 相机推扫成像获得分片影像的同时，虚拟相机获得同一地面区域的虚拟推扫影像；基于物方空间的连续性，可构建虚拟推扫影像与原始分片影像的像点坐标转换关系，通过生成该虚拟推扫影像即可实现 TDI CCD 分片影像的拼接，获得拼接产品。

作为后续各级产品生产的输入，虚拟推扫影像的几何质量显得尤为重要。虚拟推扫影像生成过程需着重考虑三个问题：一是拼接线处的地物是否连续，即目视无缝问题；二是拼接产品的内部几何定位精度是否一致，即几何无缝问题；三是拼接产品是否具备严格或近似严格的物像几何关系。

12.2.1　虚拟推扫影像生成原理

所设置的虚拟相机应具有以下基本特点：

（1）与真实相机共享同一卫星平台和同一安置参数，即两者具有相同的外方位元素。

（2）虚拟相机 CCD 阵列的长度与真实相机探测器件阵列（拼接型 TDI CCD）的有效长度相同，垂轨方向上虚拟相机 CCD 阵列的两端应与真实相机拼接型 TDI CCD 阵列的两端保持一致，以保证虚拟相机与真实相机地面覆盖范围一致。

（3）沿轨方向上虚拟相机 CCD 阵列的安置位置应与真实相机沿轨方向上 CCD 阵列的安置位置尽量相近，以尽可能地缩小两者的成像时间延迟。

（4）探测器件为传统线阵 CCD，其行积分时间恒定，不存在行积分时间跳变情况。

（5）虚拟相机的 CCD 阵列和光学系统均无畸变，是一台理想的线阵推扫式相机。

虚拟相机获取的虚拟推扫影像是严格意义上的线阵推扫影像，并且该虚拟推扫影像的地面覆盖宽度与拼接型 TDI CCD 的有效覆盖宽度等同，可以作为 TDI CCD 分片影像的拼接产品。以 4 片 TDI CCD 拼接相机为例绘制示意图展示其推扫成像过程，如图 12.9 所示。图 12.10 展示了相应虚拟相机的成像过程。

12.2.2　虚拟推扫影像生成流程

一方面，11.2 节已经构建了拼接型 TDI CCD 原始影像的严格几何模型，可用于严密描述原始分片影像或原始整体影像的物像几何关系；另一方面，虚拟推扫影像的物像几何关系也可用严密构像模型进行描述，详见 12.4 节。因此，基于物方空间可以建立虚拟推扫影像与原始影像之间的对应关系，按照该对应关系对原始影像进行重采样，就可以得到虚拟推扫影像，虚拟推扫影像是基于物方的影像拼接产品。具体流程如图 12.11 所示。

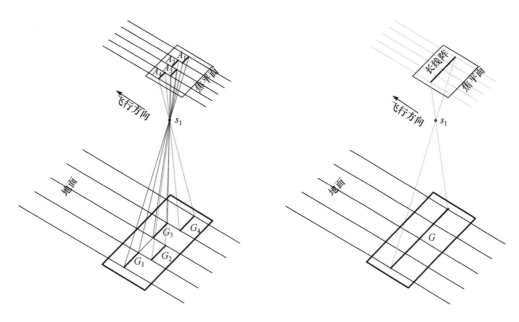

图 12.9　真实多片相机成像示意图　　　　图 12.10　虚拟相机成像过程示意图

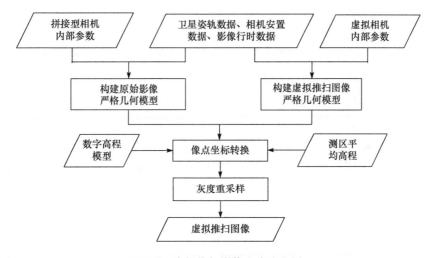

12.11　虚拟推扫影像生成流程图

虚拟推扫影像生成步骤如下：

步骤 1：对拼接型 TDI CCD 相机进行在轨标定，利用更新后的相机内参数完成每个 CCD 探元在相机坐标系下的内定向，同时根据影像行时数据、卫星姿轨数据、相机安置数据等完成相机外定向，进而构建原始影像的严格几何模型。

步骤 2：按照类似方法构建虚拟推扫影像的严格几何成像模型，详见 12.4 节。

步骤 3：对虚拟 CCD 影像上任意一个像点 $P(s,l)$，利用所构建的虚拟推扫影像严格几何成像模型，结合地面高程信息 H，将 P 点投影到地面上，得到 P 点对应的地面点 $G(X,Y,Z)$，即完成 $P(s,l)+H \to G(X,Y,Z)$ 的过程。

步骤 4：将步骤 3 中的地面点 $G(X,Y,Z)$ 反投影到原始影像上，得到像点 $P'(x,y)$，

即完成 $G(X,Y,Z) \rightarrow P'(x,y)$ 的过程。基于严格几何模型的线阵推扫影像反投影过程需要进行迭代，效率低，因此反投影计算之前首先根据单片影像几何模型分别生成各分片影像的有理多项式参数，基于有理多项式模型可直接完成反投影计算，避免了迭代过程。

步骤 5：经过步骤 3 和步骤 4 构建了虚拟推扫影像像点 $P(s,l)$ 和原始分片影像像点 $P'(x,y)$ 的坐标换算关系 $P(s,l) \rightarrow P'(x,y)$，此时需选一种灰度重采样算法获取原始影像上 $P'(x,y)$ 的灰度，并赋给虚拟推扫影像上的像点 $P(s,l)$。

步骤 6：对虚拟推扫影像的所有像点重复步骤 3～步骤 5，获取整个成像范围内的影像，由此获得一整景虚拟推扫影像，作为拼接型 TDI CCD 影像的拼接产品。

基于虚拟推扫影像生成算法得到的拼接产品具有线阵推扫影像的几何特性和明确的物像几何关系，且该影像由理想状态下的虚拟相机推扫而成，不存在光学畸变、CCD 阵列畸变等畸变因子，在不考虑姿态抖动等因素的影响时，该虚拟推扫影像可视为无畸变影像。

12.3　虚拟推扫影像生成的几个关键问题

12.3.1　辅助高程信息

在虚拟推扫影像生成过程中，需预先给定地面高程信息，以确定虚拟投影光线与地面的交会点坐标，进而反投影到原始影像获取像点灰度。图 12.12 和图 12.13 展示了高程误差对虚拟推扫影像生成精度和拼接精度的影响,两幅图中所示是推扫成像的侧视图，A_1 和 A_2 表示交错成两行排列的多片 CCD 阵列，A_v 表示虚拟相机的长线阵 CCD；θ_1、θ_2、θ_v 分别表示 A_1、A_2 和 A_v 的偏场角，L 表示真实地面高程信息，L' 表示辅助数据如 SRTM 数字高程模型给定的高程信息，$\mathrm{d}H$ 表示 L 和 L' 在 M 点上的高程差，S_1、S_v 和 S_2 分别表示 A_1、A_v 和 A_2 对同一地面目标成像时的摄站位置 B 表示 S 对应的地面点，B_1 表示 S_v 对应的地面点，B_2 表示 S_1 对应的地面点。

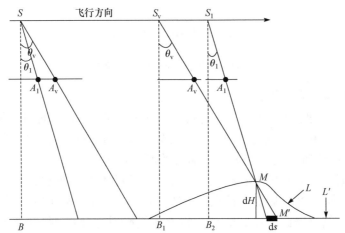

图 12.12　高程误差对虚拟推扫影像生成精度的影响

如图 12.12，对于虚拟推扫影像上的一点，根据其定向参数可确定虚拟投影光线与

地面的交会点 M。假设点 M 仅落在某一片 TDI CCD（用 A_1 表示）的成像范围内，如果预先给定的高程信息准确无误，则由 M 点可准确地反投影至原始 A_1 影像上的相应像点 m。然而，在实际情况下一般采用 SRTM 数字高程模型等公开数字高程模型数据或测区的平均高程作为给定高程值，与实际地面存在高程偏差 dH，此时虚拟投影光线将与 L' 交会于点 M'，而由点 M' 反投影至原始 A_1 影像将获得像点 m'。用 ds 表示理想像点 m 与实际像点 m' 之间的像方误差在物方的投影距离，可知其计算公式如下：

$$ds = dH \times (\tan\theta_v - \tan\theta_1) \tag{12.4}$$

由此可知，高程误差对虚拟推扫影像生成精度的影响与虚拟相机长线阵 CCD 的偏场角 θ_v、真实相机分片 CCD 的偏场角 θ_1、高程误差 dH 有关。

如图 12.13 所示，当 M 点落在两相邻 TDI CCD（用 A_1 和 A_2 表示）的重叠成像范围内时，如果预先给定的高程信息准确无误，则由 M 点可准确地反投影至原始 A_1 影像上的相应像点 m_1 和原始 A_2 影像上的相应像点 m_2，且 m_1 和 m_2 为一对同名点。然而，由于存在高程偏差 dH，虚拟投影光线将与 L' 交会于点 M'，而由点 M' 分别反投影至原始 A_1 影像和 A_2 影像将分别获得像点 m_1' 和 m_2'，用 ds' 表示 A_1 影像和 A_2 影像同名点像方误差在物方的投影距离，则

$$\begin{aligned}ds' &= dH \times (\tan\theta_2 - \tan\theta_v) + dH \times (\tan\theta_v - \tan\theta_1) \\ &= dH \times (\tan\theta_2 - \tan\theta_1)\end{aligned} \tag{12.5}$$

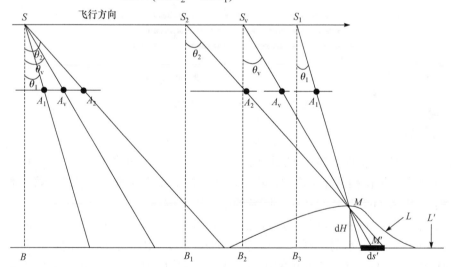

图 12.13　高程误差对虚拟推扫影像拼接精度的影响

ds' 为虚拟推扫影像生成时相邻分片影像重叠区的拼接误差。以天绘一号高分相机为例，将相关参数代入式（12.5），可得

$$ds' = dH \times (\tan 5.431° - \tan 4.951°) = 0.0084 \times dH \tag{12.6}$$

令式（12.6）中 $ds' = 2m$，可求解出 $dH \approx 236.78m$，即对于天绘一号高分相机而言，236.78m 的高程误差将引起 1 个像元的拼接误差（天绘一号高分影像标称地面像元分辨率为 2m）。

当采取全球公开 90m 格网间距 SRTM 数字高程模型获取高程时，其高程精度优于 30m，代入式（12.6）可得高程误差引起的拼接误差约为 0.13 个像元。因此，对于天绘一号高分相机而言，SRTM 数字高程模型可作为虚拟推扫影像生成时的高程辅助数据来源，对于地形起伏不大的平原或丘陵地区也可尝试以测区平均高程面作为辅助高程。

随着相机制造工艺的提升和长焦距的广泛应用，拼接型相机分片 CCD 之间偏场角之差 $|\tan\theta_2 - \tan\theta_1|$ 将越来越小，将进一步放宽对数字高程模型辅助高程数据的精度要求。

12.3.2　长线阵安置位置

构建虚拟相机的严格成像模型，需要明确虚拟相机焦平面上长线阵 CCD 的安装位置。其安置位置需要考虑虚拟相机与真实相机对同一地面目标的成像时间延迟、虚拟相机的地面覆盖范围以及辅助高程数据误差对虚拟影像生成精度的影响等多方面因素。

在垂轨方向，为保证虚拟相机的地面覆盖范围与真实相机保持一致，虚拟相机焦面上长线阵 CCD 阵列的两端应在轨标定后拼接型 TDI CCD 阵列的两端保持一致，如图 12.14 所示。

在沿轨方向，为降低地形起伏或辅助高程数据误差对虚拟影像生成精度的影响，需保证虚拟相机长线阵 CCD 偏场角与真实相机各分片 CCD 偏场角最为接近，因此虚拟相机长线阵 CCD 应安置于交错两行的中间线位置，如图 12.14 所示。

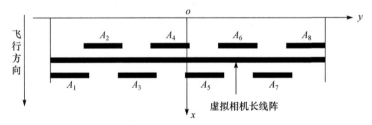

图 12.14　虚拟相机长线阵 CCD 安置位置

12.3.3　拼接线位置

对于每一对相邻 TDI CCD 的重叠区，如 A_1 阵列与 A_2 阵列重叠区、A_3 阵列与 A_4 阵列重叠区，在虚拟推扫影像生成的过程中均涉及拼接线位置如何确定的问题。本书将拼接线设定在相邻 TDI CCD 交错重叠区域的中间探元位置。

以 5 片拼接型 TDI CCD 为例进行说明，如图 12.15 所示。其中，下方黑色阵列和上方灰色阵列分别表示交错摆放的奇数、偶数 TDI CCD，中间贯穿左右的长阵列表示虚拟相机的长线阵 CCD 阵列。用颜色的明暗变化表示虚拟相机长线阵 CCD 成像数据灰度值的来源，如最左侧一段黑色表示该部分探元成像数据的灰度值来源于 A_1 阵列，紧接着的灰色表示该部分探元成像数据的灰度值来源于 A_2 阵列，重叠区中间位置的黑灰交界处表示拼接线的位置所在。

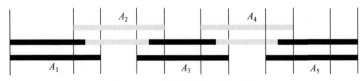

图 12.15　拼接线位置示意图

尽管相邻 TDI CCD 交错重叠的探元数量是固定的,但受偏流角控制偏差等因素的影响,相邻 TDI CCD 分片影像的重叠区是不固定的。因此,将拼接线位置设置在相邻 CCD 的中间探元位置可兼顾 CCD 阵列左右两侧的重叠区变化,避免出现重采样缝隙。图 12.16 和图 12.17 分别为无偏流角控制偏差和有偏流角控制偏差时虚拟线阵成像探元位置示意图,以阵列 A_3、A_4 和 A_5 为例对拼接线位置的设定进行说明。

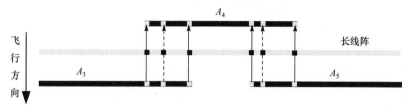

图 12.16　无偏流角时虚拟线阵成像探元位置示意图

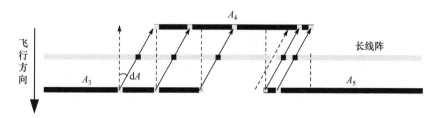

图 12.17　有偏流角时虚拟线阵成像探元位置示意图

　　随着卫星平台的飞行,A_3 和 A_5 阵列首先对地面某点成像,如 A_3 和 A_5 上白色探元所示,经过一定时间间隔虚拟相机的长线阵阵列和 A_4 阵列分别对同一地面点成像。

　　当不存在偏流角控制偏差时(图 12.16),相邻 TDI CCD 成像重叠区大小不会发生变化,此时拼接线位置位于重叠区内任意像元均可;当存在偏流角控制偏差时(图 12.17),A_3 和 A_4 阵列之间的成像重叠区将增大,而 A_4 和 A_5 阵列之间的成像重叠区将减小。此时,对于 A_3 和 A_4 重叠区,将拼接线位置设定在任意像元均可;但对于 A_4 和 A_5 重叠区,将拼接线设定在靠近交错区域两侧时(如长线阵上白色探元位置)将出现虚拟长线阵白色探元至右侧第一个黑色探元区域的灰度数值无来源,这种现象被称为重采样缝隙现象。

　　因此,将拼接线位置设定在相邻 TDI CCD 交错区域的中心探元位置,可避免出现重采样缝隙。

12.4　虚拟推扫影像几何模型构建

12.4.1　虚拟推扫影像严格几何模型

　　虚拟推扫影像是线阵推扫影像,其严格几何模型的构建主要涉及外定向和内定向两个过程。外定向过程的关键在于行时数据生成、姿轨数据生成等,内定向过程的关键在于如何设定虚拟相机的主点、主距等内部参数。

1. 行时数据生成

假设虚拟相机与真实多片 TDI CCD 在时刻 t_0 同时开机成像，虚拟相机不存在行积分时间调整的情形，因此虚拟推扫影像各扫描行对应的成像时刻可按式（12.7）计算。

$$t = t_0 + l \times T_{int} \qquad (12.7)$$

式中，t_0 为虚拟推扫影像首行的成像时刻；l 为行号；T_{int} 为虚拟推扫影像的行积分时间，可取原始影像行积分时间的平均值。

2. 姿轨数据生成

虚拟相机与真实相机共享同一卫星平台和同一套安置参数，可对真实相机的姿态、轨道数据进行多项式拟合，得到结果作为虚拟相机的姿态、轨道数据。

3. 虚拟相机内部参数设定

为保证虚拟推扫影像与原始影像地面分辨率相近，将虚拟相机的主距 f、CCD 探元尺寸 p 设定为与真实相机相同，长线阵 CCD 阵列在虚拟相机焦平面上的安置位置已在 12.3.3 节说明。

上述步骤完成后，按照传统线阵 CCD 推扫影像几何模型构建流程即可完成虚拟推扫影像严格几何模型的构建。

12.4.2　虚拟推扫影像有理多项式模型

鉴于已经具备严格几何模型，因此采用与地形无关方案进行虚拟推扫影像有理多项式参数的求解。

12.5　拼接产品几何质量评价方法

采用目视检查、有理多项式拟合精度评价、像点定位中误差 3 种方式对拼接产品的几何精度进行分析评价。

1）目视检查

将拼接产品放大一定倍数，对拼接缝进行目视检查。

2）有理多项式拟合精度评价

构建均匀分布的虚拟检查格网，利用虚拟检查格网评价拼接产品的有理多项式拟合精度。

3）像点定位中误差

采用像点定位中误差衡量拼接产品内部几何定位精度的一致性。具体方法如下：在拼接产品范围内布设均匀分布的地面控制点，基于地面控制点坐标和拼接产品有理多项式模型计算对应的像点坐标；将像点坐标计算值与量测值作差，进而统计像方定位中误差，可衡量无控制条件下拼接产品内部几何定位精度的一致性。此外，利用部分控制点求解拼接产品有理多项式的像方仿射变换补偿参数，再次统计像方定位中误差，可衡量有控制点情况下拼接产品内部几何定位精度的一致性。

12.6 实验与分析

12.6.1 虚拟推扫影像生成实验

1. 分片影像有理多项式拟合实验

为验证行积分时间跳变对有理多项式参数拟合精度的影响，选取 4 景天绘一号 01 星高分相机原始影像（对应 32 个分片影像）进行有理多项式参数生成、有理多项式拟合精度验证实验。其中，01-005-134-A 和 01-005-134-B 两景影像无行积分时间跳变，01-005-135-A 和 01-005-135-B 两景影像有行积分时间跳变，4 景影像的具体信息如表 12.1 所示。

表 12.1　分片影像有理多项式参数拟合实验数据信息

序号	影像编号	成像日期	分片数/（8 分片数/CCD）	影像行数/行	是否存在行时跳变	行时跳变所在行
1	01-005-134-A	2010-11-28	8	35000	否	—
2	01-005-134-B	2010-12-20	8	35000	否	—
3	01-005-135-A	2010-11-28	8	35000	是	16034、19539
4	01-005-135-B	2010-12-20	8	35000	是	14824、18384

图 12.18 为 4 景影像的行积分时间随行号的变化趋势图，从图中可观察到 01-005-135-A、01-005-135-B 两景影像存在行积分时间跳变情况。

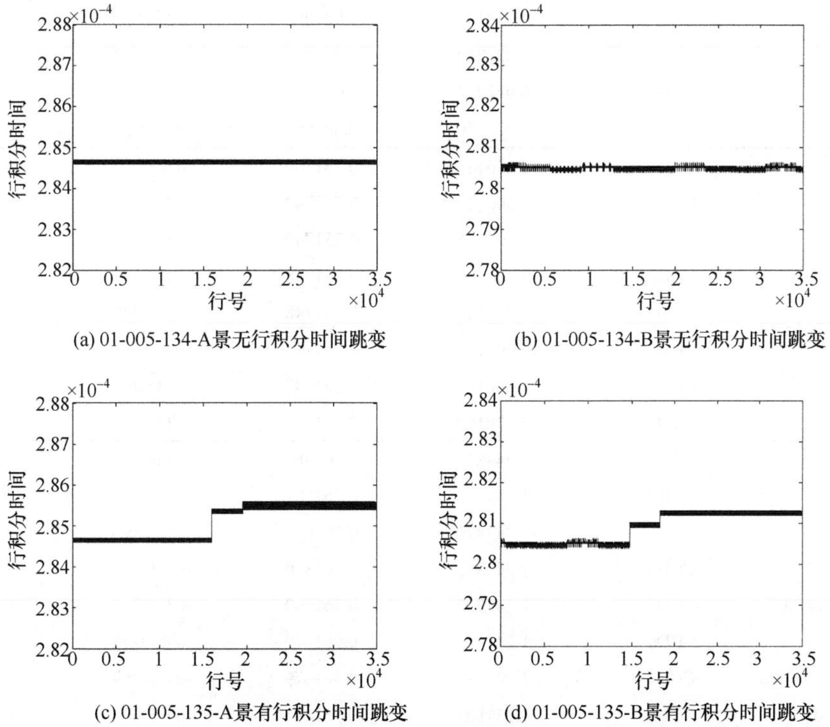

(a) 01-005-134-A景无行积分时间跳变　　　　(b) 01-005-134-B景无行积分时间跳变

(c) 01-005-135-A景有行积分时间跳变　　　　(d) 01-005-135-B景有行积分时间跳变

图 12.18　行积分时间跳变示意图

实验时采用分母不同的 3 阶有理多项式模型，在 4 景原始影像的 32 个分片上，分别生成 512 像素×512 像素间隔，高程分层为 5 的虚拟控制格网；以虚拟控制格网为基础，加密、平移生成 216 像素×216 像素间隔，高程分层为 10 的检查格网。虚拟控制格网用于有理多项式参数求解，检查格网用于有理多项式模型替代精度验证。

对各分片影像所有行（1～35000 行）进行有理多项式整体拟合，其替代精度如表 12.2 所示。

表 12.2　行时跳变对有理多项式替代精度的影响　　　　　　（单位：像素）

影像编号及拟合范围	分片号	行方向		列方向	
		最大值	均方根	最大值	均方根
01-005-134-A 整景（1～35000 行）	CCD1	−0.009698	0.003871	−0.000257	0.000091
	CCD2	−0.009709	0.003871	−0.000276	0.000098
	CCD3	−0.009717	0.003871	−0.000293	0.000105
	CCD4	−0.009726	0.003872	−0.000312	0.000112
	CCD5	−0.009732	0.003872	−0.000330	0.000119
	CCD6	−0.009749	0.003873	−0.000355	0.000129
	CCD7	−0.009760	0.003874	−0.000380	0.000138
	CCD8	−0.009773	0.003875	−0.000407	0.000149
01-005-134-B 整景（1～35000 行）	CCD1	0.022080	0.007954	−0.000191	0.000068
	CCD2	0.022106	0.007955	−0.000209	0.000074
	CCD3	0.022128	0.007955	−0.000225	0.000081
	CCD4	0.022153	0.007955	−0.000243	0.000088
	CCD5	0.022175	0.007955	−0.000260	0.000094
	CCD6	0.022229	0.007956	−0.000283	0.000104
	CCD7	0.022282	0.007956	−0.000306	0.000112
	CCD8	0.022350	0.007957	−0.000331	0.000123
01-005-135-A 整景（1～35000 行）	CCD1	−2.306142	0.751749	−0.000174	0.000063
	CCD2	−2.306142	0.751749	−0.000192	0.000070
	CCD3	−2.306145	0.751749	−0.000210	0.000077
	CCD4	−2.306146	0.751748	−0.000229	0.000084
	CCD5	−2.306149	0.751748	−0.000247	0.000092
	CCD6	−2.306153	0.751747	−0.000269	0.000100
	CCD7	−2.306160	0.751747	−0.000291	0.000109
	CCD8	−2.306167	0.751747	−0.000315	0.000119
01-005-135-B 整景（1～35000 行）	CCD1	−1.247867	0.561882	−0.000155	0.000056
	CCD2	−1.247868	0.561881	−0.000173	0.000063
	CCD3	−1.247871	0.561881	−0.000190	0.000069
	CCD4	−1.247873	0.561880	−0.000209	0.000077
	CCD5	−1.247877	0.561880	−0.000226	0.000084
	CCD6	−1.247881	0.561879	−0.000248	0.000092
	CCD7	−1.247887	0.561879	−0.000269	0.000101
	CCD8	−1.247893	0.561878	−0.000293	0.000110

由表 12.2 可得到如下结论：

（1）对于无行积分时间跳变的 01-005-134-A 和 01-005-134-B 两景影像，有理多项式参数在行、列方向的模型替代精度优于 10^{-2} 像素。

（2）对于存在行积分时间跳变的 01-005-135-A、01-005-135-B 两景影像，其列方向模型替代精度优于 10^{-3} 像素；但行方向替代残差均方根大于 0.5 像素，远远大于有理多项式模型的正常替代误差，表明行积分时间跳变将大幅降低有理多项式模型在行方向的拟合精度。

对存在行积分时间跳变的两景影像进行行积分时间跳变探测、分区间有理多项式拟合，按照行积分时间跳变所在行将影像在飞行方向上分为 3 个区域，表 12.3 给出了各分区间有理多项式参数的替代精度。

表 12.3 分区间有理多项式参数的替代精度 （单位：像素）

影像及拟合区间	分片号	行方向		列方向	
		最大值	均方根	最大值	均方根
01-005-135-A（1～16033 行）	CCD1	−0.006447	0.002919	0.000002	0.000001
	CCD2	−0.006447	0.002919	0.000002	0.000001
	CCD3	−0.006447	0.002919	0.000002	0.000001
	CCD4	−0.006447	0.002919	0.000002	0.000001
	CCD5	−0.006447	0.002919	0.000002	0.000001
	CCD6	−0.006447	0.002919	0.000002	0.000001
	CCD7	−0.006447	0.002919	0.000002	0.000001
	CCD8	−0.006447	0.002919	0.000002	0.000001
01-005-135-A（16034～19538 行）	CCD1	0.000393	0.000192	−0.000002	0.000001
	CCD2	0.000393	0.000192	−0.000002	0.000001
	CCD3	0.000393	0.000192	−0.000002	0.000001
	CCD4	0.000393	0.000192	−0.000002	0.000001
	CCD5	0.000393	0.000192	−0.000002	0.000001
	CCD6	0.000393	0.000192	−0.000002	0.000001
	CCD7	0.000393	0.000192	−0.000002	0.000001
	CCD8	0.000393	0.000192	−0.000002	0.000001
01-005-135-A（19539～35000 行）	CCD1	0.009161	0.004359	0.000002	0.000001
	CCD2	0.009161	0.004359	0.000002	0.000001
	CCD3	0.009161	0.004359	0.000002	0.000001
	CCD4	0.009161	0.004359	0.000002	0.000001
	CCD5	0.009161	0.004359	0.000002	0.000001
	CCD6	0.009161	0.004359	0.000002	0.000001
	CCD7	0.009161	0.004359	0.000002	0.000001
	CCD8	0.009161	0.004359	0.000002	0.000001

影像及拟合区间	分片号	行方向		列方向	
		最大值	均方根	最大值	均方根
01-005-135-B （1～14823 行）	CCD1	−0.007260	0.003412	0.000002	0.000001
	CCD2	−0.007260	0.003412	0.000002	0.000001
	CCD3	−0.007260	0.003412	0.000002	0.000001
	CCD4	−0.007260	0.003412	0.000002	0.000001
	CCD5	−0.007260	0.003412	0.000002	0.000001
	CCD6	−0.007260	0.003412	0.000002	0.000001
	CCD7	−0.007260	0.003412	0.000002	0.000001
	CCD8	−0.007260	0.003412	0.000002	0.000001
01-005-135-B （14824～18383 行）	CCD1	0.000334	0.000195	0.000002	0.000001
	CCD2	0.000334	0.000195	0.000002	0.000001
	CCD3	0.000334	0.000195	0.000002	0.000001
	CCD4	0.000334	0.000195	0.000002	0.000001
	CCD5	0.000334	0.000195	0.000002	0.000001
	CCD6	0.000334	0.000195	0.000002	0.000001
	CCD7	0.000334	0.000195	0.000002	0.000001
	CCD8	0.000334	0.000195	0.000002	0.000001
01-005-135-B （18384～35000 行）	CCD1	0.013960	0.006541	0.000002	0.000001
	CCD2	0.013960	0.006541	0.000002	0.000001
	CCD3	0.013960	0.006541	0.000002	0.000001
	CCD4	0.013960	0.006541	0.000002	0.000001
	CCD5	0.013960	0.006541	0.000002	0.000001
	CCD6	0.013960	0.006541	0.000002	0.000001
	CCD7	0.013960	0.006541	0.000002	0.000001
	CCD8	0.013960	0.006541	0.000002	0.000001

由表 12.3 可得到以下结论：

（1）分区解算有理多项式参数能有效克服行积分时间跳变对有理多项式模型替代精度的影响。

（2）整景影像有理多项式替代精度由 0.75 像素量级提升至 10^{-3} 像素量级，达到有理多项式模型替代精度的正常水平。

2. 虚拟推扫影像生成实验

对于每一景原始影像（大小 35000 行×32768 列），按 12.2 节中描述方法进行虚拟推扫影像生成实验，以 01-005-134-A 景影像、01-005-135-A 景影像为例给出实验结果，如图 12.19 所示。其中，图 12.19（a）和图 12.19（c）为原始影像，图 12.19（b）和图 12.19（d）为虚拟推扫影像拼接产品粗化（本实验仅专注于该类影像的几何处理，未对各原始分片影像和虚拟推扫影像进行匀光操作）。

由上述结果可知，基于虚拟推扫影像生成算法，能成功完成拼接型 TDI CCD 原始分片影像的几何拼接。

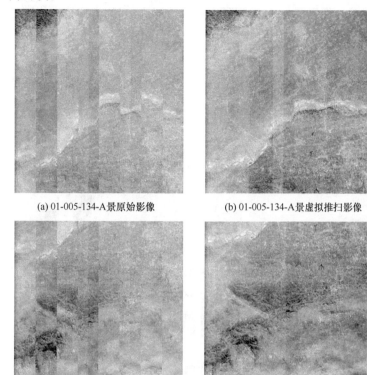

(a) 01-005-134-A景原始影像　　　(b) 01-005-134-A景虚拟推扫影像

(c) 01-005-135-A景原始影像　　　(d) 01-005-135-A景虚拟推扫影像

图 12.19　虚拟推扫影像生成实验结果

12.6.2　虚拟推扫影像几何质量评价

1. 定性评价

将拼接区域局部放大，对虚拟推扫影像在拼接区域的拼接情况进行目视观察定性评价，以 01-005-135-A 景影像为例给出了在轨标定前后 CCD1～CCD8 各分片拼接区域的局部放大图（实际像素放大 2 倍），如图 12.20 所示。

从图 12.20 可以看出，当采用标定前内参数进行虚拟推扫影像生成时，虽然能成功得到拼接产品，但各分片拼接区域存在较明显的错位现象，这主要是由于标定前内参数不能准确地描述各 CCD 的相对安置关系；而经过在轨定标后，各片 CCD 的几何畸变得到准确描述，各片 CCD 影像之间具有较高的相对几何精度，因此能够直接实现相邻 CCD 分片影像的无缝拼接。

2. 定量评价

1）虚拟推扫影像有理多项式拟合精度

在虚拟推扫影像严格几何成像模型的基础上，采用与地形无关的有理多项式参数求解方式构建虚拟推扫影像的有理多项式模型，并对其替代精度进行评价。在实验过程中，生成 512 像素×512 像素间隔，高程分层为 5 的虚拟控制格网；以虚拟控制格网为基础，加密、平移生成 216 像素×216 像素间隔，高程分层为 10 的虚拟检查格网。

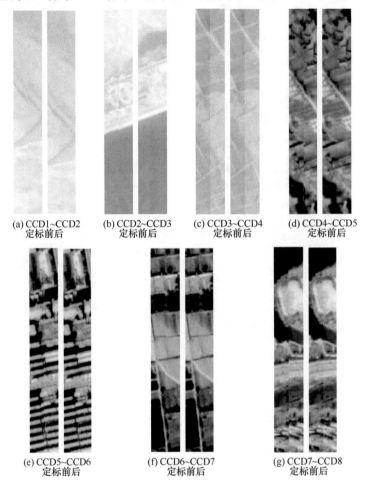

(a) CCD1~CCD2
定标前后

(b) CCD2~CCD3
定标前后

(c) CCD3~CCD4
定标前后

(d) CCD4~CCD5
定标前后

(e) CCD5~CCD6
定标前后

(f) CCD6~CCD7
定标前后

(g) CCD7~CCD8
定标前后

图 12.20 虚拟推扫影像拼接缝处局部放大图

其中，虚拟控制格网用于有理多项式参数求解，虚拟检查格网用于有理多项式模型替代精度验证，采用模型为 3 阶分母不相等的有理多项式型。对 6 景虚拟推扫影像的有理多项式拟合精度进行统计，结果如表 12.4 所示。

表 12.4 虚拟推扫影像有理多项式模型替代精度 （单位：像素）

序号	影像编号	Y 行方向		X 列方向	
		最大值	均方根	最大值	均方根
1	01-005-134-A	0.000126	0.000048	−0.000200	0.000027
2	01-005-134-B	−0.000219	0.000056	−0.000330	0.000035
3	01-005-135-A	0.000336	0.000072	−0.000200	0.000025
4	01-005-135-B	−0.000626	0.000038	−0.000300	0.000033
5	02-005-135-A	0.000169	0.000023	−0.000300	0.000031
6	02-005-135-B	0.000183	0.000015	−0.000310	0.000035

由表 12.4 可知，虚拟推扫影像有理多项式拟合精度优于1×10^{-4}像素，上述高精度拟合结果产生的原因为虚拟相机无任何几何畸变且在不存在行积分时间跳变，使得虚拟推扫影像几何成像模型较为平滑，为高精度有理多项式拟合奠定了基础。

2）虚拟推扫影像内部几何精度

基于控制点地面坐标和虚拟推扫影像有理多项式模型反算对应像点坐标，将像点坐标计算值与量测值作差并统计其中误差用于描述虚拟推扫影像内部几何精度（即内部几何定位精度一致性）。同时，与传统像方拼接算法（整体嵌入+分段仿射变换）进行对比，如表 12.5 所示。

表 12.5　拼接产品内部几何精度对比

序号	影像编号	控制点数/个	本章虚拟推扫影像生成算法产品/像素				传统像方拼接算法产品/像素			
			无控制点		有控制点（像方仿射变换）		无控制点		有控制点（像方仿射变换）	
			行向	列向	行向	列向	行向	列向	行向	列向
1	01-005-134-A	12	1.186	1.039	1.194	1.016	4.786	10.337	2.344	3.057
2	01-005-134-B	12	1.296	1.339	1.045	1.173	5.213	9.291	2.469	3.540
3	01-005-135-A	51	1.766	1.908	1.550	1.862	6.272	11.664	3.182	5.033
4	01-005-135-B	51	1.953	1.877	1.904	1.931	5.964	10.873	2.990	5.165
5	02-005-135-A	45	1.811	1.986	1.956	1.867	6.048	12.039	3.065	5.271
6	02-005-135-B	35	1.711	1.639	1.622	1.752	6.319	11.988	3.248	5.372

注：在虚拟推扫影像上，片间重叠区消失，落在相邻 CCD 影像重叠区内的控制点将"合二为一"，因此本表中的控制点数量与表 11.1 略有不同

由表 12.5 可知，在无控制条件下，传统像方拼接产品像方定位中误差最大达 12.039 个像素，表明传统像方拼接产品内部几何精度较低；利用少量控制点进行有理多项式模型像方仿射变换误差补偿后，内部几何精度有所提升，但像方定位中误差最大仍在 5 个像素左右。

反观本章虚拟推扫影像生成算法生成的虚拟推扫影像，在无控制条件下其像方定位中误差最大仅为 1.986 个像素，内部几何精度远远高于传统像方拼接产品；利用控制点对各景有理多项式模型进行像方仿射变换误差补偿后，影像内部几何精度未见显著提升。产生上述现象的原因是，内参数在轨标定结果较好地完成了内部几何畸变消除，无需控制点即可保证虚拟推扫影像的内部几何精度。

参 考 文 献

曹彬才. 2014. 多片 TDI-CCD 卫星影像拼接方法研究. 郑州：中国人民解放军信息工程大学博士学位论文.

胡莘，曹喜滨. 2006. 三线阵测绘卫星的偏流角改正问题. 测绘科学技术学报，23(5)：321-324.

李友一. 2001. 空间相机偏流角控制的研究. 长春：中国科学院长春光学精密机械与物理研究所博士学位论文.

袁孝康. 2006. 星载 TDI 推扫相机的偏流角计算与补偿. 上海航天，(6)：10-13.